室内设计风格指南

从17世纪到现代

[美] 朱迪斯·古拉（Judith Gura） 著 万晓璋 译

U0362911

華中科技大學出版社
http://www.hustp.com
中国 · 武汉

图书在版编目(CIP)数据

室内设计风格指南：从17世纪到现代/(美）朱迪斯·古拉著；万晓璋译．－武汉：华中科技大学出版社，2021.1
ISBN 978-7-5680-3280-3

Ⅰ.①室… Ⅱ.①朱… ②万… Ⅲ.①室内装饰设计－指南 Ⅳ.①TU238.2-62

中国版本图书馆CIP数据核字(2020)第214766号

The Guide to Period Styles for Interiors :From the 17th Century to the Present, Second Edition
© Judith Gura, 2016
First published by Fairchild Books in 2016.
Fairchild Books is an imprint of Bloomsbury Publishing Inc.
This book is published by arrangement with Bloomsbury Publishing Inc.
简体中文版由 Bloomsbury Publishing Inc. 授权华中科技大学出版社有限责任公司在中华人民共和国（不含香港、澳门、台湾地区）独家出版、发行。
湖北省版权局著作权合同登记 图字：17-2020-159 号

室内设计风格指南：从17世纪到现代 ［美］朱迪斯·古拉 著
SHINEI SHEJI FENGGE ZHINAN：CONG 17 SHIJI DAO XIANDAI 万晓璋 译

出版发行：华中科技大学出版社（中国·武汉） 电话：（027）81321913
武汉市东湖新技术开发区华工科技园 邮编：430223

策划编辑：杨 靓 责任监印：朱 玢
责任编辑：叶向荣 美术编辑：张 靖
责任校对：周怡露 封面设计：金 金

印 刷：武汉市金港彩印有限公司
开 本：787 mm×1092 mm 1/16
印 张：30.25
字 数：637千字
版 次：2021年1月第1版第1次印刷
定 价：298.00元

投稿热线：（027）81339688－780
本书若有印装质量问题，请向出版社营销中心调换
全国免费服务热线：400－6679－118 竭诚为您服务
版权所有 侵权必究

致朱莉：未来的超级明星。

目 录

第2版前言

“这是什么风格？”正是因为有人会问这个问题，所以我们才会在八年前出版了此书的第一版。时至今日，任何对设计感兴趣的人，无论是出于专业学习的目的还是想要简单地了解一下，依然会问这个问题。通过把室内空间和装饰放入恰当的时空中进行研究，我们对当今的世界有了更深刻的了解。也正因如此，此书需要一个新的版本。

与其说这是一个新的版本，不如说这是一本新书。所有部分均经过修订、扩充和更新；新增章节包括21世纪的设计、办公空间的室内风格和源于远东国家的设计。我们重新修订了格式，更新了参考文献和术语表，并添加了设计时期和风格年表，学生尤其受用。

大多数图片都是全新的，而且图片的数量也有所增加，有利于理解重要的样式和每种风格的装饰。和上一版相同的是，每一章都选取了一种典型的室内设计风格的图片重点展示，每一章内也都有织物图案的特写图片和精简的风格指南，有助于读者了解该章讲述的室内设计风格。

值得一提的是，虽然这些插图展现出每种风格的精髓，但它们并不能囊括所有的细微变化。不论是在过去还是现在，室内空间和装饰在现实生活中都不一而足，它们各具特色，正如它们的设计师和使用者一样。了解这四个多世纪的室内空间和装饰史是一场妙趣横生的旅程，而本书将会带你起航。

致谢

感谢和我一起修订此书并完成新版的人，正是在你们的帮助下，我们才能与新的出版社合作，重新设计样式，并加入大量的全新图片。

感谢艾琳·吉利斯（Erin Gillis）帮忙收集图片，她是这个项目不可或缺的一分子、一位技艺精湛的研究员。她做事有条不紊，一丝不苟，并且坚持不懈。

感谢提供了宝贵的时间和图片的人员。有来自拍卖行的：飞利浦拍卖行（Phillips）的亚历克斯·海明威（Alex Heminway）、乔治亚·特罗特（Georgia Trotter）和亚历克斯·戈登·布朗（Alex Gordon Brown），拉戈拍卖行（Rago）的大卫·拉戈（David Rago）和安东尼·巴恩斯（Anthony Barnes），纽约苏富比拍卖行（Sotheby's New York）的达雷尔·罗查（Darrell Rocha）和香农·德默斯（Shannon Demers），伦敦苏富比拍卖行（Sotheby's London）的卡瑟琳·马歇尔（Katherine Marshall），巴黎苏富比拍卖行（Sotheby's Paris）的克洛伊·布雷泽（Chloé Brezét），赖特拍卖行（Wright）的理查德·赖特（Ricard Wright）和托德·西蒙（Todd Simeone）。有来自经销商的：联合艺术家（Associated Artists）的凯特琳·雷明顿（Katelyn Remington），布莱尔曼（Blairman）的马丁·莱维（Martin Levy）和萨拉·索尔比（Sara Sowerby），箱屋古玩（Box House Antiques）的亚历克斯·马斯（Alex Maas），赫施勒和阿德勒（Hirschl and Adler）的埃里克·鲍姆加特纳（Eric Baumgartner），海德公园古玩（Hyde Park Antiques）的丹尼尔·布鲁斯（Daniel Bruce），伯纳德和肖恩莱维（Bernard and S. Dean Levy）的弗兰克·莱维（Frank Levy）， 迈克罗威画廊（Macklowe Gallery）的托尼·维拉蒂（Tony Virardi），麦森杰拉德（Maison Gerard）的伯努瓦·德鲁瓦（Benoist Droit）和茱莉亚·哈茨霍恩（Julia Hartshorn），马利特（Mallett）的凯蒂·霍利约克（Katie Hollyoak），现代画廊（Moderne Gallery）的罗伯特·阿贝尔（Robert Aibel），罗纳德·菲利普斯（Ronald Phillips）的弗兰克·帕特里奇（Frank Partridge）和克里斯托弗·约翰斯通（Christopher Johnstone），普克和普克（Pook and Pook）的保罗·里夫斯（Paul Reeves）

和詹姆（Jaime），瓦卢瓦画廊（Galerie Vallois）的马丁·巴韦雷尔（Martine Baverel）。有来自纺织品公司的：布拉德伯里和布拉德伯里（Bradbury & Bradbury）的贝弗莉·菲利普斯（Beverly Phillips），科拉维特（Kravet）的莎拉·海尼曼（Sarah Heinemann），马哈仁姆（Maharam）的莎拉·谢思（Ssrah Sheth）和伊丽莎白·奈丁格尔（Elizabeth Nettinger），普雷莱（Prelle）的特里·温德尔（Terry Wendell），鲁贝利（Rubelli）的安德莉亚·鲁贝利（Andrea Rubelli），乌尼卡瓦耶夫（Unika Vaev[1]）的索尔维格·艾克（Solveig Ek），沃克格林班克（Walker Greenbank）的艾尔·费里尔（Elle Ferrier）。特别感谢奥伦·西尔弗斯坦（Oren Silverstein），彼得·罗霍夫斯基（Peter Rohowsky）和安德鲁·古特森（Andrew Gutterson）。感谢你们在有限的预算下，耐心地跟我一起四处搜寻资料。

整个项目从头到尾，仙童图书和布鲁姆斯伯里出版社的人都充满热情，我很高兴能和他们一起合作。感谢普里西拉·麦基洪（Priscilla McGeehon）和斯蒂芬·平托（Stephen Pinto）认为这本书值得再版，感谢乔·米兰达（Joe Miranda）的金玉良言和悉心编辑，感谢伊迪·温伯格（Edie Weinberg）让插图搭配得恰到好处，也感谢设计师们让页面看起来赏心悦目。

也感谢我的丈夫马丁，感谢他无尽的耐心、长久的支持和独到的眼光。

1 Unika Vaev是一家美国纺织品公司，成立于1975年，当时因为购买了丹麦一家小型纺织厂的名称权而得名，公司名称在丹麦语中指“独特的纹理”。

引言

各时期室内设计风格的演变

人们打造室内空间和装饰的历史已有数百年，但是设计这一概念——也就是持之以恒地追求更美观的室内陈设——仅有约四百年历史。这些年间，各时期的设计风格异彩纷呈。

即使是最前卫的设计也在继承传统。设计风格随着历史的进程不断发展，每一种风格都带着上一种风格的影子，也孕育着下一种风格的特点。每一种复兴风格都不是原样复制其原始风格，而是对它的再创造，不经意地或是随意地做出调整，使之适应新的环境。从某种程度上而言，这种新旧传承是可以预见的。政治压力和文化变革、新的生产方法和新的材料、贸易的扩大、对时尚的癖好以及设计师的技术和偏好都可能会影响设计风格。除了政治动荡之外，其他的变化都需要一定的时间，设计风格的改变也同样如此。

风格虽新，但并不意味着是在前者的基础上有所改进，因为改变不一定都是积极的。过去几百年来的风格演变呈现出一种规律性：虽然改变不一定是进步，但至少整个社会逐渐发展得更为复杂，技术更加先进，设计师们与现代社会也更融合。

“设计”一词起源于文艺复兴时期，由意大利单词“disegno”（意为绘图）演变而来。在文艺复兴时期，人本主义盛行，社会繁荣昌盛，艺术赞助开始兴起，激发了人们对本国建筑和设计的兴趣。文艺复兴风格实际上是新古典主义的第一阶段，即设计开始回归到古希腊和古罗马时期。古典秩序得到了恢复，诸如三脚桌和古典官椅之类的家具也得到了更新，家具工匠开始被视为艺术家。

迎着17世纪的曙光，对时尚的变革和对奢华的追求开启了流光溢彩的巴洛克时期，同样的经典形制被塑造成热情洋溢、浮华绚烂的风格。巴洛克风格根植于意大利，在法国路易十四时期达到顶峰，并由此蔓延到英国和其他国家，并主导欧洲的设计风潮长达一个多世纪。如今，我们大多数人想要了解欧洲设计师们在那时设计的室内空间和装饰，仅能通过出版的图像和博物馆展览一睹风貌。幸存下来的少数作品被有幸拥有它们的人视为珍宝，也产生了不计其数的复制品。在随后的几年中，17世纪的这些典型风格逐渐融合了当地特色和国际元素，既反映出社会的变迁，又展现了它们向现代风格演变的漫漫进程。

18世纪上半叶由洛可可风格主导，给室内设计带来了轻柔宜家之风；而下半叶则以新古典主义为主，在洛可可风格的众多演变中，当属新古典主义最为繁复，最有影响力。18世纪的每一种风格都主导了某一段统治时期，虽然时间不长，但是灿烂辉煌，比如谦逊的安妮女王式和轻佻的路易十五式，精致而带有古典韵味的路易十六式和罗伯特·亚当式，英国乔治时代的齐彭代尔式，赫波怀特式和谢拉顿式家具，以及这些英式设计流传到美国之后形成的个性十足的风格。18世纪的各种风格是最为我们所熟知的，也是最容易辨认的，更是在现代主义出现之前经常被复制的风格。

19世纪见证了新的社会秩序的发展：这是一个工业化和城市化的时代，自由派新中产阶级与保守派精英之间冲突不断。设计面临着前所未有的机遇和翻天覆地的改变。一方面，工业革命带来了更多的产品、更实惠的价格和空前的广阔市场；另一方面，急于投入机器生产怀抱的心态也造成了传统工艺风格的丧失，人们渴望重新体验手工制品蕴藏的人性和个性。

这也是有史以来第一次，历史风格不仅被用作灵感源泉，而且被疯狂地复制和夸大，结果导致那个时代充斥着各种复兴风格，缺少了新的设计创意。得益于交通方式的改善、展览的改进和首批装饰指南的问世，这些复兴风格跨越了国家和历史的界限，影响了建筑、家具和室内设计。这一时期标志着新中产阶级的崛起，他们一如从前的贵族，通过在房间里装满最精良、最时尚的物品，来彰显自己的社会地位。

19世纪还带来了技术变革，从而改变了人们的生活和工作环境。在建筑方面，铸铁、平板玻璃、钢和钢筋混凝土不断发展，人们架起了桥梁，修起了铁路，发明了电梯，用上了电器。在织物、墙纸和地毯方面，动力织布机、滚筒印花和提花机织技术用于大众市场的产品之后，普通人也可以买到以前只有少数人才能买得起的产品。

到19世纪末，房间的设计则更多是由个人喜好决定的，而不是住房的结构，更不是流行的时尚。实际上，当时根本没有流行的时尚。随着选择的丰富，某个单一风格无法再像以往一样，在某一特定时期独占鳌头。19世纪设计的遗产不是美学输出，而是选择的自由。

20世纪时，设计时期的更迭并不如以往那样明显。现代主义变化多样，但并不总能成功地为大众所接受。这种风格也在试图开创新的天地，从而应对这个已经改变了并且还在不断改变着的世界。在寻找未来的路上，现代主义舍弃了过往，朝着几个方向发展，彼此之间有时还有重叠，而且并非所有的设计理念或是美学原理都是一致的。和以往相比，20世纪的风格更为多样，但很重要的一个不同点是：虽然没有两把齐彭代尔椅是一模一样的（哪怕它们依照的是同一个设计稿），但是任何两把密斯·凡·德·罗的巴塞罗那椅都是典型的工厂制品，而事实上任何现代设计都是如此。手工制品已经不再是常态。

纵然有审美的决断者，但都不似早期的君主或是贵族那样会对风格进行委托定制。时尚领袖已从精英阶层过渡到更广大、更民主的群体。期刊和设计杂志的兴起带来了另一个有影响力的群体的崛起——媒体专业人士，他们是设计的批评家和独裁者，而不是设计的用户或从业者。

现代社会最重大的变化也许是室内空间和室外空间的关系已然破裂。尽管某些内部空间由建筑结构决定，但大多数内部空间都与之独立。有史以来第一次，人们生活在并不是由他们亲手建造的房屋里，设计的风格也并不时尚，甚至并不为人们所喜欢。人们可以选用最现代的方式装饰室内，也可以适当地保留传统的美学。现代建筑空间相对中性并不一定就要求居住者也要保持同样的现代风格。在20世纪，哪怕是最受欢迎的设计风格，也都和19世纪的宠儿们一样，与其他同样流行的风格并存。在这场限制与不拘之间经年累月的竞争中，设计师和他们的客户呈两极分化，要么选择建筑性，要么选择装饰性。

但是，现代的所有风格都有一些共同点：（1）接受机器和批量生产（即便不是全盘拥护）；（2）接受功能主义作为设计的决定性要素；（3）避免过度装饰。这些共同点使得20世纪的风格相互连贯，并在现代主义这个大主题下融为一体。

尽管从19世纪到现在一直不断有新风格的引入，但古典主义风格和18世纪的设计也一直在随着不同现代主义风格的涌现不断重演，只是不再那么严肃、拘谨。这些室内空间装饰着某一时期的古董或古董复制品，打破了旧传统，配色大胆新奇，图案随机组合，配饰和装饰另类混搭。在很多的室内设计案例中都是将视觉效果放首位，历史的真实性第二，历史上那些伟大的设计风格也因此得以留存。

21世纪带来了新的设计方向和更多的设计风格，某一种美学不再占据主导地位。当前设计界最有影响力的理念是在材料和工艺方面关注可持续的、保护生态的设计。同样重要的是科技创新改变了人们构思建筑和物体的方式；在设计时使用计算机，可以实现手绘无法绘出的形制和曾经无法建成的结构。在实验室中开发的材料激发设计师们去创造作品，而其中的一些设计作品跨越了艺术、工艺和设计的障碍。全球设计界消除了壁垒，抹掉了一个国家与另一个国家之间的设计差异。照明和气候控制的发展使得室内元素在开关的一开一关之间就能实现改变，而温控变色也仅是21世纪室内空间和装饰的选项之一，这些光速般的发展都是之前的人们从未预料过的。

既然有如此众多的选项，未来几十年有望以各种可能的形式和任何可用的材料带来前所未有的、各种具有实验性和原创性的设计，或许这将是21世纪风格的标志性特征。

了解任一时期的室内设计风格

室内设计的风格是由很多因素决定的，包括：室内空间的大小和形状，色彩和装饰营造出的背景，陈设的布置以及陈设本身。本书以归纳总结和实例的方式，介绍了上述的所有因素。

在这些元素中，最重要的是家具。家具有自己的一套样式和装饰。椅子原本是地位的象征，是最独特而又常见的家具，常被设计师选中，用于展示自己的独特创意。当出现新的设计风格或是新的制造技术时，人们几乎总能从椅子上窥见一斑。

而另一方面，设计师在设计箱柜时，时常从建筑中汲取灵感，将其变成了一个全然不同的类型。从简单的柜子到大型衣橱或书柜，这些作品展示出不同社会对于室内空间的理解，展示不同目的的设计。

几乎在每个历史时期，色彩都被用于渲染室内的气氛。通过或明亮或灰暗的色彩，或饱和或柔和的色调，设计师们能够营造出不同的气氛，或夸张或微妙，或自信或克制，或优雅或随意。最终，不论是否有图案，色彩都能直接表达出设计风格的美学主张或哲学原理，正如饰物和配饰的作用一样。

回顾过去几个世纪的室内空间和物品陈设，我们会发现一幅比较扭曲的景象。人们修建建筑时，会希望建筑能够历经岁月而不倒，但设计室内空间时，追求的却是当下，而不是永恒。因此到近现代时，经历时间的洗礼而留存下来的只有那些最昂贵的被精心维护的房间，但它们并不能反映出当时大多数人们的生活。历史上的这些手工艺品只能反映出当时少数特权阶层所推崇的流行风格。考虑到这一点，这些房间所呈现出的景象哪怕很有局限性，也依然是真实的。

在设计中融入国家元素有时很简单，也很有欺骗性，但这样通常又是有效的。法式设计的特点可以归纳为具有复杂的细节和精湛的工艺，传承了该国的中世纪行会制度。英式设计常常反映出英国变化无常的气候以及政治团体和宗教流派之间的摩擦。在每个时期的主要风格中，美式设计最为异想天开，打破了每一种风格的规则。世界各国的移民、材料和技术在美国融为一体，拒绝遵从欧洲大陆的设计标准，也因此，美国的设计风格最难归类，研究起来也最有趣。

虽然读者或许能从字里行间感受到作者的个人喜好，但本书并未试图将某种风格打造成最优秀或是最受欢迎的。本书的宗旨不是引导读者找到自己喜欢的风格，而是展现每个时期不同的标准和可能性，展现每个时期符合了这些标准以及充分利用了这些可能性的最成功的设计。因此，本书之中的所有风格都值得尊重和喜爱。希望本书能让读者有此体会。

第1章

17世纪：
巴洛克风格

第1节

法国巴洛克风格：路易十四式（1643—1715）

时期简介

巴洛克风格起源于意大利，盛行于法国。该风格由国王亨利二世的妻子凯瑟琳·德·梅第奇[1]引入，并在路易十四（1638—1715，自1643年开始执政）在位的72年间风靡一时。它也是第一批被宫廷采用的艺术风格。正是这些艺术风格使法国得以领军时尚界，并延续了上百年。

路易十四年仅四岁就继承王位，他的审美教育一直是由儒勒·马扎然[2]（1602—1661）负责。马扎然于黎塞留[3]去世后接任宰相一职，成为法国的实际统治者。直到马扎然去世，路易十四才真正开始亲政。在财务大臣让·巴普蒂斯特·柯尔贝尔[4]的协助下，路易十四建立了一个君主专政的王国。柯尔贝尔通过限制进口的方式振兴法国各行各业，他还在巴黎的戈布兰工厂区域创办了第一所皇家工厂。

在路易十四统治下的鼎盛时期，意大利受过良好教育的设计师和工匠来到皇家工厂，为凡尔赛宫打造极尽奢华、装饰繁复的家具及其他用品。凡尔赛宫原本只是路易十三的一座普通的狩猎行宫，占地面积约24.3平方千米（6000英亩），后经建筑师勒沃（1612—1670)、孟莎(1646—1708)、勒布伦（1619—1690)及景观设计师勒诺特（1613—1700)改造，成为气势恢宏而颇具代表性的皇家宫殿。其中令世人赞不绝口的便是那具有传奇色彩的镜厅。

“巴洛克”一词源于葡萄牙语的“变形的珍珠”，原为贬义，用来嘲讽装饰风格的过于烦琐，因为这样的风格似乎与之前文雅的文艺复兴古典主义截然不同。虽然有些装饰过度，但巴洛克风格才是第一次真正意义上代表法国的装饰艺术风格，并由此开创了皇室赞助艺术家和设计师的传统。这极大地发展了法国装饰艺术，同时也提升了皇室的威望。巴洛克风格也因此常被称作“路易十四风格”。

巴洛克风格席卷了欧洲大多城市，常见于宫殿和大规模的庄园。尤其是在奥地利和德国，巴洛克风格与后来的洛可可风格交织在一起。

---

1 凯瑟琳·德·梅第奇（意大利语原名为Caterina Maria Romola di Lorenzo de' Medici，法语名为Catherine de Médicis）：法国王后。

2 儒勒·马扎然（Jules Cardinal Mazarin，1602—1661）：法国国王路易十四时期的宰相及天主教的枢机主教。

3 阿尔芒·让·迪普莱西·德·黎塞留（Armand Jean du Plessis de Richelieu，1585—1642）：法国国王路易十三的宰相及天主教的枢机主教。

4 让·巴普蒂斯特·柯尔贝尔（Jean Baptiste Colbert，1619—1683）：法国政治家、国务活动家。他长期担任财政大臣和海军国务大臣，是路易十四时代法国的伟大人物之一。

风格简介

法国巴洛克风格，用“华丽”一词形容最为适当。规模宏伟，装饰华丽，彰显了宫廷生活的奢华，同时也暗示着宫廷内严格的礼仪规范。就辉煌程度而言，其雕刻之繁复、色彩之丰富、用材之昂贵，任何一个历史时期的装饰风格都无法与之相提并论。和意大利巴洛克风格相比，法国巴洛克风格虽然规模较小、造型更自由，但它至今仍令人印象深刻，而这也正是它的设计初衷。

巴洛克风格的房间通常顶棚很高，呈直线形，而且十分对称。墙面有雕花镶板，上面的木质雕刻繁复。墙面常为浅色，但大量的嵌线、线脚以及诸如壁柱、柱上楣构、拱形结构之类的经典元素又为空间增添了些许凝重感。几乎每个表面都有装饰，通常是高凸浮雕的形式，以流线形营造出动感。墙体上部装饰着壁画或挂毯，顶棚则装饰着诸神的雕像。天使、花卉、莨苕叶是常见的建筑装饰图案。门廊和窗框也是建筑要素，纵贯式设计（房门的纵深排列）则增强了人们的视觉流[1]体验。

房间地面用木材或大理石铺装，铺上奢华的萨伏纳里地毯，其图案复杂而对称。壁炉架上雕刻着诸多花纹，使得壁炉在具有实用功能之外，更具装饰功能。

织物是装饰设计里的重要元素。窗户从地面延伸至顶棚，沉重的织物挂上去，与房间的恢宏气势相得益彰。这些织物通常由奢华的天鹅绒和锦缎制成，由金线或银线镶边，尺寸较大，花纹要么很正式，要么是繁复的花卉，色彩对比强烈。这些墙上的挂毯由位于戈布兰、博韦和奥布松的工厂制成。

巴洛克风格的室内设计所采用的色彩与其选择的材料一样丰富，有金色、深红、紫红、深蓝或墨绿等各种色调。

由水晶、青铜或是镀金木材制成的大型枝形吊灯，以及壁式烛台或枝形烛台为房间提供照明。这些灯具还兼具装饰功能。镶板内高高的镜子使空间看起来更加宽敞明亮。因此，镜子制造业开始在法国兴起，而这也得益于威尼斯的工匠，毕竟该工艺是从那里兴起的。镀金的镜框和画框的雕刻纹饰同样很丰富。

---

1 视觉流（visual flow）：主要指一个人在一定时间内对视觉对象的性质、特征、形态的理解和把握。把视觉与空间相联系，使“看”变得更为广义，也更接近人类视觉的本质。

家具简介

为了与室内空间相称，巴洛克风格的家具通常尺寸较大。因为家具太重，不便于挪动，常靠墙摆放。这些家具还保留着文艺复兴时期的直线形，但家具纹饰更加丰富（比如天使、海洋生物、树叶、圆柱），再配以人工铸造的镀金青铜雕饰，这些纹饰精美非凡，甚至盖过了家具本身的风头。巴洛克风格的家具常常是成套的。

椅子颇为大气，高高的椅背如王座一般，座面很宽，拉脚档、扶手和椅腿上都雕刻着丰富的纹饰。矮凳的拉脚档通常为X形，凳面包有软垫，边缘饰以流苏。用于储物的大物件也同样装饰精美，比如柜腿装饰华丽的橱柜，或是大理石作面板的五斗柜，后者取代了文艺复兴时期的卡索奈长箱[1]。桌子尺寸较大，桌面常由大理石制成，下有支架支撑，装饰手法常用镶嵌和镀金两种。桌案[2]、写字台和办公桌的形式在当时比较新颖。卧室里主要摆放带有床幔的四柱床。所有家具的腿基本上都是方形的，发展到后期则渐渐变成弧形。

大部分家具都是由橡木或胡桃木制成，其他诸如黑檀（常用于上等家具）、栗木、西卡摩木和颜色罕见的木材则用于装饰。这些家具做工精细，或涂漆，或镀金（部分或全部），能人巧匠穷尽百般技艺将它们打造成名副其实的艺术品。

法国家具上常有匠人们的署名，优秀的细工木匠[3]都有着自己独特的风格或装饰技巧。在巴洛克时期，最典型的便是以龟甲、黄铜、锡、黑檀或象牙为材料的复杂多变的镶嵌工艺。安德烈-查尔斯 · 布尔[4]（1642—1732）是这个行业里的佼佼者，他的技艺臻至完美，他的名字便是镶嵌工艺的代名词[5]。

右页：路易十四在凡尔赛宫的皇家寝室，精美的雕刻和镀金物件尽显法国巴洛克风格的奢华。

---

1 卡索奈长箱（cassone）：意大利文艺复兴时期带盖的长箱，用以装陪嫁物，一般成对制作，分别刻有新郎、新娘的家徽。

2 桌案（console table）：一种用支架托住螺形脚的桌子，常靠墙放置。

3 细木工匠：menuisiers (carpenters) and ébénistes (cabinetmakers)，后者比前者的工作更为细致和复杂，但都是细木工匠。

4 安德烈-查尔斯 · 布尔（André-Charles Boulle）：路易十四时期法国镶嵌工艺大师，他在1700—1720年间制作的王室家具储藏库的衣橱精雕细琢、大气奢华，是路易十四时期家具的代表作。

5 布尔名字中的“Boulle”一词在英语中也指镶嵌细工。

木结构软包开放式扶手椅，有雕刻纹饰和镀金，是17世纪的典型作品。

左图：布尔式镶嵌工艺也可见于巴洛克时期的其他匠人作品中。这张桌子由伯纳德·凡·尔森博格[1]用鹿角、珍珠母、黄铜和龟甲于1698年制成，可见当时盛行的镀金青铜镶嵌工艺。

下图：此闷户柜[2]装饰华丽，将龟甲、着色的动物角、黄铜、锡和镀金青铜镶嵌在黑檀上，于1710年由布尔所造。

---

1 伯纳德·凡·尔森博格一世（Bernard Van Riesenburgh I）：家族三代均为巴黎家具制造者，其中伯纳德·凡·尔森博格二世（Bernard Van Riesenburgh II）最为出名，是洛可可风格的代表人物。

2 指中国式窄长形、带抽屉并下设“闷仓”的家具，由于抽屉下设有“闷仓”而得名，兼备承置与储藏两种功能。

右图：这样的矮凳雕刻、涂漆精美，大多成对。此款部分镀金，涂有白漆，制于1700年。

下图：此类桌案常见于18世纪的法国，常嵌入窗户间的墙壁，其上放置高高的矩形镜子。可见其工艺包含雕刻和镀金，为巴洛克风格，制于1710年。

安德烈-查尔斯·布尔所制作的家具十分受欢迎，糅合了多种材料的布尔镶嵌便是以他的名字命名的。这件五斗柜由黑檀、龟壳制成，在镀金青铜上有雕刻纹饰，柜面材质为大理石。

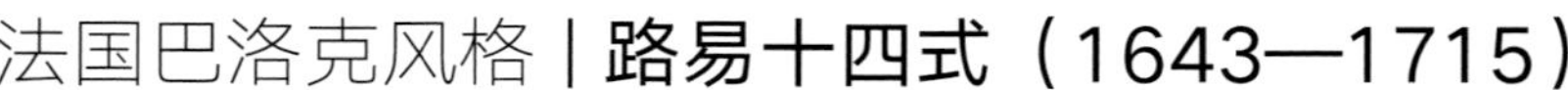

风格指南

氛围
奢华

规模
宏大

色彩
丰富、饱满

装饰
丰富、精致

图案
圆柱、壁柱、三角楣饰、天使、面具

家具
较大，直线形，雕刻丰富，常镀金

木材
黑檀、胡桃木、橡木

织物
大量使用锦缎、挂毯和天鹅绒，图案较大

倾向
镀金、布尔镶嵌、大镜子

纹饰密集的凸花厚缎，仿制1700年的设计，是完美呈现法国巴洛克风格的室内设计。

双面异色碎纹花缎，由金线精心编织，仿制1700年伊扎莱风格织物。

第2节

英国巴洛克风格：威廉-玛丽式（1688—1702）

时期简介

清教徒改革后，英国王室复辟，室内风格开始摆脱忧郁低沉的文艺复兴式和简洁优美的雅各宾式。查理二世从法国流放归国后的王政复辟时期（1660—1689），奢华风格开始流行，新观点也被人们接纳。影响继续扩散到整个欧洲大陆，贯穿整个王政复辟时期。该时期颇为有名，盛行英国巴洛克风格。

威廉-玛丽式是英国版的法国巴洛克风格，还带着一丝荷兰风情。出生于荷兰的奥兰治亲王威廉三世[1]和他的妻子玛丽二世是英格兰最早的两位立宪君主（统治时期为1689—1702）。他们恢复任用新教徒，带来了政治稳定和国家繁荣，使人们萌生了对设计的兴趣，也因此结束了王室和贵族之间长期以来关于宗教问题的纷争。随新规则而来的，还有丹尼尔·马罗特[2]（1661—1752），一位法国新教徒，后来成为当时最具影响力的设计师。克里斯多弗·雷恩爵士[3]是当时享有盛名的建筑师，风格追从深受帕拉第奥风格启发的伊尼戈·琼斯[4]（1573—1652）。雷恩爵士确立了“巴洛克”一词的英语翻译，用于描述伦敦的圣保罗大教堂[5]这样的建筑风格。这时期流行的建筑还包括奢华的城乡住宅，极尽巴洛克这一新式风潮。随后几年，英国占地广阔的贵族和富有的商人取代王室，这决定着日后英国的风格和品位。

威廉-玛丽式和巴洛克风格的其他版本一样，规模宏大，样式多样。但和意大利、法国的巴洛克风格不同的是，它不会使用夸张的装饰，而是更加低调保守。在东印度公司贸易业务的推动下，东方的设计也开始影响英国的装饰品风格。

随着该时期逐渐接近尾声，建筑继续保持着巴洛克风格的恢宏壮丽，但英国的室内风格变得更加轻盈，这预示着即将到来的安妮女王风格。

---

1 威廉三世（1650—1702）：出生即继位为奥兰治亲王，1689年2月13日登基为英格兰国王威廉三世，他在英格兰和奥兰治的编号刚好都是三世。威廉三世和妻子玛丽二世共治不列颠群岛，直到玛丽二世于1694年12月18日去世。他们共治时期通常被称为“威廉-玛丽时期”（William and Mary）。

2 丹尼尔·马罗特（法语：Daniel Marot）是一位法国新教徒、建筑师、家具设计师，也是古典主义后期巴洛克路易十四风格的最前沿代表雕刻师。

3 克里斯多弗·雷恩爵士（Sir Christopher Wren）：英国天文学家、建筑师。

4 伊尼戈·琼斯（Inigo Jones）：第一个将罗马和意大利文艺复兴建筑风格引进英国的建筑师，作品包括伦敦怀特霍尔的宴会大厅（今天的英国联合服务博物馆）和格林尼治的皇后馆（今天的英国国家海事博物馆）。

5 圣保罗座堂（St Paul's Cathedral）：英国圣公会伦敦教区的主教座堂，坐落于英国伦敦市，是巴洛克风格建筑的代表，以其壮观的圆形屋顶而闻名。现存建筑建于17世纪，由克里斯多弗·雷恩爵士设计。

风格简介

相比而言，英式巴洛克室内风格十分新奇，集对立的风格于一身——既保持了英式传统的严肃，又受到了法式轻快风格的影响。深色背景，装饰繁重，虽然有一些低沉和森严，但丰富的色彩和奢华的材料起到了很好的缓解作用。这一切都表明，英国巴洛克风格是专为特权阶层打造的室内风格。

打磨光滑的黑木镶板装饰着厚重的嵌线，从墙面延伸到顶棚，构造出整个框架，奠定了房间的基调。房间整体色调单一，但大量的地毯、装饰画及没那么富裕的人家常用的植绒壁纸使得空间色彩更为丰富。在最讲究的房间里，墙壁和顶棚上还悬挂着瀑布般的果实和树叶装饰物，它们均出自荷兰裔大师格林宁·吉本斯之手。

传统的梁构桁架式顶棚和英国文艺复兴风格室内设计已然消逝，取而代之的是灰泥石膏和绘画雕刻。画作、雕塑、建筑相互交织，样式复杂，曲线丰富。与意式和法式巴洛克风格相比，英式巴洛克风格的流动性更弱，给人一种坚实感。

地面由黑橡木、瓷砖或石材铺装，大厅和其他重要场合的地面还会有黑白相间的方格。地板上铺着的东方地毯更加突显出这些地方的重要性，也反映出东印度公司成立后，英国与远东国家间兴起了贸易往来。

窗户狭长，保留着之前的小型玻璃窗格。窗户上挂着可收放的丝质窗帘，窗帘上还有宝石色调的织物（花缎、织锦、天鹅绒）。除了作为装饰，这些织物也可在寒冷时起到保暖的作用。印花布有时也会用到窗帘上或者床幔上。

室内色彩丰富多样，但大多相对黯淡，比如深蓝色、深红色和深绿色。

壁炉是当时欧洲各国室内必备的，因此壁炉成为重要的设计元素。威廉-玛丽时期，石砌壁炉有雕刻纹饰，显得比较沉重，为人们带来温暖和光亮。

一盏黄铜枝形吊灯既提供了光照，又提升了格调。黄铜或银质配饰还装饰着花朵图样。蓝白相间的瓷器——可能是货真价实的中国瓷器或是与之极为相似的代尔夫特[1]瓷器——反映出这一时期开始兴起的瓷器热。瓷器一直深得收藏家们的青睐，直到18世纪时期，欧洲人终于掌握了瓷器的制作方法。

---

1 荷兰西部城市，18世纪时以盛产陶器而闻名。

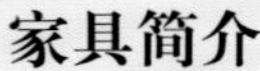

家具简介

威廉-玛丽式家具多为直线形，显得大气、结实。主要木材不再是橡木，而是胡桃木，有时带有木节。除了胡桃木之外，山毛榉木或黄杨木也偶有用到。轻质木材则多用于镶嵌装饰。

椅子很窄，椅背很高，顶部为弧形，雕刻有花卉或涡卷图案。坐垫和背垫不再采用进口藤条，而采用软垫。翼形椅两侧的扶手也可以枕头，不再是文艺复兴风格。开始有沙发垫或是散坐垫出现在主房间里。椅腿为回栏形、倒杯形、倒喇叭形，拉脚档为曲线形，取代了纹饰繁复精细的意式或法式风格，也较少用金作装饰。椅脚则为独特的扁球形或西班牙式涡卷形。

柜式家具仍旧比较沉重，箱体为直线形，腿部为扁球形，看起来坚实稳固，与地面贴合紧密。装饰方面，柜子因采用大量镶嵌工艺（而非雕刻工艺），整体的沉重感减弱。当时最流行的图案是纤弱的海草和源于荷兰的花卉。和橡木相比，胡桃木更结实，纹理更密集，从而被用于制作更精良的家具。此时，手艺更精湛的家具设计师正逐渐取代木匠。

黄铜五金制品兼具装饰功能和实用功能。此时出现了一种重要的新型家具——高脚橱柜。橱柜整体更宽、更矮，内置多个抽屉，通常有六只柜脚，四只在前，两只在后。同样值得一提的还有英式床，雕刻精美，床幔垂褶。就奢华程度而言，它们比法式床更胜一筹。

在远东国家的影响下，英国发明了新的涂漆技术。人们在已经着色的纹饰上涂上虫漆，以模仿日本的涂漆风格。当时的很多家具，乃至随后安妮女王时期的家具，都采用了这项技术。

右页：巴德斯利克林顿庄园的室内装饰。该庄园位于英国沃里克郡，其历史可追溯至15世纪，兼具伊丽莎白风格和威廉-玛丽风格。

上图：高椅背，雕刻装饰，车木腿，这些都是威廉-玛丽式椅子的特点。椅座和椅背多用藤条，反映出当时人们对远东地区的进口材料的兴趣。

右图：立柜，产于1700年，是其所在房屋里最精美的家具。表层漆面模仿日式风格，装饰有镀金图案，如中式图案、花草、鸟禽。立柜共有六条车木腿，柜脚呈扁球形，有拉脚档。

左图：立柜，威廉三世镀金风格，表面有日式红漆、黄铜嵌饰，产于1690年。

下图：书桌，于1690年用胡桃木制成。胡桃木正逐步取代橡木，成为家具制作的主要木材。车木桌腿和拉脚档为该时期家具的典型形式。边缘采用对角装饰，这种装饰技术叫作“羽毛带”[1]。

上图：五斗柜，有木贴片装饰，由胡桃木和泡桐木制成，产于1690年。英式巴洛克风格家具多采用贴片而非雕刻装饰，以避免增添更多的装饰。

1 羽毛带（feather banding）：装饰技术，用于贴面或镶嵌，将装饰物的纹理与原家具表面的纹理斜对角交织。

风格指南

氛围
恢弘而保守

规模
巨大

色彩
丰富、暗淡

装饰
繁多

图案
水果、树叶、涡卷纹饰

家具
直线形，尺寸较大，圆脚车木腿

木材
以胡桃木为主，带些许木节

织物
大量使用纤维织物、挂毯、流苏，边缘有软垫

倾向
木质镶板墙壁、海草和花卉嵌饰

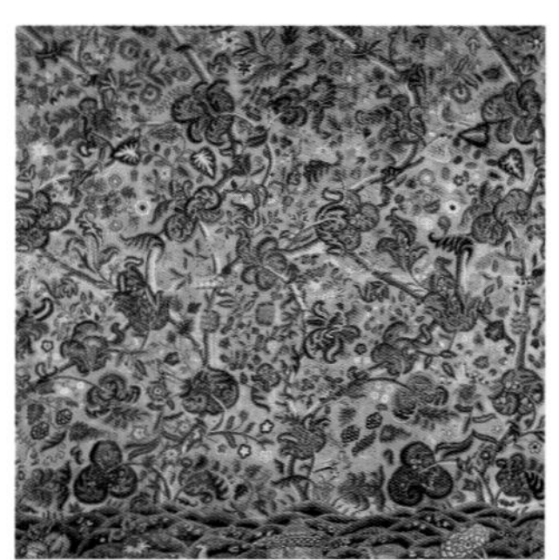

羊毛-亚麻双线刺绣，受印度刺绣工艺的影响，反映出当时对东方技艺的推崇。

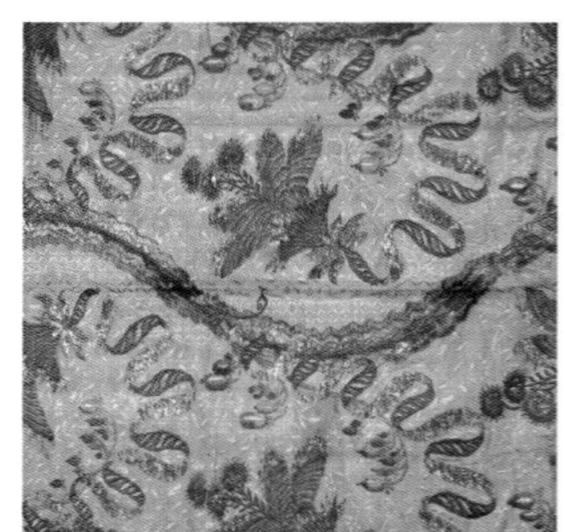

色彩丰富，绣工精美，反映出这一时期装饰家居的织物风格。

第3节

美国早期殖民地风格（1620—1720）

美国早期殖民地风格（1620—1720）

时期简介

欧洲殖民者于17世纪初期来到新大陆（1607年来到弗吉尼亚的詹姆士镇，1620年来到马萨诸塞州的普利茅斯），他们试图以此逃避宗教迫害，在新的土地上开始新的生活。他们首先要考虑的便是基本的生活需求，比如食物、住所、便利设施，以便自己能在艰苦的环境中生存下来。其次，他们还希望能够重新营造出与欧洲大陆一样的家的氛围。

早期殖民地风格包括清教徒风格、雅各宾式和经过改良的威廉-玛丽式。家具和其他物品的设计几乎完全仿造英国和荷兰的式样。最初一段时间，人们凭记忆制造，因此仿造的并不是欧洲最前卫的设计。不过，这些设计最终反而发展成了独特的美式风格。

早期殖民者的家跟农民的住宅一样：单层、盒式建筑、英国中世纪风格、木结构、厚木板盖房顶、护墙板贴墙体、砖砌烟囱。经典的科德角式小屋（盐盒式结构[1]，没有地基）也是在这一时期形成的。

新环境所带来的限制可想而知。当地没有成形的贸易体系，罕有技艺精良的工人，工具和材料也都很有限，连钉子都是通过移民者的船带过来的。早期的家具几乎都是中世纪早期的风格，形制简单，制造方式也很原始。但是殖民地的木匠们很快就适应了，不能原样复制的，他们就自己发明创造出替代品，倒也造出了些新颖独特、惹人喜欢的物件。

随着移民者数量的增多，商业贸易逐步扩大，进口产品逐步增多。18世纪末，欧洲技艺精良的工匠来到新大陆发展业务。这里的室内装饰和家具风格也因此开始发展起来，逐渐赶上欧洲的设计潮流。

1 盐盒式结构（saltbox shape）：建筑呈简单的盒子形，具有非对称斜坡屋顶。

风格简介

美国早期殖民地风格与其模仿的欧洲风格相比，十分朴素。而狭窄的空间和将就的布置更使得人们容易忽视这种风格自身的优点。在只有一到两个房间的单层建筑中，厨房、餐区、会客厅、家庭活动室、卧室等空间必须兼具多种功能。随着殖民地的发展，单层建筑变成双层，房间数量也在增加，然而17世纪的大多室内设计风格比较简单，甚至可以说是简朴，很少事先规划或是搭配装饰，因为人们认为实用性比外观更重要。

起居空间依然需要兼具多种功能，但仍旧相当狭小。顶棚较低，横梁直接使用带皮原木，墙壁为板条抹灰，地板要么是土，要么铺了宽木。如此简陋的环境中，家装更像是简单拼凑，而非精心设计。从欧洲带来的与当地制造的家装用品，就这样简单地混合在一起。

窗户为小型平开窗，早期糊有油纸，后期内嵌三角形或菱形含铅玻璃。有的窗户上装有原木百叶窗，或是挂着与窗台齐平的棉制或亚麻窗帘。每位家庭主妇都会编织室内装饰用品和衣物。此外，家里还会有进口的白棉布、印度印花布，偶尔还会有英国的花缎、锦缎和刺绣。地板上铺的是手工编成或钩织的式样简单的地毯。进口地毯就算有，也不会铺到地上，而是用作桌布。

殖民地风格的壁炉由砖砌成，同文艺复兴时期的欧洲壁炉一样，它是家里最重要的部分，用于烹饪、取暖和照明。由于房间窗户很小，即使在阳光充足的日子里，照进房间的自然光也非常少，摇曳的烛光便成了壁炉之外室内采光的唯一来源。

鲜艳的红色、绿色、蓝色让人觉得十分愉悦，这种色彩搭配也是提亮空间最讨巧的方式。

烛台的制作材质有锡合金（银的代替品）、黄铜、熟铁。后来人们还会在室内装上荷兰风格的黄铜枝形吊灯。锡合金也用于餐具和马克杯。陶瓷生产于当地，但钟表和镜子只能进口，直到17世纪末情况才有所好转。

家具简介

17世纪的家具都是很结实的基础款，只需初步的细木加工就可以制成，其简易的特点正好符合当时新大陆盛行的清教徒教规。少数家具尝试采用流行的设计，体现出晚期文艺复兴风格，其细节和用料各有不同，取决于家具制作者的国别——英国、荷兰、新英格兰地区、法国、西班牙。早期的家具包括简单的凳子、柜子、桌子，由当地的松木、枫木、橡木、榆木、樱桃木制成，其中最重要的是箱柜。衣柜常为镶板结构[1]，比欧洲的衣柜略高，柜顶则由铰链连接，柜面饰有浅层阴雕[2]或是画上郁金香、向日葵之类的颜色鲜艳的图案。哈德利柜[3]又名康涅狄格柜，精美繁复，柜顶有盖，有两到三个抽屉，同样是镶板结构。此外，殖民地家具通常都会涂漆，以掩盖不同木材拼凑的痕迹。

椅子沿用文艺复兴后期的橡木家具风格，更多地用于彰显地位而非提供舒适的使用功能。主要有两种类型：旋木椅[4]和护壁板椅。前者由纺锤形圆棒制成，无需特殊的木工技艺；后者的靠背为浅雕的镶板。松软的座垫则省去了为椅子做软垫的麻烦。随着殖民地木工手艺日益精湛，梯式靠背[5]和栏杆式靠背出现，细木工匠的时代到来了。前文提到的康涅狄格柜，以及其他三层或是有内嵌的橱柜[6]，样式源于荷兰，集储物与展示功能于一体，是典型的殖民地风格产物。桌椅一体[7]这样的设计也同样是出于节约空间的考虑。

---

1 镶板结构（frame-and-panel construction）：也称“框架嵌板结构”。衣柜为板式结构，采用的板材是镶板。镶板是一种工艺名称，四边用厚的材料，内边刨槽，根据内槽大小裁割适当的板材安上，整块板材也叫做“镶板”。

2 阴雕（chip-carving）：与中国雕刻技法的阴雕（又称“沉雕”）相同，即雕刻图案在材质表面形成凹陷，一般呈几何图案。

3 哈德利柜通常由橡木和松木制成，来自17世纪后半叶的康涅狄格峡谷一带，因而又名“康涅狄格柜”。平面雕刻叶形图案和漩涡纹饰，通常还雕刻有家具所有者姓名的首写字母。它的图形安排得比较松散，雕刻覆盖了整个柜子。有的再施以红、蓝、绿、黑等色彩，以突出雕刻图案和装饰线条。

4 旋木椅（turned chair）：也可译作“轴线椅”。

5 梯式靠背（ladder-back）：靠背由多条木板排成阶梯状构成。

6 三层或是有内嵌的橱柜（court or press cupboard）：盛行于16—17世纪的两种不同的橱柜样式，前者通常为三层，后者内嵌小橱柜。

7 椅子靠背向前折后架在扶手上方，可作桌面使用。

18世纪初，殖民地开始出现威廉-玛丽式，通常只可见于设计奢华繁复的房间。殖民地日渐扩大、兴盛，人们的生活更加舒适，生活空间也更加宽敞，人们开始重视室内装饰。在富裕的家庭，家具更加精美，数量也多了起来。

与早期的殖民地风格家具相比，美国的威廉-玛丽式家具更高，也更优雅，采用了更为复杂的细木工艺，家具腿为球状车木腿或倒喇叭形，脚为球形脚或西班牙脚，家具最下方带有拉脚档。椅子或装软垫，或用进口藤条制成座面与椅背，装饰着比英国家具更浅一些的巴洛克风格雕刻，还会涂漆。此时还出现了装有软垫的安乐椅（改良自英国的翼形椅）和两用长椅[1]。箱柜上，黄铜镶嵌取代了木把手，有时会涂上漆来模仿日式漆器。之前流行于英国的折叠桌能极大地节省空间，再加上殖民者在这里的家远比不上欧洲的那么大，所以折叠桌成了他们必不可少的物件。此时还出现了六条车木腿的高脚柜，它很快成为了美国风格的经典之作。

1 两用长椅（daybed）：可以当做床使用的长椅。

左页：早期美国殖民地风格注重实用功能胜过美学功能。这间房间位于马萨诸塞州普利茅斯殖民地的普利茅斯种植园。简陋的横梁、白色墙壁和土地板都是典型的清教徒室内风格。

右图：男主人的椅子由马萨诸塞州的清教徒风格木匠用白杨木或其他当地木材制成。这把1685年的卡弗椅[1]椅背上有竖直的纺锤形圆棒。若两侧扶手上也有纺锤形圆棒，则是布鲁斯特椅[2]。

下图：殖民地早期的箱柜仿制欧洲风格。这件家具于1660年产于新英格兰，是仿雅各宾风格。

1 卡弗椅因殖民地开拓时代著名的人物约翰·卡弗（John Carver）而得名。除座面采用木板外，其他部位几乎由旋木构成。卡弗椅相对简洁，采用较少的旋木构件，靠背处只有一列纺锤形圆棒。

2 布鲁斯特椅因殖民地开拓时代著名的人物威廉姆·布鲁斯特（William Brewster）而得名。布鲁斯特椅的靠背上、扶手下，甚至座面下方都有纺锤形圆棒。

左图：角椅[1]一般放在房间的角落处，这件模仿的是英国风格，周身红棕色，1740年产于新英格兰。很多殖民地家具都会涂漆，因为这样不仅能够丰富色彩，而且可以掩盖多种木材拼接的痕迹。

下图：哈德利柜又名“康涅狄格柜”，因产地而得名。这种柜子顶部加盖，下部有两层或三层抽屉，由橡木制成，饰以浅层阴雕或自然图案，常刻着所有者姓名的缩写。这件家具高约1.14米（45英寸），是哈德利柜的常见高度，产于1700年。

1 角椅（roundabout chair）又称“corner chair”，是放在房间角落的椅子。

左图：对于空间较窄、一屋多用的殖民地房屋而言，折叠桌非常实用。不用时折叠成矩形靠在墙上，使用时将两条由铰链连接的桌腿打开，形成可用餐的椭圆餐桌。

上图：与高脚柜（顶上一般还会有箱子）相比，矮脚柜一般有三个抽屉，下接车木腿和X形拉脚档。这件矮脚柜有着威廉-玛丽式的喇叭形柜腿，1700年产于波士顿。

右图：这把椅子于1720年产于马萨诸塞州的塞勒姆。椅子上有车木结构和雕刻工艺，椅背为栏杆形，通体黑漆，大概是为了掩饰枫木和梣木的拼接痕迹，当时流行的另一种椅背结构为梯形，由木板水平拼接而成。

风格指南

氛围
质朴

规模
较狭小

色彩
土褐色基调，亮色点缀

装饰
车木结构、纺锤形圆柱、阴雕

图案
向日葵、郁金香、心形

家具
箱柜、长凳，式样简单

木材
当地产的橡木、松木、枫木、樱桃木

织物
手工毛料、棉料

倾向
纺锤形圆柱、阴雕、涂漆

伊斯坦布尔色泽艳丽的印花图案，产于1640年，与殖民地风格同时期。

绣在精品棉布上的迷人花朵，可用于装饰殖民地风格的房间。

第2章

18世纪：
从洛可可风格到新古典主义

第4节

法国摄政/洛可可风格：路易十五式（1710—1750）

时期简介

巴洛克风格属于王室，洛可可则属于贵族阶层。路易十四1715年去世时，唯一的继承人也就是他的曾孙才五岁。因此，奥尔良公爵腓力二世[1]摄政，直至1723年路易十五才加冕。腓力二世在巴黎的宫殿大皇宫而非凡尔赛宫处理政事。贵族们在巴黎的私人府邸里享受着更为自由的生活，远离宫廷的束缚。庄重而奢华的巴洛克风格逐渐演变成摄政式风格，随后发展为洛可可风格。洛可可风格浪漫奇幻，从神话寓言和东方的异域风情中汲取灵感。

洛可可风格体现出一种崭新的亲密性和随和性，顺应的是国王的情妇蓬帕杜夫人和杜巴利夫人这样的社交名媛所引领的时尚潮流。洛可可一词原为贬义，结合了法语中的“岩石”和“贝壳”两个单词[2]，指的是最具有装饰特色的石子和贝壳。朱斯特·奥赫莱·梅松尼耶（1695—1750）是当时最杰出的建筑师，而让·博翰（1640—1711）和他的儿子小让·博翰（1678—1726）以及尼古拉斯·皮诺（1684—1754）是当时最具影响力的设计师。

洛可可风格传到了中欧的其他国家，尤其是德国和奥地利，那些亲法的贵族们聘请在法国受过训练的设计师，将这一风格发扬到了极致。意大利却仍旧保留着相对经典的设计风格，英国也同样固守安妮女王式，将迷人而散漫的洛可可风格拒之门外。

洛可可风格的终极要义就是“无为”二字，虽然这样的设计会被批评成是缺乏规矩、没有品位，但设计师能够自由地表达。后来洛可可风格逐渐失势，被更加端庄的新古典主义取代，这是因为庞贝古城和赫库兰尼姆古城[3]的挖掘工作引发了人们对古代世界的兴趣。洛可可风格十分随性，采用自然界的元素作为装饰，是法国所有室内风格中最平易近人的，同时也是最具影响力的，影响着许多年后的设计风格。这一风格也常被称作“路易十五式”，因其主要流行在路易十五执政时期（1723—1774）而得名。

---

1 路易十四的侄子。

2 洛可可（Rococo）：取“rocaille”（岩石）和“coquillage”（贝壳）两个单词的开头组成。rocaille也指（用贝壳、石块等做成的）花园装饰物、假山。

3 二者都是因维苏威火山大喷发而埋没的古城。

风格简介

虽然与巴洛克风格相比，洛可可风格规模较小，但其奢华程度毫不逊色，甚至因为曲线优美、色泽温暖而更加迷人。用性别作比喻，洛可可风格女人味十足，最大的特点便是美丽动人。

和其他风格的建筑相比，洛可可风格的建筑会有更多的房间，每个房间都有特定的用途，这也表明当时流行将公共空间和私人空间相区分。房间的中央是比例和谐的客厅，客厅的功能和形状各有不同，有椭圆形的，也有八角形的，用作会客厅、棋牌室或女士会客厅。房间的墙壁都是细木护壁板，粉刷成乳白色或是灰白色，除此之外再无其他繁重的雕饰；高高的矩形镶板外框上有树叶图案的镀金浅浮雕。后期，镶板内开始出现带风景图案或是中式图案的彩色壁纸。

门和壁炉架上的镶板都采用圆角，上面刻着创意镀金纹饰。和其他法国的室内设计风格相比，洛可可风格会使用更多的镀金工艺。此外，洛可可风格所采用的装饰图案都源于自然，极具不对称性，常呈现S形或C形曲线，常见的图案有贝壳、山石、写意的花朵和树叶、鱼类、涡卷形的波浪、蜿蜒曲折的带状物。顶棚大多采用拱形嵌线而不是线脚来装饰，石膏吊顶上刻有大量的藤蔓花纹，通常还会有彩绘图案，偶有白云飘浮的蓝天。

地面为拼花地板[1]，或是拼贴出人形花纹的瓷砖、赤陶地板，上面铺有精美的萨伏纳里地毯或奥布松地毯。地毯上的花纹为当时典型的花朵或曲线图案。

洛可可风格的房间窗户很高，挂有与线脚齐平的装饰织物。这些织物为温暖的浅色调，绣有花叶图样。房间的照明主要源于水晶枝形吊灯和壁式烛台。壁炉架仍是房间的焦点，台上有镶边精美的长镜，彰显着法国在制造大型镜面方面的优势。镜子也常见于窗户间或桌案上。巴卡拉是法国第一家玻璃工厂，建于路易十五统治时期，为法国制造玻璃和镜子，而此前，这些物品都需要从意大利进口。

用色更柔和、更多样是洛可可风格室内设计的一大特色。暖蓝、淡黄、海沫绿……各种冰淇淋色相互交织，十分诱人。

镀金时钟、青铜镀金烛台、塞夫勒瓷瓶、进口的中国瓷器……这些梦幻般的物件装饰着桌案和壁炉架。洛可可风格的室内设计很重视装饰品，甚至可以说它们就是洛可可风格的一部分。

1 拼花地板（parquet）：将木板拼成花形图案，而非简单地将条形木板拼在一起。

家具简介

与巴洛克风格的家具相比，洛可可风格的家具构造更为复杂。其优雅圆润的造型、流畅的弯腿[1]和涡卷形的家具脚，都极具辨识度。椅子和沙发呈曲线形，带有松软的座垫，舒适宜人。它们造型各异，名称也各异[2]，但都造型优雅、尺寸较小，有雕刻纹饰，椅背呈曲线形。它们可以随意搬动，不用一直靠着墙壁。此时的座椅没有拉脚档，扶手也更短，便于着裙装的女性就座。座椅上有大量衬垫，还有松软的座垫，兼具时尚感和舒适度。因此，洛可可风格的家具非常适合家用。

这一时期，五斗柜的样式也得到了极大的发展——曲线形，两侧向外凸出，前侧呈波浪形，柜腿短而弯曲。人们还创造出了许多新型家具：写字台、棋牌桌、乐谱架、梳妆台、休闲桌。这些家具大多用于特定房间，有着特定的功能和名称，如西洋梳妆台[3]、平面写字台、卷门式书桌[4]、翻盖写字台[5]。这一时期的椅子大多喷漆，或是中式、西式涂漆。家具采用了各式各样的薄木贴面装饰，使用的木材有桃花心木、玫瑰木、樱桃木、梨木、黑檀木，有时也会用植物图样的镶嵌木片或是瓷片。房间里还有乐器和田园风景画。家具大多是镀金或青铜合金，以彰显法国在这一时期的设计风格。当时首屈一指的工匠有查尔斯·克雷森（1685—1768）、马丁·卡兰（1730—1785）、让·弗朗索瓦·奥本（1721—1763）。

---

1 弯腿（cabriole leg）：洛可可风格常用的家具腿样式，盛行于18世纪上半叶，上凸下凹，有的也译为“猫脚”“S形腿”“卡布里弯腿”。

2 例如marquise、 canapé a corbeille、veilleuse和duchesse，这些均是不同类型的沙发。

3 西洋梳妆台（chiffonier）：规格较小，原用于存放针线等杂物。

4 卷门式书桌（bureau à cylinder）：桌子上方有类似卷帘门的可以卷动的盖子，拉开顶盖即可作为书桌使用。

5 翻盖写字台（sécretaire à abattant）：桌子上方有可翻转的活动门板，当其翻过来水平放置时，就可以作为写字台使用。

■ 法国外省风格

法国宫廷风格日益盛行，传到乡村，形成了更为简单、质朴、规模更小的室内装饰风格。法国外省风格又称“法国乡村风格”，去掉了路易十五风格中过分张扬的元素，更加低调、平和，同时也极大地减少了烦琐的工艺。

这一风格摒弃了洛可可风格中精美的细木护壁板和其他装饰，转而使用轻质木材和织物装饰墙壁。曲线造型和不对称性得以保留，但雕刻工艺仅限于最简单的镶板结构。由于家具选用的是质地轻便、易于获取的当地木材，所以它们适合乡村生活，更经济实惠。法式抛光和镀金光泽度高但难以保养，也被更加原始的涂漆取代。

窗户的装饰也很简单，窗帘用的是田园风印花薄亚麻材质。田园风也是法国外省风格的代名词。这一风格更加轻柔、随意，极大地发展了法国最流行的洛可可风格。

法国外省风格的家具采用的是暖色调的果木雕花镶板，虽然仍是路易十五风格的形制，却仅使用了少量的雕刻，完全摒弃了抛光、涂漆和镀金工艺。

上图：优美的曲线造型，自然元素的装饰，这些都是典型的洛可可风格。这把雕花胡桃木安乐椅为开放式软包座椅，有着典型的弯腿，制于1750年。

下图：这件制于1745年的五斗柜两侧向外鼓起，其镶板涂有黑色、金色、彩色漆，画中的场景源于中国，带卷曲的花朵和树叶青铜纹饰，长约1.35米（53英寸），顶盖为纹路丰富的大理石。

左页：博梅尼勒古堡的一间客厅。这座巴洛克风格的城堡位于法国诺曼底，内部装饰为路易十五式风格，镶板选用轻质木材，房间整体色调柔美。

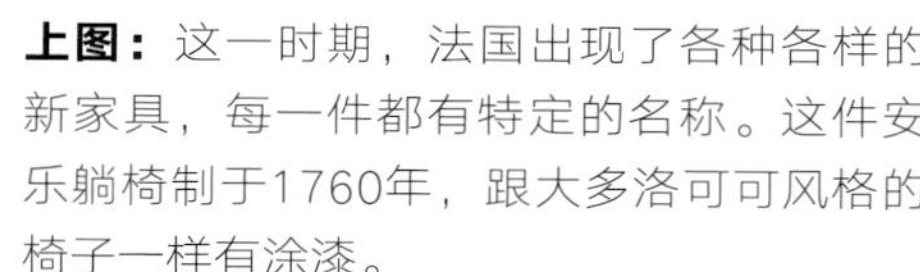

上图：这一时期，法国出现了各种各样的新家具，每一件都有特定的名称。这件安乐躺椅制于1760年，跟大多洛可可风格的椅子一样有涂漆。

左图：这件制于1760年的女式翻盖写字台也是新型家具，正面门板浑然一体，上方的活动门板翻开后可作写字台桌面，用郁金香木、果木和其他木材做镶嵌细工，此外还嵌有镀金青铜。

上图： 这件制于1755年的路易十五式五斗柜两侧略有弧度，正面曲线丰富，腿为弯腿，背板因为需要靠墙而立，所以为平面。正面面板由椴木和郁金香木镶嵌出许多方块，紫心木嵌入方块四周形成边框。柜面有镀金青铜装饰，柜顶为大理石。

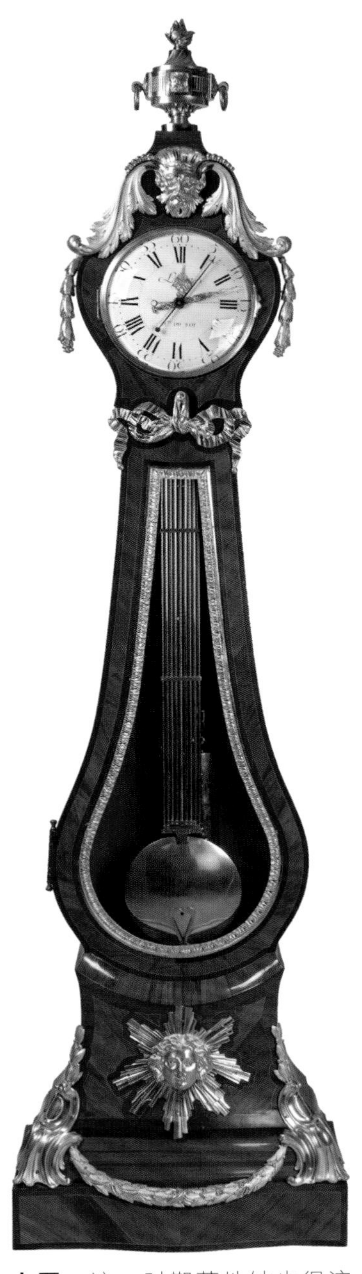

上图： 这一时期落地钟也很流行，外观精美时尚，是家具的一种。走时部分内含卷绕系统，钟摆为黄铜质地。

上图： 国王木[1]写字台，桌面用薄木拼贴镶嵌出几何图形，有镀金青铜装饰，腿为弯腿。

1 国王木（kingwood）：学名为“赛州黄檀”，产于巴西高原东北部。赛州黄檀作为家具用材主要流行于18世纪的法国、英国及荷兰，其中法国路易十五时期的王室家具较多地使用了这种木材而使之名声远扬，自此，赛州黄檀便被人们尊称为“国王木”。

风格指南

氛围
轻松、优雅

规模
亲密怡人

色彩
温暖、淡雅

装饰
大量各式不对称的薄木镶片及涂漆

图案
贝壳、花卉、藤蔓等自然界的图案

家具
曲线形、薄木镶片或涂漆

木材
榉木、胡桃木或樱桃木，装饰有金叶和镶嵌细工

织物
奢华而轻质的各种织锦

倾向
弯腿、软垫、镀金

这件彩花细锦缎名为《中国人》，可见其设计灵感源于中国。

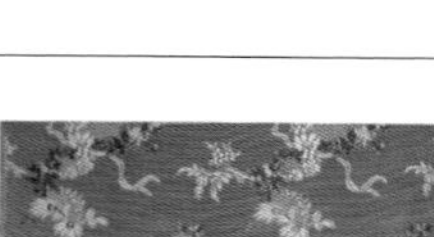

这件锦缎的绣花样式源于路易十五时期。

这件棉质印花布以象牙色亚麻布为底，绣有色彩斑斓的野花。

第5节

英国洛可可风格：安妮女王式（1700—1720）

时期简介

和法国相比，英国的君主统治没有那么专制，因而设计风格受王室资助和政权更迭的影响较小。18世纪的英国虽然大多是乔治家族[1]在统治，但也不是完全连贯的，设计风格也在逐渐发生变化。事实上，18世纪大部分时期同时流行着好几种风格。对于那些设计很相似的家具，我们很难根据外观进行区分，因为它们或许只是生产日期不同而已。

1707年，英格兰与苏格兰合并为大不列颠王国。“安妮女王风格”是依斯图亚特王朝的最后一任君主安妮女王（1665—1714）命名，又称“英国洛可可风格”（不过英国人并不这么称呼），是英国第一个大量采用曲线造型的风格。安妮女王风格的流行时间很短（同安妮女王的执政期1702—1714年一样），但颇有影响。装饰过度的巴洛克风格逐渐失宠的时候，英国的设计师们开始寻找一种更为简单、高雅的风格，能够表达他们对不切实际的法国设计美学的嫌恶。他们将法国洛可可风格英国化，减弱曲线的弧度，几乎去除了所有装饰元素。

简洁的安妮女王风格很符合英国人的审美观，因为它轻盈、便携、易于生产。此外，1666年伦敦大火导致大量建筑被烧毁，重建和重装工作迫在眉睫。走在时尚前沿的贵族阶层将安妮女王风格作为首选。安妮女王时代之后便是乔治时代[2]，人们开始在简洁的安妮女王设计中加入雕刻等装饰性元素。安妮女王风格有时也指建筑风格，盛行于19世纪晚期，不过该时期的这种复兴风格却与最初的安妮女王风格毫不相同。

风格简介

安妮女王风格的室内设计正如其名：端庄、朴素、文雅。它比威廉-玛丽式更轻便舒适，将法国洛可可风格标志性的不对称多褶边装饰做简化处理。相比而言，法国洛可可风格略显轻

---

1 18世纪英格兰（非联合王国）历任君主为安妮女王（1664—1714）、乔治一世（1660—1727）、乔治二世（1683—1760）、乔治三世（1738—1820）、乔治四世（1762—1830）。

2 1714 至1830年间，英国国王为乔治一世至乔治四世，这一时期被称为“乔治时代”。

浮，而英国的安妮女王风格则显得十分端庄。

安妮女王风格装饰的房间没有英国巴洛克风格中那些华丽的石膏和繁多的装饰。与墙裙同高的木质镶板逐渐被涂漆和石膏取代，房间也此而显得更清爽、更亲和。不过，房间的装饰只是相对减少，而不是完全省去。

威廉-玛丽式色调昏暗，安妮女王风格则更加柔和、怡人，采用淡雅的绿色、象牙白和暖红色。

随着窗户的玻璃窗格逐渐变大，窗户整体也相应变大。轻盈的窗帘上有优美的花朵或是英国设计师自创的充满异国情调的远东图案。继中国、日本之后，印度也成为了英国设计师的灵感来源，印度的双线刺绣和印花棉布在英国的乡村住宅中逐渐盛行。

抛光的拼花木地板上有时会铺上东方地毯。壁炉仍旧是家中重要的组成部分，其曲线造型相比之前有所简化。照明用具主要由黄铜制成，而法国洛可可风格用的是璀璨夺目的水晶。

装饰品也都很简单。银虽然美观且易于塑形，但这一时期很少使用。更多的中国装饰品涌入欧洲，其中陶瓷的图案和造型是专门为欧洲设计的。值得一提的是，英国人饮茶的习惯改变了他们的日常生活，设计师需要创造出更多的新物件来满足这一需求。这些物件除了茶具[1]、茶隔、茶匙之外，还包括茶壶托和各式各样的餐桌（尤其是那种不用的时候能收起来立在墙边的折叠桌）。

家具简介

安妮女王风格的家具反映出18世纪的工匠们日益精湛的技艺。这一风格最典型的特征是更加简约的曲线造型，讲究形制，装饰次之。最常用的装饰图案是简化的扇贝形状。与法国洛可

1 茶具（tea service）：此处指的是狭义的茶具，包括茶杯、茶壶、茶碗之类。

可风格相比，安妮女王风格更加对称、扁平，也因此得以沿用至乔治时代。法国胡桃树大量枯萎死亡导致产量锐减后，英国议会减免了桃花心木的进口税，桃花心木成为18世纪中后期制作家具的主要材料。但安妮女王时期，制作家具的主要木材仍是胡桃木。

C形弯腿是安妮女王风格桌椅最典型的特征。其膝部外曲弧度大，有时雕刻有贝壳图样；脚踝处比法式更细；脚部常为垫脚，也有涡卷脚、铲脚和三裂脚。椅子的靠背比威廉-玛丽式的要低，以适宜的弯曲形式贴合人体曲线。椅子最典型的样式是双曲箍形椅背、花瓶形[1]薄板靠背（源于中国瓷器）、圆端扶手、嵌入式[2]马蹄形座面。前腿的装饰和造型通常较为丰富，后腿则十分简朴。拉脚档逐渐消失。椅背和扶手均有软垫的翼椅是最典型的英国洛可可风格家具。除了椅腿之外，座椅其余部分的造型盛行了数十年。沙发和长靠椅表明：人们开始追求更加舒适的家具。

安妮女王风格的橱柜两侧都是平的，柜腿采用最流行的弯腿，高高的橱柜顶部为双箍形[3]，与椅子的造型相呼应。这一时期还诞生了许多新型家具，比如五斗橱与写字台组合、五斗柜与箱柜组合、书柜与书桌组合[4]，这类家具都有双穹顶结构、帽式顶，或者是洛可可雕纹、断开的山形墙[5]。螺形托脚桌案[6]、衣柜、办公桌、休闲桌和棋牌桌等新型家具满足了人们新的需求。胡桃木是当时家具制造的主要木材，此外也有少许橡木和胡桃瘤木。木头上几乎没有雕刻或是贴木，因为它们本身就是最好的装饰。样式美观的黄铜锁眼盖则在此基础上又为家具添了几分优雅。唯一例外的是涂漆家具，上面的中国风装饰使低调的房间充满戏剧性色彩。

右页：蓝色画室，位于英格兰萨福克的梅尔福德庄园。室内装饰为安妮女王风格，壁炉台有洛可可风格雕饰。法国洛可可风格中流行的曲线造型和弯腿在英国洛可可风格中都有所收敛。

---

1 靠背板的主视图呈花瓶形状。
2 指的是扶手前方落在座框上，而并不与前腿连接。
3 形似断开的卷曲山形墙，为当时流行的尖顶装饰。
4 原文是“bureau-secretary, cabinet on chest, and bureau-bookcase”，都是组合式家具，将两种不同功效的家具组合，满足多种需求。
5 断开的山形墙（broken pediment）：利用建筑元素装饰家具的一种三角形结构。“pediment”也译作“三角楣饰”“山墙”。
6 螺形托脚桌案（console）：有一条或多条经雕刻的弯腿，支架型结构，靠墙而立。

右图：书柜与书桌组合家具，制于1705年，柜顶的双穹顶结构与安妮女王风格经典的座椅造型相呼应。柜门镶嵌玻璃，遮住了精美的内部构造；下半部的书桌带倾斜的盖子，最下层是规格不一的抽屉。桌脚为威廉-玛丽式的车木扁圆脚。制作木材为胡桃木、伯尔胡桃木、毛刺枫木。

上图：胡桃木长靠椅，尺寸较大，车木结构拉脚档，软垫上有精美的刺绣图案，形制稍有简化，椅背为新引进的矮椅背，简洁的木工表明这是安妮女王后期的作品。

右图：边几一般摆放在沙发旁边。这件胡桃木边几制于1710年，桌面下为饰带和顶部刻有贝壳图案的弯腿。球爪脚出现于安妮女王到乔治一世的过渡期。

上图：翼椅，又称“安乐椅”，注重舒适度，美观性次之。整个18世纪，翼椅的造型除了腿部雕刻纹饰外，改变很小。这件胡桃木翼椅制于1710年，前腿为弯腿，后腿为车木腿，拉脚档也是车木结构。

下图：安妮女王式椅子最典型的特点就是箍形椅背边框、花瓶形靠背板、弯腿和垫脚。具体到每把椅子又有不同。这把椅子的座垫为马蹄形[1]，是典型的安妮女王风格的座椅。

1 马蹄形座面（compass-seat）：也可称作“horseshoe-seat”或“balloon-seat”，指的是前方为弧形，两侧有时内弯的座面，其俯视图形似马蹄或铃铛。

这一时期有些特别讲究的家具会涂漆。从仿照东方的涂漆工艺可以看出，英国设计师对异域东方有着浓厚的兴趣，在这一时期达到鼎盛。这件褐金色橱柜与写字台组合家具上刻着具有东方色彩的纹饰，顶部为破开的弓形三角楣饰结构，表面镀金，内部有小抽屉和分格架。

风格指南

氛围
低调

规模
适中

色彩
温暖

装饰
简约

图案
扇贝

家具
简单的曲线造型、少许雕刻

木材
胡桃木，后期逐渐变为桃花心木

织物
进口织物、印度印花布、双线刺绣

倾向
带垫脚的弯腿、与茶相关的家具、涂漆

色彩缤纷的东方风情图案。上海便是这一时期人们对远东痴迷的代表性城市。

蜿蜒曲线、锦簇花团，朴素而低调，符合安妮女王风格的装饰主题。

第6节

早期乔治风格[1]（1720—1760）

1 又称“早期乔治亚风格”。

时期简介

广义上来说[1]，乔治风格中的“乔治”指的是汉诺威王朝的三位君主：乔治一世（执政期为1720—1737年），乔治二世（执政期为1740—1760年），乔治三世（执政期为1760—1811年）。18世纪大部分时间都属于乔治时代。这一时期，多种风格共存，优雅与闲适并举。乔治一世和乔治二世的统治时期统称“乔治时代早期”，当时洛可可风格发展到了顶峰。而在乔治时代晚期，古典主义开始复兴。

早期乔治风格的室内装饰依然受到法国风格的影响，同时也反映出英国上流社会的高雅，他们开始走向时尚潮流的前沿。以伦敦为代表，英国有史以来第一次试图挑战法国在文化界的统治地位。

乔治时代早期，几位颇负盛名的设计师和他们的资产颇丰的赞助人一起倡导“英国设计的黄金时代”这一理念。英国最杰出的设计成就出现在这一时期，其中建筑设计最为有名。著名的建筑设计师有威廉·肯特（1685—1748）和詹姆士·吉布斯（1682—1754），他们修建了用于展览的联排房屋和壮观的乡村住宅，这些建筑就是当时时尚的代表作。建筑师精心设计的装饰精美的宅邸成为当时人们展示品位和社会地位的方式。

其他因素造成了乔治时代风格的复杂多样。家具制造工艺的发展使得英国工匠能够制造出优质的家具，完善的家具贸易将这些家具送到富有的客户手中。长远看来，或许英国设计更深远的影响体现在设计师们编纂的图册中。正是因为它们流传到各地，当时英国其他地区乃至后来世界上其他国家的工匠们，才有机会仿制伦敦最新的设计。

18世纪中期之后，受过良好教育的英国人结束欧洲游学[2]，回到本国，他们带回了充满古典情趣的纪念品，也因此培养出了对古典风格的兴致。而此前，英国乃至整个欧洲的室内设计一直由洛可可风格主宰。

1 如果不严格区分三位君主统治时期风格的细微差别，这三种风格都可以称作“乔治风格”。

2 欧洲游学（Grand Tour）：可译作“大旅行”，指的是16至17世纪，有教养的英国人为学习外国语言，观察外国的文化、礼仪和社会，前往欧洲各地学习、游历的过程，类似现代的游学活动。17世纪后期和18世纪，这一游学行为达到顶峰。

风格简介

早期乔治风格的室内设计不再满足于低调的安妮女王风格，转而采用了更为气派的风格。它将奢华与低调相结合，因为低调才是其区别于法国风格的关键因素。也正因如此，这一风格受到了人们的喜爱，并流传开来。它气势恢弘而略微正式，又不至于过分威严，混合了诸多设计风格。虽然它沿用的是18世纪以来匀称划分的空间比例，但加入的大量装饰元素使空间显得更加庄重，彰显了主人的财富和地位。

灰白色或石灰色的墙壁上装饰着白色的嵌线和线脚，通体粉刷为白色。深色木镶板换成了更轻盈的装饰[1]，墙裙上刻着三角形或花环图案，有时还会用墙绘模仿轻质木材贴在墙壁上的纹理。墙上有壁毯，或是手绘中国风图案，或是植绒。

房间的整体色调比安妮女王时期要深，有蓝色、绿色、红色、金色，或柔和，或鲜艳，与具体的房间相搭配。重要的公共空间颜色更浓烈，私人空间的颜色则更温和。

地板用的木材为橡木，或铺以长条形，或镶木拼花，或上色，或涂漆。更富丽堂皇的庄园则会在重要房间里用大理石做地板。正式的房间会铺上东方毛毯，其他房间铺的是普通的帆布。

当时最时兴的窗户样式是带矩形窗格的双悬框格窗[2]和带拱形半圆线脚的三格巴拉迪欧窗。窗户的镀金雕饰线脚下有时会挂着织物做的垂饰，有时则是厚重的丝织品，一直垂到地上，和家具上的软垫织物相呼应。窗户上方为雕刻镀金过的线脚。要是没有进口的刺绣或是织锦，也可使用薄麻布、印花棉布、印度印花布[3]。

壁炉仍旧是房间的焦点，外围是带雕刻纹饰的壁炉架和装饰架[4]。蜡烛和煤气灯为房间提供照明，有立在墙角的高高的蜡烛，还有壁挂式烛台，或是抛光过的黄铜和法国水晶制成的枝形大吊灯。精美的镜框上有贝壳或涡卷形雕饰，有时也用洛可可金银丝装饰。

---

1 比如换成更轻便的木材，或是浅色木材，或是采用薄木贴片。

2 双悬框格窗（Double-hung sash window）：双悬窗（double-hung）有两个框格,可以上下滑动，并且可以从顶部或底部打开，框格窗（sash window）指的是可以上下拉动的窗户。

3 原文为“toiles, chintzes, or printed Indian cottons”，指的是用作替代的各种棉麻布。

4 壁炉架上的装饰架，常常带镜子。

早期乔治风格（1720—1760）

家具简介

从安妮女王到乔治一世，再到乔治二世，家具装饰风格从简洁变得越来越精美。乔治一世的家具与安妮女王时期的十分相似，家具本身形制很简单，带雕刻或其他装饰。早期乔治风格的椅子保留了安妮女王时期的样式，只是更加精美。椅子尺寸更大，椅背更宽，座面更宽、更平，座面的前端也不再是弧形。椅腿仍旧是弯腿，只是取消了拉脚档，椅腿的膝部也因此变宽，还雕刻出优美的弧面和涡卷图案。到了乔治二世时期，椅子上的图案更加丰富，有狮面和叶饰。球爪脚是乔治时期家具的典型特征之一。它源于中国的“龙爪抓珍珠”造型，爪子有时也可能是狮子爪。球爪脚逐渐取代了此前造型简单的垫脚。长靠椅和沙发短短的弯腿上有雕饰，座框[1]和牙板[2]上也有。

早期乔治风格的橱柜在安妮女王风格的双穹顶结构上增添了尖顶饰，有时也冠以断开的或天鹅颈式的山形墙，这样橱柜看起来更像建筑物。带底座的双层箱柜取代了带弯腿的高箱柜。乔治时代早期涌现了一大批各式各样的家具：茶几发展成了折叠桌或是休闲桌，棋牌桌也兼具边几的功能。桌案和边几的桌面由大理石制成。这一时期的床幔不如巴洛克时期的精美，床柱上开始有雕饰。乔治二世时期出现了带有线脚和断开的山形墙的断层式家具[3]，这表明家具开始受到古典主义的影响。

乔治二世时期家具的最大变化是木材由胡桃木变成了进口的桃花心木。这是因为，当时一场席卷欧洲的枯萎病摧毁了大部分胡桃木。更重要的是，桃花心木是热带硬木，材质坚实，更适合做精细雕刻和镂空。得益于此，人们对精工雕刻的兴趣也日渐浓厚。此外，桃花心木为红棕色，纹理明显，很适合切割成无需雕刻的薄木贴片，用来装饰桌案和橱柜的正面。涂漆和中国风装饰依旧大受欢迎，很多较高的家具上都能看到。

右页：阿尼克城堡的餐厅，位于英格兰诺森伯兰郡，室内装饰威严堂皇，将古典风格与洛可可风格相结合，是乔治时代早期常见的室内装饰风格。

---

1 座框（frame）：椅子的座面的边框。
2 牙板（apron）：连接椅子座面和椅腿的木质长条结构，相当于中国明清家具中的牙板。
3 断层式家具（breakfronts）：指的是中间部分有些突出的家具，常见于橱柜和书柜。

上图：早期乔治时代风格并未致力于发展新的家具样式，而是沿用了安妮女王风格的样式。这件制于1725年的会客椅由伯尔胡桃木制成，造型流畅、精美，椅背和椅腿膝部有雕刻，椅脚为球爪脚。

右图：在乔治时代，两件不同的家具常合为一体，比如这件书架和书桌组合家具制造于1730年，由纹理丰富的伯尔胡桃木制作，并进行镀金装饰（英国家具也会采用镀金工艺，只是使用范围和频率都远不及法国）。

乔治时代的软包扶手椅奢华、大气，又柔软、舒适。这把乔治二世时期的扶手椅制于1755年，属于齐彭代尔[1]式家具风格：椅脑为牛轭形，敞开式扶手向外卷曲，牙板花纹复杂蜿蜒，通体有丰富的洛可可雕饰。这把扶手椅的椅腿是弯腿，脚为法式涡卷脚。软垫上的刺绣为该时期的典型工艺。

1 托马斯·齐彭代尔（Thomas Chippendale，1718—1779）：18世纪英国杰出的家具设计师和制作者，被誉为“欧洲家具之父”。

上图：两把椅子融合成双人长靠椅，由进口桃花心木制成，产于乔治时代早期1740年。

下图：容膝桌，因中部凹陷的开放空间而得名，常见于18世纪英美室内设计。这件产于1750年的容膝桌由桃花心木制成，带有镀金装饰。

上图：这一时期，镜子成为重要的装饰品，兼具实用功能。镜框由木头制成，有雕饰和镀金，十分精美，其造型常与家具相呼应，比如这件制于1730年的带天鹅颈式山形墙的镜子，底部还有贝壳雕饰。

下图：矮几常常放在两扇窗户之间，上面悬挂着长长的穿衣镜。这件制于18世纪的作品与英国同时期作品相比，尤为精美，反映出对意大利风格的经典图案的追求。这件矮几有雕刻、镀金装饰，桌面材质为条纹大理石。

伯灵顿勋爵的奇西克庄园[1]，位于伦敦，是典型的帕拉第奥式建筑。摆满了雕像的长廊和室内都是威廉·肯特[2]的设计杰作。圆顶[3]结构源于古罗马时期的神殿。

1 奇西克庄园（Chiswick House）：也有译作“齐斯克之屋”。
2 威廉·肯特（William Kent，1685—1748）：18世纪著名的英格兰建筑师、景观设计师和家具设计师。通过建造奇西克庄园，他把帕拉第奥式建筑引入了英格兰，也创造出了现代意义上的英格兰风景园林。
3 圆顶（apse）：也有译作“窟窿顶”或“穹顶”，指的是外形似球形或多边形的屋顶形式。

■ 帕拉第奥式（18世纪中期）

时期简介

帕拉第奥式和相对低调的早期乔治风格在同一时期流行，却以古典主义建筑为原型，更加恢弘大气。帕拉第奥式与当时流行的英国风格没什么关系，而是建筑师和设计师为喜欢宏伟庄严建筑的富人创造的，毕竟他们能够开出价格不菲的佣金。

威廉·肯特（1685—1748）是这一风格的鼻祖，他替赞助者伯灵顿勋爵设计了伦敦的奇西克庄园。此外，他还设计修建了许多教堂、公共建筑和乡村宅邸，比如侯克汉宅邸和霍顿庄园。帕拉第奥式摒弃了沉闷的英国巴洛克风格，转而从典雅的意大利古典主义中汲取灵感。肯特曾钻研过意大利文艺复兴建筑师安德烈亚·帕拉第奥[1]和其继承者伊尼戈·琼斯[2]的建筑设计，进而形成了自己对古典主义风格的理解。虽然肯特设计的建筑比帕拉第奥设计的乡村别墅更为精美，但其外观仍旧是威严的，这与建筑内部的丰富多彩截然不同。

风格简介

帕拉第奥室内风格所呈现的是法式设计追求的恢弘大气。规模宏大，讲究对称，这都体现了英国人当时的自我认识。当时英国被称作强大的“日不落帝国”，英国人认为自己是罗马文明传统的继承者。典型的帕拉第奥式房间营造出一种自视甚高的氛围，意在彰显主人的身份与地位。

帕拉第奥式房间有着高高的顶棚和对称的结构，灰泥墙体上除了踢脚线以外，还有墙裙、墙裙上方的墙体、顶棚上的柱上楣构[3]或线脚[4]。墙壁或粉刷，或挂上带花纹的织锦和挂毯，偶尔也会贴壁纸。

房间里的顶棚虽不如法国的精细繁丽，却也装饰着古典主义风格的石膏吊顶，如同雕刻

---

1 安德烈亚·帕拉第奥（Andrea Palladio）：意大利建筑师，1540年起从事设计。他曾对古罗马建筑遗迹进行测绘和研究，著有《建筑四书》(1570年)。其设计作品以邸宅和别墅为主，最著名的是为位于维琴察的圆厅别墅(1550—1551)。其建筑设计和著作的影响在18世纪时达到顶峰，“帕拉第奥主义”当时传遍世界各地。

2 伊尼戈·琼斯（Inigo Jones）：17世纪英国古典主义建筑学家，帕拉第奥的第一个英国弟子，曾研究学习过意大利古典建筑风格。

3 柱上楣构（entablature），指的是西式建筑中柱子上部与建筑顶部相接的部分，通常带有装饰，也可译为“柱顶”。

4 这是欧式家装中传统的三段式墙面风格。

一般立体。顶棚有时会带有洛可可风格的元素。门廊和窗户也都装点着建筑细节：厚重的线脚、涡卷形梁托、横饰带、浮雕。它们大多都是白色，有时会有镀金装饰。

壁炉是当时室内装饰的重要因素，外围的壁炉架装饰着线脚和断开的山形墙，华美大气。楼梯和栏杆也有着同样的装饰。

窗户的装饰相对而言比较复杂，挂着层层叠叠、精美昂贵的帷幔或是进口织物。来自东方的地毯和饰物共同营造出房间的奢华感。

室内选用的颜色丰富多彩，但都比以往常用的经典色彩更为大气，这也反映出房主的个人偏好。

家具简介

肯特是第一位设计出一整套室内装饰的英国设计师。不论是背景的设置还是装饰物的选择，他都做了精心的规划和搭配。他和他的追随者们将房间里的家具设计得如同雕塑或建筑一般磅礴大气。椅子和沙发或涂漆，或镀金，或放大尺寸，或镶线脚加上山形墙，或加上涡卷、鱼鳞、贝壳、狮面这样的雕刻纹饰。箱柜和桌子尺寸较大，也同样是在模仿建筑的感觉。肯特设计了一款很奇特的桌案，雕刻繁重，常装饰着老鹰图饰。大多数家具都是由桃花心木制成，因为这种木材质地坚硬，很适合细工雕刻。

马提亚·洛克[1]（1710—1765）是这一时期的家具设计师，设计出了很多独特而沉重的桌案。这些桌案雕刻着三角形或其他经典图案，桌腿为圆柱形，形制古典，常涂白漆或镀金。帕拉第奥式家具不像乔治时代那样是照着图册生产出来的，大多数都是独一无二的艺术品。

---

1 马提亚·洛克（Matthias Lock）：英国18世纪家具设计师、木匠，师从托马斯·齐彭代尔、亚当斯和亨利·科普兰。

■ 托马斯·齐彭代尔和齐彭代尔式（18世纪50—60年代）

很多18世纪中期的家具都被归为“齐彭代尔式”，但其实只有产于托马斯·齐彭代尔（1718—1779）伦敦工作坊的才是最正宗的。齐彭代尔是首屈一指的家具制造者，但其真正的成就在于撰写了一系列关于家具设计的书籍，这些书籍也是第一批介绍家具设计、分类的书籍。正是这些书籍使得这一风格能以齐彭代尔这样一个家具制造者（而不是统治者）的名字命名。

诺斯特尔古堡的卧室，中式壁纸、座椅扶手的透雕都是中式齐彭代尔风格。

齐彭代尔式不止一种风格。《绅士和家具制作者指南》（以下简称《指南》）一书，先后于1754年、1755年、1762年三次出版，涵盖了当时最流行的椅子、桌子、五斗柜等各种家具的样式，甚至还收录了很多不是齐彭代尔本人的设计。这些家具呈现出多种风格——法国洛可可、哥特式、中式、新古典主义，但最基本的形制都是一样的。纯正的英国家具往往深雕，受到法国风格影响的则选择洛可可风格的形制，而受到中国影响的则会采用中式。《指南》一书席卷英国和其他国家。其中最受影响的是美洲大陆，人们依样制作家具，后来又在此基础上进行改良和创新。

虽然家具设计受到诸多风格的影响，但我们还是可以依据一些显著的特点来判定一件家具（尤其是椅子）到底是不是齐彭代尔风格：牛轭形椅脑、镂空椅背、两侧直线形座框、技艺

《指南》中的配图，托马斯·齐彭代尔设计的座椅。

精湛的雕刻纹饰（尤见于齐彭代尔工作坊）。椅背顶部造型夸张，底部直接嵌入座框，带软垫的座椅又宽又平，而座椅的下半部分各有千秋。早期的齐彭代尔式家具上有法国洛可可风格元素，比如花卉雕刻和弯腿，但脚却是球爪脚[1]。后期的则倾向于直线造型，装饰着新古典主义图案，家具腿为四方形的马尔伯勒腿，带拉脚档。受哥特风格影响的桌椅则带尖拱，雕刻图案为四叶式和窗格式。《指南》介绍了一种全新的设计风格——中式齐彭代尔。这种风格的家具带回文或竹子雕刻，常见的装饰图案还有宝塔和中国人物造型。

齐彭代尔式家具并不是很好辨认。五斗柜采用的是法式的曲线造型，却又不如洛可可的精美——洛可可家具镶嵌纹饰的地方，齐彭代尔式家具则用同样图案的雕刻纹饰。书柜和秘书桌模仿大型建筑，采用带框玻璃门、线脚、断开的或涡卷形山形墙，雕刻纹饰丰富。桌子的牙板和腿部均有雕刻，后期还会出现经典的壁柱造型。齐彭代尔式家具使用的木材主要是桃花心木。

齐彭代尔式家具产于乔治二世、乔治三世统治时期，风格逐渐由洛可可转为新古典主义，而当时乔治风格也正从中后期向后期转变。《指南》再版发行时，齐彭代尔的设计因为新风格的融入，变得更加精美、高雅。齐彭代尔死后，他的儿子小托马斯继承衣钵，直至1796年。

---

1 常见于乔治时代。

风格指南

氛围
略微正式

规模
宏伟

色彩
缤纷，或柔和，或明亮

装饰
低调、日益精美

图案
贝壳、缎带、莨苕叶、狮头、狮爪

家具
胡桃木，安妮女王式家具
会采用桃花心木做装饰

木材
印度印花布、印花棉布、进口丝绸和锦缎

织物
球爪脚、深雕、洛可可元素

类似图中这样的生命之树为当时的常见图案。

亚麻布上印着漆红色的波浪、鸟类、植物。

第7节

美国晚期殖民地风格：安妮女王式（1720—1780）和齐彭代尔式（1750—1790）

时期简介

美国人民在美洲大陆逐渐安顿下来后，便开始改善自己的生活质量，将居家环境布置得更加舒适、时尚、精美。新兴的富人阶层（如商人）有能力负担精美的室内装饰，而造船工业的兴起将一批又一批欧洲的能工巧匠送到美洲大陆，这些工匠的手艺足以满足富人阶层的需求。这样一来，美洲大陆的人们不仅能够进口华美的装饰品，还能复制、改良，甚至制作出全新的物件。不过值得一提的是，英国的关税和限制政策带来的不便，远洋贸易的远距离和不确定性，都导致欧洲与美洲之间的交流延时。所以哪怕直到18世纪晚期，美洲的设计风格仍然比英国落后了十几年。

美国殖民地的设计与欧洲（主要是英国）原型相比，规模更小，也更简约。它并非照搬欧洲设计原样，因此更难以划分其风格类别。英美两国的室内设计和家具风格有着明显的差异，反映出美国这一年轻的国家不断变化的审美和日益增强的独立性。

后殖民时代主要有两种风格：一是安妮女王风格，在安妮时代结束后，甚至安妮女王风格已经在英国开始衰落之后，才开始在美国流行；二是齐彭代尔风格。这两种风格相互融合——在同一间房间、同一件物品上，常常可以同时见到两种风格。也正是在这一时代，地区之间开始出现风格差异。虽然设计都是一样的，但在不同的地区会有不同的呈现，这取决于当地工匠的手艺和客户的品位。

家具制造业集中在港口城市，早期的中心是波士顿。到18世纪晚期，法国工匠加入费城当地工匠队伍，二者摩擦出创意的火花，费城也因此逐渐发展起来。殖民时期末，纽约成了美国最大的口岸城市，最优秀的家具制造者也云集于此。此外，在纽波特、罗德岛、巴尔的摩、马里兰、查尔斯顿、南卡罗来纳各地，也有家具制造的产业中心。虽然美国的家具制造者不会在自己的作品上署名，但佼佼者的名字依旧永垂青史，比如托马斯·阿弗莱克(1740—1795)、本杰明·鲁道夫(1721—1791)、费城的威廉·萨弗里(1721—1787)、波士顿的约翰·戈达德

(1724—1785)和约翰·汤森(1733—1809)等。

住宅建筑在后殖民时代也取得了巨大的发展和进步，这在很大程度上要归功于建筑图册的发行和流传。建筑为砖制或木制，仿英国样式，窗户更大，结构对称，细节经典。同样的进步也可见于室内装饰——装饰元素和家具设计都加入了建筑细节。

1776年，美国殖民地宣告独立，脱离英国统治。美国的独立引发了设计的巨变，也影响了殖民地人们生活的方方面面。

风格简介

一般来说，美国当时的室内设计与同时期英国的乔治风格相比，没那么精美繁复，也没受到时尚法则那么多的束缚，所以整体氛围更加轻柔。美式风格建筑细节较少，选用相似装饰代替。家具形制大体一致，但不同房间的家具略有不同，由此增添了一丝多样性和个性。

随着殖民地人们生活日渐平稳、富裕，室内装饰也开始丰富起来。虽然顶棚仍旧很低，但空间开阔不少，这是因为墙壁使用镶板，地板经过抛光。18世纪中期，室内设计开始采用古典主义细节装饰，比如线脚、壁柱、镶板门，只是更加简洁，以迎合殖民地人民的审美，同时也是受工匠技艺所限。

同欧洲一样，壁纸逐渐流行开来。最初是进口的手绘壁纸，后来则是当地生产的壁纸。英国流行的中式图样也同样流传到了美国，尤见于齐彭代尔风格。

窗户常为双悬窗，窗格更大，装饰更精美。较正式的房间内会有进口的及地挂毯，其他房间则是印花棉布或带褶的窗帘。织物是室内装饰的重要元素，也是其中最昂贵的。虽然当地有自产的结实的羊毛和马毛，但由于当地对更加精美的织物的需求日益扩大，以至于织物的进口量远远超过其他物品的进口量。后期出现的活动百叶窗帘使人们能更有效地控制室内光线。

当地制造的地毯原本仅限于手工织成，如今更加多样化，有的带有花卉或几何图案。进口地毯主要源自东方，只用于最好的房间。

侍茶和饮茶的用具代表着家庭的文明程度，这是因为美国人沿袭了英国上流社会的传统——直到独立战争爆发。

室内用色更加明亮丰富，中蓝、暗绿、亮白、鲜红都是常用的颜色。

虽然壁炉的装饰相对简单——壁炉架有雕刻纹饰，代尔夫精陶镶边，但壁炉仍是室内装饰的焦点。不过18世纪后期，繁重的线脚和建筑细节成为壁炉的主要装饰。

黄铜枝形吊灯和壁挂式烛台风靡一时，因为它们比熟铁灯具的装饰性更强，比水晶灯具更低调。这反映出美国人追求简约的审美情趣。

从东方或其他国家进口的精美瓷器摆放在玻璃橱窗里或壁炉架上，旁边摆放着黄铜或铜银合金制品（中产阶级用作银制品的替代物）。进口也好，本地生产也罢，时钟日渐流行起来——有高高的落地钟、挂钟，也有放在壁炉架上的座钟。墙上常挂着镀金镶边的镜子。

不论是木工还是最后的装饰，美国家具如今都与英国家具旗鼓相当。虽然在风格上仍然落后，但美国家具已经能近乎完整地模仿英国的设计。只是，这样的模仿常常只停留在表面。随着美国工艺逐渐兴盛，形制变得比装饰更重要。英国家具讲求横平和深雕，也更沉重；美国家具则尺寸更小，身形更瘦，讲求的是竖直。这些差异反映出美国人对夸张风格的厌倦，而且，沉重的家具与较狭窄的房间本就不相称。

除了上述大体上的差异外，细微之处也有很多差异——不同地区的工匠追求着不同的形制和装饰，比如：安妮女王座椅的样式、贝壳雕饰、球爪脚、高脚柜上的锁眼盖。这些差异导致人们无法分辨家具的具体产地甚至制作者。也正因为如此高度个性化的差异，美国家具成为一个有趣的研究对象。

安妮女王家具

美国安妮女王家具仿照的是英国安妮女王S形家具设计，但在以下几个重要的地方略有不同：美国安妮女王家具整体更加纤细，弯腿的膝部弯曲弧度更大，腿部至踝部逐渐变细，腿部为三裂脚或扁圆垫。最具代表性的安妮女王椅产于费城，整体造型流畅，椅背形状优美，座垫为马蹄形，椅脑和腿膝部均有贝壳雕饰。带软垫的安乐椅则是另一种源自英国的椅子，其扶手或为涡卷形（见于费城），或为圆柱形（见于波士顿地区）。

高脚柜是美国的原创家具。箱柜的叠加既为了方便，也为了高挑优雅的造型需要。反之则称为“矮脚柜”。美国独立战争后，这一形制仍旧流行，成为了重要的家具。最经典的安妮女王高脚柜产于波士顿，有帽式顶，四条腿，无拉脚档，柜底边缘有垂饰。高脚柜顶部有时是平的，常见于不是很富裕的家庭。上面的黄铜制品和把手造型简洁优美，常靠进口。

其他家具则更为复杂多变，有可折叠茶桌与棋牌桌、斜面翻盖书桌（随着文化普及程度越来越高）、五斗柜等。安妮女王风格流行于殖民时代后期，这时胡桃木已不那么时髦，因此这一风格的大多数家具都是由桃花心木制成的。当然，美国工匠（尤其不在大型港口城市的工匠）也会使用枫木、松木、樱桃木等当地木材。

在美国独立战争之后，安妮女王风格的家具仍旧占据潮流前线，哪怕当时它在英国早已过时。这种风格之所以能在美国经久不衰，除了其造型优雅、简练之外，还因为它比齐彭代尔式更便宜（线条简单、雕刻装饰少），符合当地保守的殖民者的需求。当时的美国人民更追求精打细算，而不是时髦前卫。

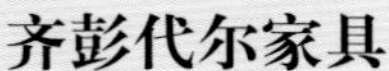

齐彭代尔家具

随着美国室内风格的模仿对象从英国安妮女王式变为早期乔治风格，美国家装也开始融入来自法国和远东地区的洛可可元素。1754年，齐彭代尔出版的《指南》在美国大获畅销。技艺精良的工匠们因此得以参照伦敦最时兴的设计。当然，他们也有自己的偏好，也得听从客户的要求。大多数美国齐彭代尔式家具都是在英国齐彭代尔式家具式样上自由发挥的结果。

随着家具风格从安妮女王式转变为齐彭代尔式，家具逐渐从曲线形变为直线形，家具也用上了球爪脚和更多的包括雕刻在内的装饰元素。但是，新的家具式样仍旧保留了旧风格的一些元素。比如椅子结合了安妮女王式的弯腿与齐彭代尔椅子的整体造型——牛轭形椅脑、两侧为直线形的座框，镂空且纹饰复杂的椅背。椅子上的雕刻不如英国的那么立体，座面偏方形而非圆形，也没那么宽。至于带软垫的家具，宽大又舒适的沙发代替了长靠椅；安乐椅仍旧流行，只是弯腿变得更加短粗，脚变为球爪脚，而且不带拉脚档。

这一时期还诞生了一种新潮流——正面为积木式的家具，比如书桌、箱柜、橱柜。这些家具正面有三列等宽等高的抽屉，中间列下凹，旁边两列上凸，每列顶端为半圆形扇贝雕饰。虽然这个样式并不是美国创造的，但它与纽波特、罗德岛，尤其是戈达德和汤森家具的工作坊关系密切。

齐彭代尔式高脚柜和矮脚柜反映了美国家具的新颖、独特。比如，柜顶为断开、雕刻或涡卷形的山形墙，两侧带有尖顶饰，中间为各式新奇的雕刻和装饰。雕刻纹样通常结合了扇贝和复杂的洛可可叶饰，其繁复精美程度将牙板和半圆楣饰[1]变成了活脱脱的艺术品。进口的桃花心木花纹丰富，由它制成的薄木贴片使得家具表面光滑，又如同带有华美的雕刻纹饰。黄铜制品也更具装饰性，这是受到洛可可风格的影响，虽然美国人和英国人已经尽量避免室内装饰像法国巴洛克风格一样浮华。

1 半圆楣饰（tympanum）：类似于三角楣饰（pediment）。

该时期的其他家具有茶桌（饼形桌面[1]、三条腿、球爪脚）、游戏桌、斜面翻盖桌、书柜、秘书桌。该时期末出现了莨苕叶形雕刻、回纹装饰、带凹槽的柱子、卵形凹凸刻纹，这表明装饰风格开始转向新古典主义。

1 饼形桌面（piecrust top）：桌面通常为圆形，其边缘略高于内部，呈不规则的波浪形。

上图：位于罗德岛纽波特的猎手别墅客厅。房间内的桃花心木家具反映出晚期殖民地风格的家具对暖色调的追求。两扇窗户之间的那件家具是典型的积木式，当时最精美的积木式家具就产于纽波特。

下图：位于特拉华州威尔明顿市温特图尔的中式客厅，依照后殖民地时期最时兴的风格进行装饰。齐彭代尔式家具制作精良，墙壁上贴着进口中式壁纸。

高脚柜算得上是18世纪非常重要的美国家具。木材用料和装饰细节都因产地和制作者各有不同。这件约2.24米高的桃花心木高脚柜为帽式顶，带旋木尖顶饰和扇形贝壳雕饰，1745年产于马萨诸塞州查尔斯顿。

费城安妮女王椅，整体形制优美，背板曲线流畅，很好地诠释了美国在英式风格基础上的自由发挥。这把胡桃木椅产于1750年，由当时极负盛名的家具制作者——威廉·萨弗里制成。

右图：安妮女王椅，约产于新英格兰时期。这把座椅形制非常拘谨，拥有马蹄形座面、直线形座椅前端、扁平拉脚档。

下图：矮脚柜作为高脚柜的补充，其牙板和雕饰（常为扇贝形）的设计常与高脚柜互补。这件胡桃木矮脚柜于18世纪中期产于马萨诸塞州。

左图：饼形茶桌，因其装饰性圆齿状花边得名，兼具实用性和装饰性，不用时可以折叠收起。这件在1765年产于弗吉尼亚的桃花心木折叠桌的连接轴带凹槽和雕饰，桌腿有三条，桌脚为球爪脚。

右图：翼椅源于英国，美国人称为“安乐椅”。因为安乐椅需要用到进口软垫，所以美国人认为这是一件奢侈品。这件在1770年产于费城的美国齐彭代尔式翼椅带叶形纹饰，弯腿以球爪脚收尾。

美国齐彭代尔式座椅的造型源于《指南》一书，工匠们在此基础上自由发挥。这些椅子由威廉·韦恩用带花纹的桃花心木于1770年在费城制成。

左图：齐彭代尔式高脚柜是美国齐彭代尔风格诠释英式风格的最具代表性的作品，装饰着精美的洛可可雕刻和细节，在独立战争后逐渐淡出人们的视野。这件在1765年产于费城的高脚柜用桃花心木制作，高约2.26米（89英寸），带叶形和扇贝装饰，柜顶为涡卷形山形墙，带瓮形尖顶饰，带凹槽的柱形结构预示着即将盛行的新古典主义。

下图：该沙发为典型的齐彭代尔风格，拥有弯曲的沙发背，涡卷形扶手，马尔伯勒腿。该沙发由桃花心木制作，在1770年制于费城。

左图：落地钟，又称“老爷钟”，是后殖民地时代美国人家中颇具威严的昂贵家具。这件落地钟产于康涅狄格州，由美国工匠路易斯·柯蒂斯制于1795年。

下图：棋牌桌常为折叠式或桌面可拉伸型，不用时可靠墙而立。这件桃花心木棋牌桌为齐彭代尔风格，1770年制于纽约。

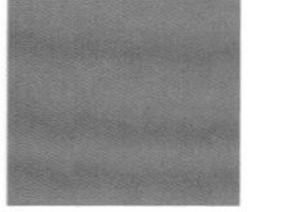

风格指南

氛围
低调、舒适

规模
适中

色彩
温暖、丰富

装饰
保守

图案
扇贝形、球爪脚、装饰性尖顶饰

家具
桃花心木、简化的英国形制

木材
印度双线刺绣、印花棉布、进口丝绸和锦缎

织物
高脚柜和矮脚柜，风格具有地区差异

银色天鹅绒，设计源于1730年，复制品见于哥本哈根的阿马林堡宫。

“相思鸟”图案，适用于较正式的房间。

第8节

法国早期新古典主义风格：路易十六式（18世纪50年代，盛行于1774—1792年）

时期简介

顾名思义，新古典主义从古典主义中寻求灵感，追求比自由浮华的洛可可风格更为精美、永恒的设计风格。新古典主义受启蒙运动启发，意大利庞贝古城和赫库兰尼姆古城的发掘更是直接推动了它的发展。从18世纪中期开始，这些考古学发现为建筑师和设计师提供了鲜活的灵感，从而在英法两国同时掀起了时尚潮流的剧变。

最初，新古典主义风格仍带有洛可可风格的痕迹，发展多年后才形成自己的独特风格。早期新古典主义融合了巴洛克风格和洛可可风格最突出的特点，前者的奢华、对称与后者的优雅、精致得到完美结合。也正因如此，新古典主义数十年长盛不衰。

然而不幸的是，新古典主义流行于路易十六（1754—1793）统治时期（1774—1789）。路易十六是路易十五的孙子，新古典主义又称作“路易十六式”。由于政治会影响时尚，王室赞助体制注定了这一风格会衰落。1789年，法国大革命爆发，路易十六与其恶名昭著的王后玛丽·安托瓦内特被废黜，这一时期盛行的新古典主义也因此被王室抛弃。王室成员的宫殿和宅邸或被洗劫，或被摧毁，富丽堂皇的装饰也被认为与新兴的无产阶级极不相称。不过，数年之后，在拿破仑的统治下，法国的设计风潮又卷土重来。

18世纪中期的新古典主义摒弃了此前风格中的过度奢华，影响了许多国家的设计风格，也是第一个追溯古希腊和古罗马的风格。

风格简介

新古典主义的室内设计优美典雅，强调对称和整洁，营造出宁静祥和的氛围。如此装饰出的房间比洛可可风格的房间更正式，又不至于像巴洛克风格那么浮华。新古典主义采用了古典主义的经典装饰元素，却更低调、精美。

室内空间大气、舒适，虽然形态各异，但都比例匀称，宁静而精致。墙上的雕花镶板被细长、古典的镶边分割成许多方块，上面雕刻有莨菪叶卷、玫瑰花[1]、三角形、希腊回纹等经典

1 玫瑰花（rosette），类似莲座的圆形图案。

纹饰。该时期最初流行的是符合希腊审美[1]的几何图案，后来逐渐变成更具装饰性的伊特鲁里亚图案[2]和丰富的花卉图案。壁纸也是增添时尚气息的装饰品之一。比起沉重的挂毯，当时人们更推崇手绘的丝绸壁纸。风景画镶板由让·巴蒂斯·雷韦从中国引入，代替了壁画和手绘壁画。天使、女神和古典传说中的人物常常是壁画的主题。顶棚的装饰相较之前更为简约，中间是石膏做的圆形浮雕，四周由精密的几何图案线脚（而非凹圆形线脚）与墙壁相接。

为了实现对称性，暗门和假通道的对面会有一模一样的设计。门窗四周都装饰着古典柱形结构，顶部为线脚、三角楣饰或装饰性镶板。这时期的壁炉架不再那么醒目，而是以合适的尺寸融入整个环境。其装饰也和门窗相似。平开窗与护墙板或地板齐平，顶部为拱形或矩形装饰，上面的百叶帘则是为了与墙上的镶板相呼应。玻璃窗格变得更大，室内因此采光更好。挂毯和门廊帘与室内丰富的软垫织物相呼应，营造出更加统一的室内风格。

地板为拼花地板，选用的木材不一而足，可能是瓷砖、大理石或者赤陶。地毯有进口的东方地毯，也有法国产的带几何图案的萨伏内里地毯或奥布松地毯。

新古典主义保留了洛可可风格柔和的配色，室内墙壁为白色或浅色，色彩明丽的织物起到锦上添花的作用。

新古典主义依然很重视枝形吊灯这一装饰，其造型雅致，比洛可可风格的枝形吊灯更偏直线形，围绕着中心支柱的水晶吊饰仿佛瀑布一般。

镜子也是很重要的装饰品。嵌在镶板中的镜子能很好地调节空间比例。其他装饰品也和室内风格协调一致，流露出古典的韵味：瓷器造型模仿希腊古瓮，镀金座钟上有圆柱和楣饰，烛台主体为女像柱。

1 希腊审美（Le Goût Grec）：法语，用以形容法国新古典主义早期的风格，尤其是18世纪50—60年代的建筑和装饰风格。该风格比当时考古发现的希腊风格更加奇幻瑰丽。

2 伊特鲁里亚图案可见于从意大利伊特鲁里亚的古墓中挖掘出来的希腊黑彩和红彩人物图样陶器（之前是几何图案装饰）。受此陶器影响，亚当家族三位兄弟创造出新古典主义的分支——“亚当式”。

家具简介

新古典主义家具摒弃了洛可可风格的散漫不拘，形制更加纤细、笔直。家具腿为直线结构，或带凹槽[1]，或为螺旋形，从上往下逐渐变细，以金属盖[2]收尾。不论是椅子还是沙发，曲线造型都有所收敛。它们的背部为椭圆形、圆形、长方形或正方形，座面很宽，腿部有玫瑰花纹饰的角块[3]，直接与座框相接。家具仍旧沿用了洛可可时期的形制，只是稍加改良，以适应内敛的新古典主义。家具表面用的榉木一定会有喷漆或镀金，因为榉木本身装饰性不强。不论是箱柜还是座椅，这一时期的家具大多喷漆，其数量远多于其他风格。

家具虽然很轻，便于移动，但都与固定的墙壁相搭配，这与洛可可风格的散漫自由截然相反。除了椅背上的曲线造型之外，其他的非直线造型只有简单的几何图案，例如箱柜、桌子的圆角和弧形前端。

细木家具仍旧多种多样，有翻盖写字台、小立橱写字台[4]等，以满足人们的各种需求。稍大一些的五斗柜柜顶和桌子的桌面由白色或浅色的大理石制成。稍小一些的桌子为方形、椭圆形或新月形，其设计参考的是古典主义的形制。

桃花心木为主要的木材，此外还有椴木、黑檀木、郁金香木等纹理丰富、装饰性强的木材。五斗柜和橱柜常带有精美的三角形或经典人物的青铜镶嵌，其他的装饰方法包括花卉图案镶嵌、方块图案镶嵌或更精细的薄木贴片。瓷板、涂有日式漆的镶板和硬石镶嵌也可用于装饰家具。受庞贝古城发掘出的古物启发，熟铁、钢材、黄铜也开始用于桌腿的镶边。

这一时期有许多著名的工匠，但其中最优秀的要数御用木匠让·亨利·里茨内尔(1734—1806)。此外还有亚当·韦斯维勒(1744—1820)和乔治斯·雅各布(1739—1814)，后者建立的作坊曾统领法国座椅制造行业数十年。

右页：泰塞宅邸里的大客厅，由尼古拉斯·胡约特设计于1700年，现展出于大都会博物馆，用以展现路易十六式的典雅。墙上为矩形雕花镶板，家具腿为从上至下逐渐变细的圆锥形。

---

1 原文“fluted, reeded”指的是两种不同的凹槽，前者为凹圆槽，后者接近波浪形。详情可参考罗马柱的凹槽。
2 金属盖（sabot feet）：位于家具腿末端。
3 角块（corner blocks）：椅腿与座框相接的部分，常为块状，带雕刻纹饰，见91页右图。
4 小立橱写字台（法语bonheur du jour）：英语翻译为“daytime delight,”一种女式写字台，通常较高，造型优雅。因为该写字台并不总是靠墙而立，所以背部有雕刻纹饰。它的独特之处在于背部高于桌面，从而形成箱柜、抽屉或开架。

右图：翻盖写字台是当时重要的新型实用家具。该写字台由索尼尔制于1785年，材料为桃花心木，带镶嵌细工和青铜嵌饰。

下图：18世纪中期引入法国的希腊风格。这件平面写字桌带有经典图案嵌饰。

右图： 著名家具制作者亨利·雅各布制作的一把路易十六式座椅。该安乐椅制于1780年，覆盖着奥布松织锦。织锦上的图案描绘出“青春之泉”[1]的传说和田园风光。

下图： 路易十六风格的新月形英式五斗柜[2]，由谢伊制于1780年。柜顶为大理石，正面最上方内嵌拱形的横饰带，下方是两层方格形薄木贴片抽屉。柜两侧呈弧形，有镜面装饰，分三层，层与层之间用装饰带隔开。

1 青春之泉（La Fontaine）：传说人若是饮下泉水或在泉水中洗浴便能返老还童。
2 英式五斗柜（La commode à l'anglaise）：此处原文的英文有误，译者根据实际情况做了修改。

这件制于1775年的翻盖写字台因使用的木材（西卡摩木、紫心木、郁金香木）和镶嵌工艺而成为法国工匠的代表作品。当时的工匠竭力迎合王公贵族们的喜好。

沙发椅就是小型沙发，一种特定形制的座椅。这件制于1775年的沙发椅有雕饰和镀金，是当时沙发椅的典型代表。

这一时期，桌案仍旧流行。这件桌案有雕饰和镀金工艺，制于1775年。

这件路易十六式的壁炉架座钟镶嵌有镀金青铜和素瓷，制于1795年。两侧的塞夫尔瓷器[1]刻画了女神维纳斯正在向爱神丘比特讲解“爱”的场景。

1 塞夫尔瓷器（Sèvres）：著名的瓷器，也有译作“塞夫勒瓷器”，因产地而得名。塞夫尔也因此被称作“瓷器之都”。

风格指南

氛围
较正式

规模
宏伟

色彩
鲜活多变

装饰
简约、直线形

图案
经典壁柱、三角形、玫瑰形、瓮形

家具
直线形、纤细、对称

木材
桃花心木、进口木材用于镶嵌细工

织物
丝绸、锦缎、天鹅绒

倾向
家具腿带凹槽，装饰图案源于古代，方形嵌饰

博马舍花纹锦缎，路易十六新古典主义风格。

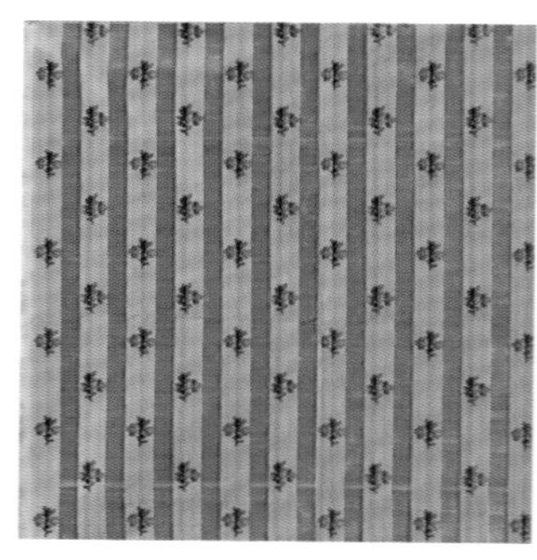

1784年为玛丽·安托瓦内特位于朗布依埃城堡的住处所制。

第9节

晚期乔治风格：乔治三世式（1760—1810）

时期简介

在乔治二世的孙子也就是乔治三世（1738—1820）统治时期（始于1760年），英国开始坚定地推崇新古典主义。新古典主义最初与洛可可风格在流行时间上有所重合，但最终新古典主义取代了洛可可风格。庞贝古城和赫库兰尼姆古城的发掘为人们提供了研究古代的资料，推动了新古典主义的发展。这一风格的崛起反映出人们对古代世界日益浓厚的兴趣。与此同时，法国也开始出现新古典主义的萌芽。这些年间，越来越复杂精细的家具行业催生了一系列优秀的英国家具设计和优秀的设计师，比如亚当、齐彭代尔、赫波怀特、谢拉顿等。

乔治三世是汉诺威王朝[1]第一位真正意义上出生在英国的君主，也是在维多利亚女王之前执政最久的君主。在他执政期间，虽然美洲殖民地脱离了英国的统治，但英国仍旧是欧洲的强国。得益于富裕的家境、良好的教育以及在游学中开阔的视野，当时的英国贵族阶层热衷于收藏艺术品，就好像收集欧洲游学的旅行纪念品一般。这些艺术品包括：乔凡尼 · 巴蒂斯塔 · 皮拉内西[2]的蚀刻作品，乔凡尼 · 安东尼奥 · 康纳尔（又称“卡纳莱托”）[3]、乔凡尼 · 保罗 · 帕尼尼等人的古典建筑画作。贵族阶层还会委任建筑师和设计师建造、装饰他们的宅邸，以期将永恒之美凝固到建筑中。

罗伯特 · 亚当(1728—1792)是建筑师中的佼佼者。他的设计风格又被称为“亚当式”，主宰着乔治时代后期。他提倡“整体室内设计”，即室内所有设计元素互相协调，形成一个有机的整体。威廉 · 肯特曾经对此有所尝试，而亚当则将室内设计的艺术性大大提升。他亲自或指定他人设计室内空间的所有装饰，由此树立的亚当式流传数年，代表着英国最顶尖的室内设计。就家具而言，早期的新古典主义仍带有晚期齐彭代尔式风格，多用乔治 · 赫波怀特和托马斯 · 谢拉顿的设计作品。这两位设计师设计的家具成为表现美国联邦风格的重要元素。

---

1 汉诺威王朝(House of Hanover)：1692—1866年间统治德国汉诺威地区，在1714—1901年间统治英国的王朝。乔治一世为英国汉诺威王朝的首位国王，出生在德国；乔治二世也出生在德国。

2 乔凡尼 · 巴蒂斯塔 · 皮拉内西（Giovanni Battista Piranesi，1720—1778）：意大利雕刻家和建筑师。他以蚀刻和雕刻现代罗马以及古代遗迹而成名。

3 乔凡尼 · 安东尼奥 · 康纳尔（Giovanni Antonio Canal (Canaletto)，1697—1768）：意大利风景画家，尤以准确描绘威尼斯风光而闻名。

■ 罗伯特·亚当和亚当式（1760—1780）

罗伯特·亚当（1728—1792）出生于苏格兰，是一名建筑师、设计师。他在乔治时代晚期所设想的“整体室内设计”堪称英国早期新古典主义设计的典范。他的父亲是一位著名建筑师，他的三个兄弟也都是建筑师。亚当曾游学意大利，研究古典建筑和帕拉第奥[1]的作品。他认为，帕拉第奥的作品太过沉重。他所追求的，是将“新颖和变化”注入古典的灵魂。因此，他的室内设计结合了轻盈、迷人的洛可可风格和精准、对称的新古典主义。

亚当的大多数建筑设计追求的都是革新，而非照搬原样。他的室内设计完全是自己的创作，最典型的特点便是完美、协调的所有室内元素和基于古典式样的多种装饰。

哪怕室内空间相对较窄，亚当式的设计也会使之显得宽敞而轻快，这是因为亚当巧妙地平衡了各种元素。墙壁通常为白色或浅色，墙壁边缘为白色线脚和精美的石膏浅浮雕。顶棚全白，其上的石膏装饰与地板图案呈绝对对称。比如，如果顶棚的石膏装饰为六边形，那么亚当一定会将地上的地毯（或许产于英国的阿克明斯特[2]工厂）设计为六边形，或是将大理石地面拼接出相似的形状。

门廊和窗户也呈现出对称性。任何一扇门或窗户的对面一定是同样的结构。如果对面墙壁上不需要门或窗户，亚当会用镜子或是用放雕塑的壁龛代替。

壁炉架是亚当式室内空间的重要元素，通常尺寸较小，通体为白色，两侧为古典壁柱。壁柱或为仿云石，以模仿大理石质感，或采用硬石嵌饰，图案多为瓮形、玫瑰形、三角形、带状、公羊头形、连环结、希腊钥匙形[3]。这些装饰元素各有特色，通常也不是很正式，造型大多源于古典主义，也正因如此，亚当式也被称作“英国的路易十六式”。亚当选用的织物或许没那么华丽，但同样典雅精致。

亚当偏好暖色调，虽然他有时也会用更深的冷色调。

---

1 参见第2章第6节帕拉第奥式。
2 阿克明斯特地毯为质地精良的机织地毯，生产阿克明斯特地毯的织机原产于英国。
3 希腊钥匙（Greek key）：又称“希腊回纹”。

优美的水晶枝形吊灯和壁灯为室内提供主要的照明。室内的装饰品包括：风景画或人物肖像画、经典雕塑的石膏模型、英国工匠或法国工匠打造的银器。亚当式的另一特点是椭圆镜或多枝烛台镜都有精美镀金镶边，而且顶部为古典瓮形或三角形。或仿制、或受古典设计启发而制的韦奇伍德瓮、碗、饰板[1]也是绝佳的室内装饰。

亚当负责了室内的所有装饰：绘制顶棚的图案，设计地毯的图样，指定或选择由技艺最精良的工匠制作的家具，甚至自己设计家具。他设计的家具为直线形，直腿从上往下逐渐变细。五斗柜和桌案的正面都呈典型的椭圆形，要么用椴木、郁金香木等稀有木材做薄木贴片，以象牙色或浅色喷漆为主。

得益于周全的思量和一丝不苟的执行力，罗伯特·亚当的室内设计堪称协调设计的典范，奠定了百余年后室内设计成为继建筑业之后又一个正式行业的基础。

右页：毫无疑问，锡永宫的大厅属于亚当式，内壁四周呈绝对对称，天花板和地板的装饰仿佛镜像一般。

---

1 韦奇伍德瓷器是世界上知名度很高的精美瓷器之一，其创始人乔赛亚·韦奇伍德被誉为“英国陶瓷之父”。

命运之神给了英国诸多恩赐，用以制造更奢华的物品——阿克明斯特工厂（始于1755年）生产精美地毯，皇家伍斯特厂（始于1751年）生产英国一流的瓷器，沃特福德（始于1783年）生产的雕花玻璃能够与法国水晶抗衡，马修·博尔顿的工厂生产谢菲尔德银器（始于1762年），乔赛亚·韦奇伍德的瓷器厂（始于1759年）仿照罗马浮雕玻璃的样式，生产出了黑炻器、碧玉细炻器和亚光炻器。乔治时期还有乔舒亚·雷诺兹[1](1723—1792)和托马斯·庚斯博罗[2](1727—1788) 这样优秀的画家。

一直到18世纪末，新古典主义都是英国的主流设计，并逐渐发展为更加饱满、华丽的摄政式风格。

风格简介

乔治后期精美的室内设计完全可以与优秀的法国设计相媲美，二者甚至有很多共同点。当然，二者也有很多不同之处：虽然都选用了古典装饰，却呈现出不同的样子，家具的细节也大不相同。晚期乔治风格的房间文雅、对称，有效地平衡了英式风格的拘谨和装饰应有的华丽。其构思精巧，陈设精致，装饰品来自世界各地，代表了当时英国设计的最高水平。

晚期乔治风格的室内空间宽敞，比例适中，通常为矩形，偶尔为圆形。墙壁没有繁重的镶板、线脚或挂毯装饰，通体粉刷为令人愉悦的颜色。护墙板由石膏而非木材制成，墙上有可能贴着风景壁纸或带图案的织物。装饰嵌线和石膏制品为白色，质朴、低调；顶棚也做类似的处理。门为镶板结构或弧形结构，弧形结构是为了与圆形的房间相匹配。

高高的窗户上是大大的矩形窗格，薄纱窗帘外挂着厚重的帷幔，窗户顶部为线脚、窗幔或最新式的遮光卷帘。这一时期，飘窗开始出现。

左页：位于英国德文郡的索莱宅第的室内陈设是罗伯特·亚当最杰出的设计之一，这间餐厅展现出亚当将天花板和地面装饰都当作设计的一部分这一理念。经典的壁炉和建筑结构上的凹嵌都是典型的亚当风格。

---

1 乔舒亚·雷诺兹（Joshua Reynolds）：英国18世纪后期极负盛名且颇具影响力的历史人物肖像画家和艺术评论家，英国皇家美术学院的创办人。雷诺兹强调绘画创作的理性一面，他的许多观点是英国18世纪美学原理的典型内容。

2 托马斯·庚斯博罗（Thomas Gainsborough）：他的作品强调光和奔放的笔触，色彩精致，曾为乔治三世和他的王后绘制肖像。

随着英国开始生产精美的雕版或铜版印刷的织物及其独具特色的印花棉布，织物种类日渐丰富，重量也减轻了不少。到18世纪末，室内空间的织物和软垫互相协调，形成了有机整体。室内色彩鲜亮，柔和的色彩为空间带来一丝温暖的氛围。

大厅或门厅的地板为石头或大理石，其余房间的则为抛光橡木。地板上铺着与进口地毯一样大受欢迎的阿克明斯特地毯。

枝形吊灯和枝形烛台用水晶、黄铜、青铜制成，为室内提供照明和装饰。室内还有很多更具装饰性的物件：带中国风图案的镀金镜子、时钟、大理石或青铜半身塑像、高脚蜡烛台、各式各样的游学纪念品。此外，还有韦奇伍德瓷器、塞夫尔瓷瓶或梅森瓷塑像。

家具简介

早期齐彭代尔风格属于早期乔治风格，受到了法国洛可可风格的影响。这种影响也同样体现在晚期乔治风格的家具上，比如家具上精美的雕刻就出自齐彭代尔的著作。然而随着时间的流逝，新古典主义逐渐占据上风，家具上不再有不对称的装饰元素和叶形雕刻，取而代之的是对称、直线形的古典形制。

18世纪最后10年，赫波怀特和谢拉顿风格盛行，这证明了新古典主义盛行于乔治时代晚期的家具行业。相较于早期乔治时代的椅子，这时的椅子更加纤细。弯腿和球爪脚早已消失不见，取而代之的是从上到下逐渐变细的修长直腿。有些椅子仍保留着法式的痕迹，哪怕它们并非通体喷漆。所有的椅子都呈现出一种轻盈的感觉。

就箱柜而言，厚重的线脚和三角楣饰由更精巧的嵌线取代。橱柜上偶尔会有雕刻纹饰，但通常只见于镶板或是边框，力求更加简朴、低调。橱柜门为带木质竖框的玻璃门。晚期乔治风格的家具哪怕体积很大，也比早期乔治风格的家具更典雅、轻盈。

桃花心木仍旧是大受欢迎的木材，更轻盈的椴木和果木也愈加受到人们的青睐，常用作镶嵌或对比。英国设计的一大特点是，仍使用木材作为主要的装饰元素，通过镶嵌拼出图案，而不是像法国家具那样主要靠镀金镶嵌。

右页：柏林顿宅邸，位于英国赫里福德郡的一座新古典主义乡村住宅，由亨利·霍兰德设计，建于1778年。其书房的石膏嵌线和顶棚装饰精美，内部家具为齐彭代尔式和赫波怀特式。

上图：晚期乔治风格的扶手椅，蛇形椅脑，座框两侧为直线形，扶手和椅腿有雕刻纹饰，制作材料为桃花心木，制于1765年。

左图：受托马斯·齐彭代尔风格影响的法式扶手椅，用镀金木材制成，产于1775年。其雕饰丰富，有高拱形椅脑，圆柱腿从上往下逐渐变细，带密叶装饰。

这件家具由五斗柜、书柜和翻盖书桌构成。玻璃门和尖顶饰都是这一时期常见的洛可可风格装饰。

齐彭代尔风格的家具，制于1760年。上层为桃花心木断层式书柜，柜面为四扇毛玻璃门；下层为带抽屉和分类架的秘书桌，凹进去的部分两侧为橱柜，带抽屉和分层储物柜。当时很流行给家具加上底座。

上图：里拉琴形靠背椅，制于1770年，典型的齐彭代尔风格的座椅，座框两侧为直线形，椅脑为牛轭形，椅背镂空。

右图：赫波怀特桃花心木雕花扶手椅，制于1790年。盾形椅背，椅腿为逐渐变细的车木结构，椅腿顶端为方块结构，前腿为圆脚，后腿为希腊刀状腿[1]。

1 希腊刀状腿（splay feet），指的是向后倾斜的腿型，因形似希腊刀而得名。

上图： 赫波怀特发明的新家具形式——餐具柜，中间为桌子，两侧由立柱支撑，适用于餐厅。这件乔治三世桃花心木餐具柜长约1.78米（70英寸），正面为蛇形，带有裙状结构。

下图： 新月形五斗柜，式样源自法国，有英式的涂漆或嵌刻装饰。这件五斗柜由著名的伦敦工匠梅休和因斯制于1815年，带椴木、郁金香木和玫瑰木镶嵌。

乔治三世桃花心木细长形送餐桌，制于1780年。前端为弓形，黑檀木桌面有直角形薄木贴片[1]，横饰带由椴木镶边。这种用轻质木材做装饰属于谢拉顿风格。

1 薄木贴片（cross-banding）：这种薄木贴片与“veneer”的不同之处在于两种不同木材的纹理会拼接成直角纹饰。

蛇形桌案，制于1740年，常见于亚当式的室内设计。这件桌案由玫瑰木、椴木、硬木、桃花心木制成，桌面为直角薄木贴片，其上的镶嵌细工为战利品画作和乐器图案。

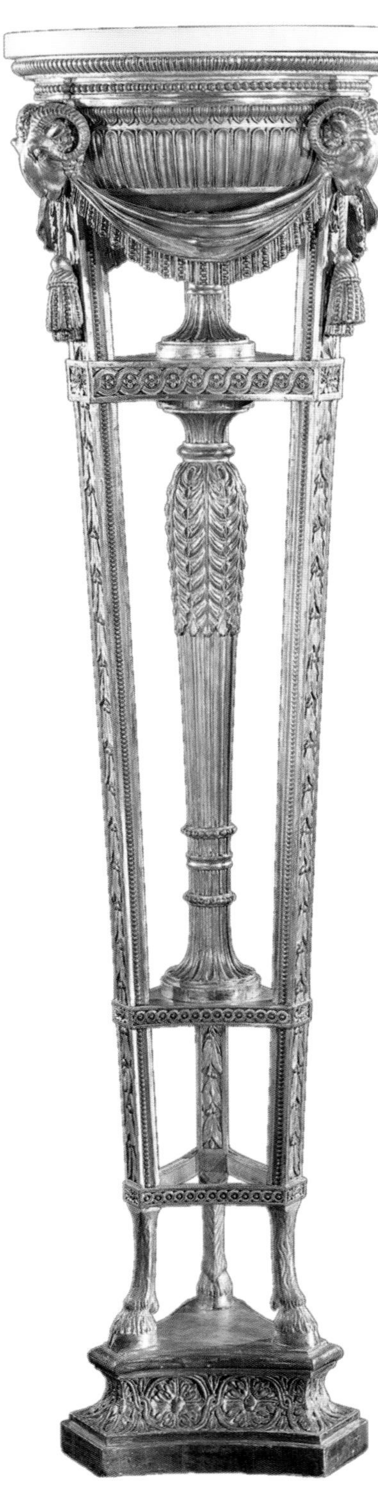

精雕高脚蜡烛台，顶部为卡拉拉大理石[1]，中间为三脚架结构，底座也是三角形。凹槽结构、公羊头、蹄形脚都是晚期乔治风格偏好的新古典主义装饰元素，常见于罗伯特·亚当的室内设计。

1 卡拉拉大理石（Carrara marble）：一种白色或蓝灰色的优质大理石，常用于雕塑和建筑装饰。

■ 赫波怀特和谢拉顿风格（1790—1810）

乔治·赫波怀特(1721—1786)和托马斯·谢拉顿(1751—1806)是乔治三世时期伦敦有名的家具制作者，他们出版的著作详细描述了英国新古典主义家具。二人和托马斯·齐彭代尔一样，各自图解了很多家具样式，不过因为当时的主流审美单一，所以他们设计的家具有很多共同点——形制较小、纤细优雅。相比之下，谢拉顿的家具受法国风格影响更多，因为有更多的表面装饰而显得更加精美。

赫波怀特的著作《家具制作和软垫装饰指南》于1788年出版，而他当时已经去世，所以这本书的出版由他的妻子爱丽丝负责。赫波怀特的贡献在于他将橱柜和两个侧面立柜相结合，发明出餐具柜这种适用于餐厅的新型家具。该家具此后一直保留着这种单一的用途。赫波怀特设计的椅子有以下几种独特的椅背造型——盾形、椭圆形、心形、车轮形和骆驼背形，常用威尔士王子的羽毛标志做装饰。赫波怀特风格的家具由桃花心木或椴木制成，纤细的家具腿多为带凹槽的方形，以铲形脚收尾。装饰多采用薄木贴片而非雕刻工艺，而最常用的则是在轻质木材上绘出或镶嵌出经典图案。这些家具常出现在罗伯特·亚当的室内设计中。

托马斯·谢拉顿在1791—1794年间分批发表了《家具制作和软垫装饰图集》。与赫波怀特的设计相比，谢拉顿的设计更倾向于直线形，也更纤细。他有自己独特的座椅设计：尺寸较小，直线形，椅背板雕刻精妙，有瓮形、三角形、里拉琴形或其他经典图案。其细木家具造型优雅多变，大面积使用纹理优美的薄木贴片，贴片多采用椴木或郁金香木这样的轻质木材。家具装饰精美，灵感多源于路易十六式家具。装饰方法包括椭圆形或菱形镶嵌、线型分层、垂饰、涂漆、黄铜带饰、镶嵌分层。他的书中还详细图解了诸如唐布尔桌[1]、折叠桌、内藏抽屉的桌子这样的装饰性家具，表明他偏好多功能家具和各种机械元素。谢拉顿家具腿与赫波怀特设计的一样，从上到下逐渐变细，以铲形脚或金属脚收尾。

---

1 唐布尔桌（tambour desk）：桌上有由遮板遮盖的抽屉和分类架。

当时，在判定家具的制作者时，如果不能一眼辨出，就依靠赫波怀特或谢拉顿的著作图解来判断，而不是依靠生产家具的工厂来进行分辨。

赫波怀特和谢拉顿两人的家具风格都流传到了美国。尤其是谢拉顿的影响可见于美国联邦风格。

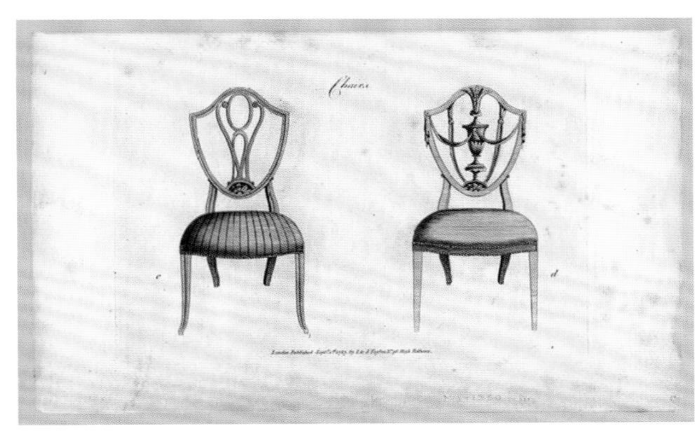

图片源于乔治·赫波怀特所著的《家具制作和软垫装饰指南》，展示了各种不同的盾形椅背。

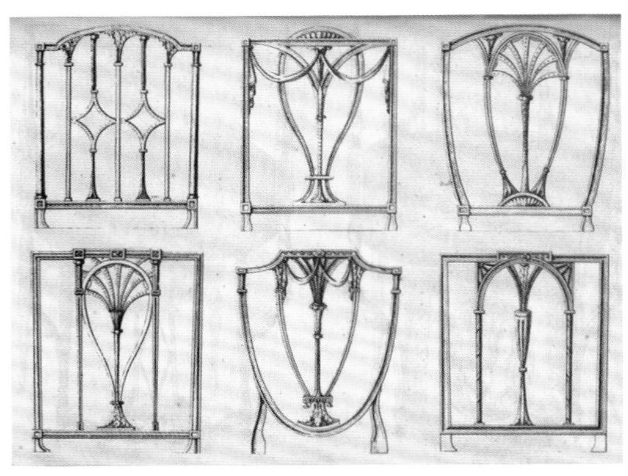

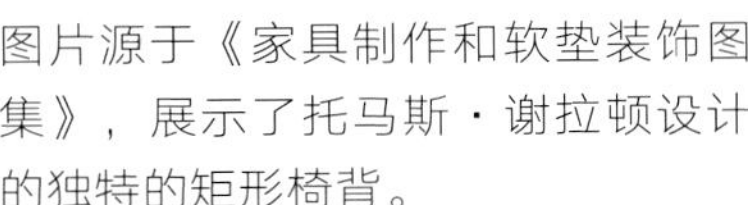

图片源于《家具制作和软垫装饰图集》，展示了托马斯·谢拉顿设计的独特的矩形椅背。

风格指南

氛围
较正式

规模
宽敞

色彩
鲜活、多变

装饰
中式、哥特式、古典主义风格

图案
宝塔、阳伞、瓮、玫瑰、带饰

家具
尺寸较小、仿制图集上的形制

木材
主要为桃花心木，后期加入了轻质木材

织物
丝绸、锦缎、英国印花棉布

倾向
齐彭代尔风格、赫波怀特和谢拉顿家具、亚当式

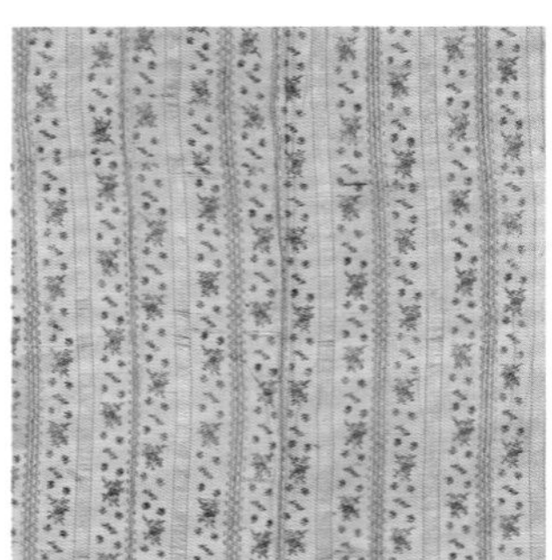

柔和的色彩和线条搭配花朵图案，比较适合乔治三世时期的室内设计。

柔和的中性色调背景上绣着雅致的花朵，这是属于比较抢眼的图案。

第10节

法国晚期新古典主义：执政内阁式/帝国风格（1780—1814）

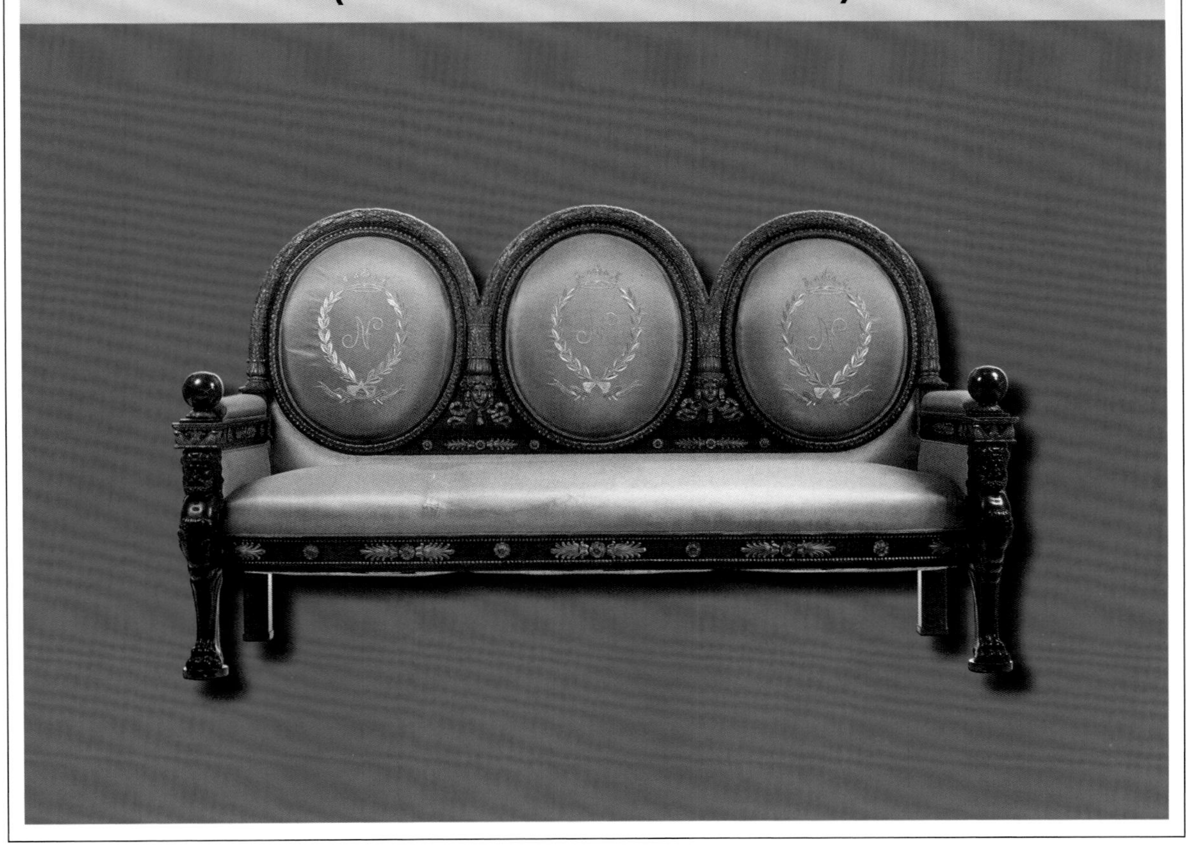

时期简介

1789年的法国大革命影响了社会生活的方方面面。君主专制制度灭亡，或者说王权与政权分离，贵族阶层不再赞助设计师和工匠设计制作奢华的物件。设计师和工匠需要寻求新的赞助，所以他们设计的作品在一定程度上反映了社会的变迁。这一过渡时期诞生的设计风格叫作“执政内阁式”，以当时新诞生的执政机构命名。这一风格虽然保留了新古典主义风格的美学诉求，但它竭力贴近古代社会的家装形制，以撇清自己与君主专制制度的关系。

执政内阁式后来逐渐发展为威严而具有明显政治色彩的“帝国风格”。拿破仑·波拿巴（1769—1821）于1804年称帝，随后统治法国，威慑欧洲达十年之久，帝国风格也因此得名。拿破仑想要仿照古罗马帝国的样子，颂扬自己和他所统治的国家，因此当时的设计风格为拿破仑的政治目的服务。雅克·路易·大卫[1](1748—1825)受政界启发，绘制了大量画作，用以歌颂拿破仑眼中理想的古典主义世界。

拿破仑是最后一位沿用了王室赞助艺术家传统的法国君主。他命令能工巧匠为他的宫殿制作家装，要求将他的个人标志与古希腊罗马元素结合。前往埃及的拿破仑军团回国后，御用建筑师查尔斯·佩西耶(1764—1838)和皮埃尔·方丹(1762—1853)受异国风情和军队的战绩启发，编写并出版了《室内装饰集锦》（1801年、1812年）。他们还重新装饰了卢浮宫、杜伊勒里宫、枫丹白露宫，以及约瑟芬的马尔梅松城堡。

为了讨好拿破仑，吹捧他的品位，他在法国和其他国家的追随者们也纷纷采用帝国风格。拿破仑帝国夸张的古典主义传遍了欧洲大多数国家，甚至还传到了意大利、奥地利和俄国这样遥远的国度，每个国家又在此基础上发展出了自己独有的风格。帝国风格还是德国比德迈风格主要的灵感来源，而在拿破仑帝国灭亡后，德国比德迈风格逐渐发展起来。与帝国风格同时期的还有英国摄政式风格和美国帝国风格（继联邦风格之后）。拿破仑战败后，帝国风格失宠，但新古典主义仍旧影响着法国的潮流。

---

1 雅克-路易·大卫（Jacques-Louis David）：法国画家，新古典主义画派的奠基人和杰出代表，他在18世纪80年代创作的一系列历史画标志着当代艺术由洛可可风格向古典主义的转变。

风格简介

帝国风格的室内设计极大地证明了帝国如日中天的盛况和炙手可热的权势。它吸取了新古典主义最基本的元素，并在此基础上扩大规模，加重装饰色彩。虽然帝国风格对室内充分进行了装饰，但其实它在各方面都远不如路易十六式精美。奢华的装饰和丰富的色彩倒是平添了几分戏剧色彩，呈现出颇为自信的阳刚之气。帝国风格使用了大量奢华的织物和经过高度抛光的深色陈设，试图营造出与巴洛克风格匹敌的富丽堂皇。

宽敞的室内空间经过了严格的比例划分，显眼的建筑细节代替了18世纪流行的细木护壁板，更加突显了空间的直线性。墙壁被圆柱和方柱划分成不同的空间，柱底通常有装饰性柱础，柱顶为镀金柱头，两侧是大型画作或镜子，为家装提供炫目的背景。顶棚或平或凹，或呈筒形拱[1]，装饰有古典嵌线或原样照搬庞贝古城的设计元素。圆形房间，甚至是方形房间，都常被条纹包裹，要么是垂褶的织物，要么是图案鲜明的壁纸，以模仿拿破仑军队在埃及用的帐篷。

帝国风格的门窗倒不至于过分精美，装饰用的嵌线和镶板都比较收敛。窗户上的玻璃窗格很大，窗户顶部是雕刻华美的帘头，挂着摇曳的窗帘。第一层窗帘收到一旁，露出里面的第二层，二者的颜色和材质不大相同；每一层窗帘都装饰着流苏和镶边。这一时期发明的提花织机降低了多色织物的成本，也使流程变得更为简单。窗帘、软垫和各种墙上挂的织物，都得益于这种机器。不过风景壁纸则需要另当别论。

帝国风格色彩鲜亮，与之前的法国风格所采用的柔和的色调截然不同。它主要使用红、白、蓝三色，充满了爱国主义[2]情怀。此外，它还会使用一些高饱和度的颜色，比如深蓝、墨绿、金黄、大红和紫罗兰色。

地板为大理石或木材拼花制成，经抛光处理后，或铺上带特定图案的地毯，这些图案包括有古希腊罗马的几何图案或与拿破仑相关的图案，比如蜜蜂[3]、花环形状的字母N[4]、约瑟芬皇后的天鹅[5]。

---

1 筒形拱（barrel vault），古罗马建筑拱顶类型之一，以圆心或近似圆心为中心点形成的建筑拱形。

2 法国国旗的颜色就是红、白、蓝。

3 蜜蜂是拿破仑帝国的徽章图案。

4 拿破仑（Napoléon Bonaparte）名字的首字母是N。

5 约瑟芬非常喜欢天鹅，还在其居住的马尔梅松城堡里养了来自澳大利亚的黑天鹅。她房间的地毯就有天鹅图案。

壁炉架形制经典，由大理石制成，两侧为圆柱或女像柱。镜子较大，四周饰有与上述相似的图案。

大多数装饰的造型都源于古代壁画或希腊花瓶，有时也会有埃及的样式，但风格都比较相似。青铜枝形吊灯、青铜壁挂式烛台、古典雕塑、拿破仑纪念物等，这些装饰物上的图案都相同或相似。

家具简介

帝国风格的家具形制较少，但尺寸较大，包括大理石面的矩形大衣橱、带基座的桌子、大雪橇床以及古典的雷卡米埃椅[1]。椅子仍保留新古典主义风格，只是尺寸更大，框架更厚重。椅腿为圆柱形或采用古典官椅的腿部造型，扶手支柱采用兽首或神话人物造型。还有很多家具模仿古代家具的造型，比如克里斯姆斯椅[2]、古埃及X形折叠凳、三脚桌。

橱柜方面，带丰富纹理的抛光薄木贴片取代了装饰性的镶嵌细工，执政内阁时期兴起的不加装饰的木材在帝国时期得以沿用。木材源于法国殖民地，品种包括纹理丰富的桃花心木、黑檀、榆木、榉木、楞木等，或处理成类似黑檀木的质感，或镀金。橱柜家具常加底座，用来强化家具本身的方形结构，但有时又显得过于严肃。

圆柱和女像柱上，天鹅、鹰、古典三角形图案，以及跟埃及、军事或拿破仑相关的元素，都有镀金青铜装饰。

右页：马尔梅松城堡中拿破仑一世的书房。带古典图案的穹顶式顶棚营造出庄严的氛围。嵌入式书柜由抛光的桃花心木制成，屋内家具带镀金青铜嵌饰。

---

1 雷卡米埃椅（Récamier chaise)是罗马式靠榻的一种，两端翘起，中间很平，属于法国帝国风格（新古典主义）。雅克·路易在1800年为法国名媛雷卡米埃夫人绘制了一幅著名的肖像画，画中她身着白色罗马式长袍，靠卧在罗马式靠榻上，该椅也因此得名，常见于画室而非卧室。

2 克里斯姆斯椅（Klismos）：古希腊的轻巧靠背椅，主要是妇女使用，以优美的线条、适宜的比例和简洁的外形为特征。它有适合人体背部曲线的靠背和向外弯曲的军刀状椅腿，座面是编制而成的，上面放置软垫，表面几乎看不到多余的装饰。

右图：拿破仑一世时期的家具试图彰显帝国的权势和拿破仑征服世界的野心。这件局部镀金的安乐椅制于1810年，扶手为狮身人面像，椅背呈涡卷形，军刀腿以蹄形脚收尾。

下图：这件沙发椅是由桃花心木制作的，局部镀金，由拿破仑的御用设计师佩西耶和方丹设计。椅背中央为环绕着字母N的月桂花环。软垫由蓝金色（拿破仑最喜欢的颜色）丝绸制成。

左上图：古典官椅，造型源于古罗马帝国，乔治·雅各布仿照佩西耶和方丹的设计，于1795年用桃花心木雕刻制成。

右上图：这一时期的家具主要由桃花心木制成，装饰有精美的薄木贴片和经典纹饰。这件新月形青铜嵌饰五斗柜制于1805年。

下图：桃花心木船形床，带镀金青铜镶嵌，由雅各布兄弟和皮埃尔·菲利普·托米雷制于1800年。

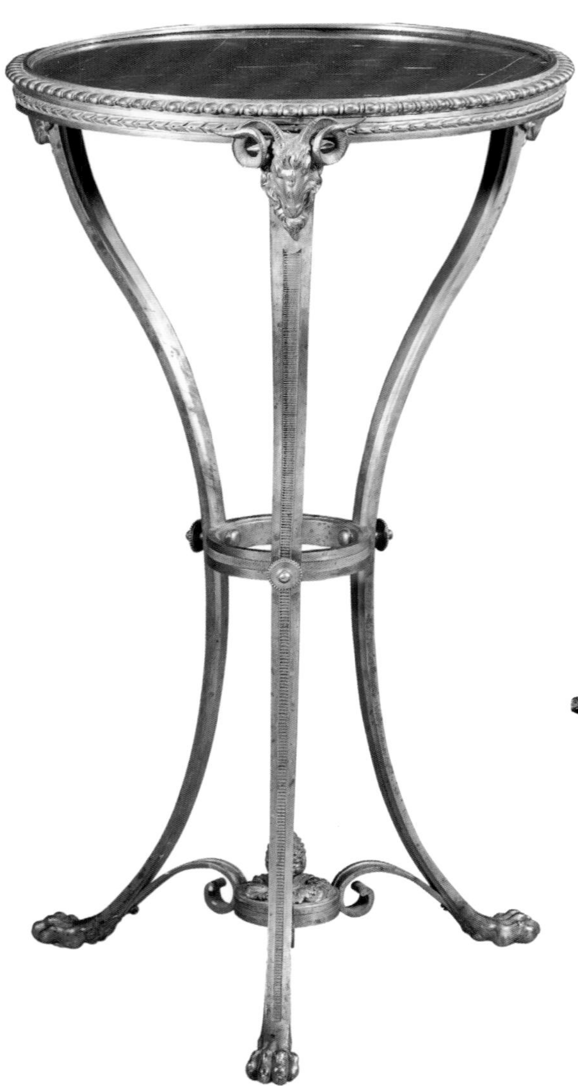

左图： 大理石桌面的小圆桌设计源于19世纪早期，其造型与古代家具颇为相似。

下图： 帝国风格橱柜都威严大气，大面积使用带花纹的木材和显眼的装饰。这件翻盖写字台由雅各布·德马特制于1812年，由镀金的印度榴木制成，带闪亮的青铜嵌饰，柱子为黑檀木质感，底座宽大。

桌盘[1]一般放于桌面中央，材质可以是瓷、银、金，常见于18世纪法国的正式餐桌上。这件桌盘制于1815年，有青铜镀金，嵌在矮桌上做装饰。

1 桌盘（surtout de table）上一般放着烛台和调味品。

风格指南

氛围
狂妄

规模
宏伟

色彩
丰富、浓郁

装饰
讲究、威严

图案
神话中的人物和动物、跟军事和拿破仑相关的符号

家具
尺寸较大，有建筑细节装饰和抛光薄木贴片

木材
桃花心木、黑檀木

织物
华丽

倾向
帐篷形的房间、埃及风格元素

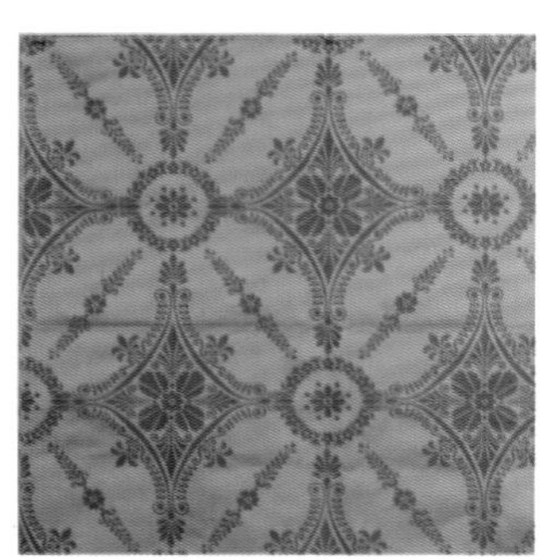

柔和的中性色调背景上绣着雅致的花朵，这是属于比较抢眼的图案。

蜜蜂作为拿破仑帝国的徽章图案，常见于这一时期的织物上。

第11节

美国早期新古典主义：联邦风格（1785—1820）

美国早期新古典主义 | 联邦风格（1785—1820）

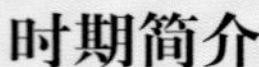

时期简介

1776年，美国独立战争结束，由此建立了一个新的国家。按常理，这件事应该会对设计风格产生重大影响，不过这种影响却并不是立竿见影的。此后约十余年，美国出现了新的设计风格，追求精美和优雅，反映出这个年轻的共和国的诸多面貌：追求强烈的国家认同感，诞生了消费精英阶层，与1789年进行大革命的法国产生了共鸣。美国联邦风格代表了美国早期的新古典主义，其名称源于乔治·华盛顿所在的联邦党。

对于18世纪末的美国商人和船主而言，罗伯特·亚当的古典美学就是时尚设计的标准。这些新生的美国本土贵族阶层在家中摆满了赫波怀特和谢拉顿的家具。联邦风格摒弃了齐彭代尔风格中沉重的装饰和洛可可形制，同欧洲的新古典主义风格一样，它也更偏好受赫库兰尼姆古城和庞贝古城发掘物启发而诞生的古典样式。随着联邦风格逐渐发展为美国帝国风格，它越来越多地借鉴了佩西耶和方丹样式的法国设计。

纽约是当时的贸易和产业中心。有很多技艺精湛的美国工匠参与了联邦风格家具的制造，比如塞勒姆的邓肯·法夫(1770—1854)和塞缪尔·麦金太尔(1757—1811)以及波士顿的托马斯·西摩(1771—1848)。法夫其实和后期的帝国风格联系更紧密。而其中以新古典主义风格，尤其是法国新古典主义出名的，要数托马斯·杰弗逊(1743—1826)。他的设计作品包括弗吉尼亚大学校园，以及他自己更为著名的宅邸，一座位于蒙蒂塞洛的帕拉第奥式建筑。杰弗逊式建筑外表光滑，入口处有细节精美的圆柱和廊柱，可谓是更加夸张的新古典主义风格建筑的先驱。而数年后，新古典主义开始在美国建筑界盛行。

联邦风格和安妮女王风格是整个18世纪以来，美国流行最久、影响最深远的设计风格。

风格简介

和此前的美国室内风格相比，联邦风格雅致、大气，散发着一种因国家独立而生的自信和民族自豪感。和殖民风格相比，联邦风格更正式，也更精致，其布局对称，家具呈直线形，丝毫没有洛可可风格的痕迹。

联邦风格的室内设计几何元素颇多，室内空间相对宽敞。墙壁抹灰后通体刷白，或刷成暖色调——绿色或是芥末黄；公共空间的色调比私人空间更暗。嵌线也是白色的，按古典风格装饰，其上有时有三角形、花环、玫瑰图样的石膏制品。餐厅或客厅的墙壁上会贴爱国主题的壁纸或从法国进口的手绘风景画。

窗户很高，通常是帕拉第奥风格，其上有着精美的装饰品，如帘头、波幔，或是在平纹薄布或普通棉布窗帘上加一层由带流苏的绑带挽着的帐幔。

地板由抛光木材制成，铺上地毯之后显得更为优雅。富裕人家会将几何形地毯成条铺在地上，直至铺满整个地板，然后再给地毯边缘加以装饰。

织物大多从法国进口，比美国人民此前使用的更为精美。织物为纯色或带古典图案。

古典主义的复兴使得室内色彩更为丰富多样，诸如淡黄、米灰、鸽子灰、浅绿、淡黄褐色等柔和的色彩常与白色搭配使用，与轻柔的亚当风格相得益彰。

室内的照明更为复杂。形制较正式的枝形吊灯为重要的房间提供装饰功能，其材质为黄铜、水晶或雕花玻璃。虽然1790年美国引进了当时的第一盏油灯——茶碟形的“贝蒂灯”[1]，但当时人们仍旧主要依靠点着蜡烛的枝形吊灯和壁挂式烛台照明。

和此前的美国室内风格相比，联邦风格的室内装饰更多样，也更具有美国特色。美国发表独立宣言后，鹰作为国家的象征图案，常见于镜子和其他装饰品上。而代表美国最初的13个州的星环，也是常见的装饰图案。“宪法镜”是当时流行的样式，镜子的木框上有浮雕样式的嵌线和三角楣饰，通常还会有老鹰的图案。美国在这一时期生产了大量的时钟，比如高大的座钟（俗称“老爷钟”）、班卓琴座钟或挂钟，它们成为身份、地位和国家自豪感的象征。其他的

1 贝蒂灯（Betty）：底部的浅口碗盛着灯油，内部有带灯芯的管状结构。其名称源于德语的"besser"或 "bete"， 意为“使生活更美好”。

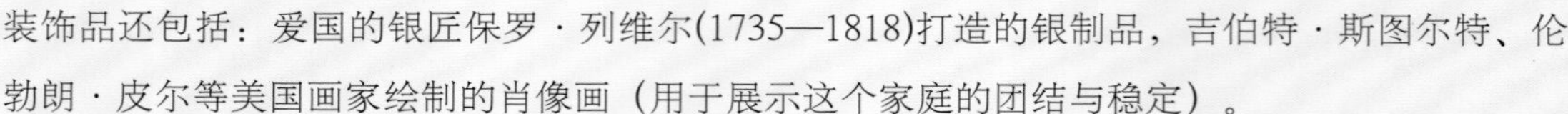

装饰品还包括：爱国的银匠保罗·列维尔(1735—1818)打造的银制品，吉伯特·斯图尔特、伦勃朗·皮尔等美国画家绘制的肖像画（用于展示这个家庭的团结与稳定）。

联邦风格不再追求空间的多功能性，而开始注重单一空间的功能和结构。门廊是这一时期最重要的空间，有着自成一体的装饰风格。餐厅也被独立划分出来，放着特定的家具和其他装饰品。

家具简介

联邦风格家具与众不同之处在于它的几何形制、修长的线条和光滑的表面。这类家具由桃花心木或浅色木材制成，常装饰着与之对比鲜明的嵌饰。薄木贴片被雕刻纹饰取代。为了满足特定功能的房间而诞生的新型家具有：餐厅的餐具柜和大桌子、客厅的长沙发和与之相匹配的椅子、装饰性的半华盖式床，以及其他一系列的配套家具，如缝纫桌、棋牌桌、沙发桌、边几、带书柜的书桌（用作瓷器柜）、女士梳妆台。

五斗柜、箱柜、带地台或托脚架的各式储物家具代替了美国高脚柜。源自英国的温莎椅便宜又实用，是当时最流行的椅子。虽然温莎椅的引入时间要比联邦时期早一些，但它与这一时期关系最密切。其椅背造型有扇形、梳形、环形等。

虽然每件家具各不相同，但其实联邦风格比此前的任何一个美国风格都更遵循设计图集的样本。美国赫波怀特和谢拉顿家具拥有最精美的进口薄木贴片，由在欧洲经过培养的能工巧匠打造，因而足以与顶级的英国家具相媲美。

右页：霍姆伍德府邸，位于马里兰州巴尔的摩，其室内装饰为该时期的典范。家具为谢拉顿风格和其他18世纪晚期的设计风格，室内还放着陶器、银器。

马萨诸塞州带书架的秘书桌，美国化的英国设计，属于联邦风格。这件秘书桌于1800年由带纹理的桃花心木制成，嵌饰低调。

左图： 纽约的桃花心木边椅，造型源于谢拉顿的设计，椅背为矩形，雕刻纹饰为三角形和羽毛形，制于1800年。

下图： 带花簇的镜子，联邦风格，顶部有老鹰装饰，松木镜框上有镀金雕饰，制于1815年。老鹰这一形象是美国新政府的象征，常见于该时期的装饰中。

右图：温莎椅，不论哪种形制，价格都便宜、功能多样。任何木材都可以用于制造温莎椅，而且这种椅子适用于任何房间。图示的连续式扶手为温莎椅最常见的形制。

下图：谢拉顿风格是所有18世纪英国风格中对美国影响最大的。这件弯腿桃花心木沙发于1790年制于马萨诸塞州，其修长的线条和低调的装饰为这一风格的典型特征。

左图： 彭布鲁克[1]桌面可折叠桌，设计源于英国，1810年制于纽约。多圆柱式底座，脚部为爪形，上面的装饰反映出当时人们对古典元素很感兴趣。

下图： 联邦时期，人们的餐厅里很流行摆放这样的边几。这件边几正面为直线形，赫波怀特风格，镶嵌有风铃草图案，由纽约的威廉·怀特海德制于1790年。

1 彭布鲁克（Pembroke）：英国城市名。

风格指南

氛围
正式，受亚当风格影响

规模
宏大（相对于美国的室内设计而言）

色彩
明丽多变

装饰
古典

图案
鹰、椴木分层、椭圆形嵌饰

家具
纤细，呈直线形，有抛光的薄木贴片，雕刻纹饰很少

木材
印度双线刺绣、印花棉布、进口的丝绸和锦缎

织物
赫波怀特和谢拉顿风格、温莎椅

除新古典主义风格的装饰元素之外，人们还比较喜欢条纹图案，比如这件法式马提尼翁条纹塔夫绸。

第12节

英国晚期新古典主义：摄政式（1811—1830）

时期简介

摄政式代表着英国晚期的新古典主义风格，它并非与英国此前的风格相分离，而是进行了一番革新。摄政式在精美的晚期乔治古典主义风格的基础上，融入了罗马式的形制，这是因为当时的人们开始越来越重视历史细节的准确性。由此一来，室内设计风格演变成了更为明确甚至是夸张的古典主义风格。与摄政式对应的，还有法国帝国风格和美国联邦风格，三者在室内设计和家具形制上有很多的共同点。

摄政式因摄政王而得名。当时（1811—1820）乔治三世因重病无法理政，其子便担任摄政王，直至1820年其子继承王位为乔治四世（1762—1830年，执政时期为1820—1830年）。而摄政式实际流行的时间要比1811年稍早一些，比乔治三世去世时间略晚一些，因此与19世纪的复兴风格略有重叠。这一时期，以设计英格兰银行而闻名的建筑师约翰·索恩爵士设计了很多严格遵从古典主义风格的建筑和室内装饰（比如他自己的家）。他将当时的设计风格从罗伯特·亚当的装饰性新古典主义发展到了更为严格的古典主义。摄政式风格的灵感除了源于古典艺术之外，还源于英国、法国和比利时的殖民地，这激起了人们对国外装饰图案的兴趣。摄政式就是这样一个融合了古典元素和异国风情的设计风格。

提起摄政式风格，不得不说的就是托马斯·霍普(1769—1831)。他是一位富裕的室内设计业余爱好者兼商人，在富拉克斯曼宅邸中打造了一片专属于自己的收藏空间。1897年，他出版的《家具与装饰》引发了人们对古希腊和古埃及设计风格的兴趣。不过当时设计的家具其实没有霍普书中写的那么夸张。

最能体现摄政式风格中异国情调的，莫过于重修后的布莱顿行宫。该行宫于1815—1822年由约翰·纳什设计修建，融合了印度和中国的元素，是摄政王逃离宫廷生活繁文缛节的地方。其室内装饰极其考究，多用竹子做装饰，引发了人们对异域风情尤其是中国风的兴趣。然而令人遗憾的是，虽然这座行宫是摄政式风格最富想象力和装饰性的典范作品，乔治四世登上王位之后，却很少来这里休憩。

风格简介

相对于其他的英国风格，摄政式风格可谓是相当大胆的设计，集文雅、古典和魅力于一身，用色鲜活，常从古希腊和古埃及文化中汲取灵感。这种风格和欧洲其他国家（非英国）的设计联系更为紧密，鲜艳的色彩、异域风情和古典元素完美融合。其家具和饰品整洁而均衡，远比法国帝国风格更加令人放松，比美国联邦风格更加轻盈。

摄政式风格的房间通常顶棚很高，门为法式，窗户带拱形结构。墙壁和顶棚的设计受古典主义审美影响，可能会有白色石膏玫瑰花、壁柱、嵌线，有时还会有薄薄的镀金。墙壁的用色比此前更为生动——青绿、粉橙、翠绿、橙黄或樱桃红，墙壁上还有中式或庞贝风格的壁画，又或是英国和法国的壁纸，上面有固定的图案，如水果、花朵、经典条纹。门廊和窗户则装饰着更为低调的线脚。

窗户上有时装饰着挂在黄铜杆上的薄窗帘，上面覆盖着更为厚重的条纹或深色丝质波幔。这一时期采用的织物材质和乔治时期的很像，不过织物上的图案（或刺绣、或印花）则更多源于古老的图案和古典的建筑。室内会更多地使用纯色，表明这一风格推崇简洁，更注重形制而非装饰。

当时很流行铺满花纹的、与房间面积大小相同的地毯，或是带图案的油布。后者价格更便宜，常用于镶木地板或黑白大理石地板。

摄政式风格的用色更加鲜活，包括青绿、粉橙、翠绿、金橘等。

和法国帝国风格一样，摄政式风格也选用枝形吊灯作为照明用具。吊灯的材质更偏好涂漆金属而非水晶，上面带古典图案的黄铜装饰。

用英式骨瓷或铁矿石做成的古典风格的瓮和瓶呈鲜艳的色彩。以著名的古希腊罗马人物为原型制成的石膏半身塑像和镶框精美的镜子也都是当时流行的装饰品。

家具简介

摄政式家具在古典主义的对称上做了革新，将直线与曲线相结合。其形制主要源于更为厚重的古希腊风格，而非纤细的庞贝风格，并在此基础上缩小了尺寸，简化了装饰。霍普设计的家具则恰恰相反——尺寸较大，好用异国装饰，如兽首、兽爪、圆柱、女像柱、形似狮身人面像的支撑物。霍普之外的其他摄政式风格则更为低调，作品包括弓形腿三脚底座的可折叠晚餐桌、带基座的圆桌、带黄铜饰带的餐具柜。桌椅的腿部常以黄铜爪形脚收尾。桃花心木仍旧是制作家具的主要木材，玫瑰木和斑马木则用于薄木贴片装饰。

古希腊沙发是摄政式风格最典型的座椅。沙发一头为涡卷形，可搁脚，这样的设计都源于法式躺椅。这一时期还有装饰繁复精美的各式克里斯姆斯椅，通常会镀金，有的扶手或腿部雕刻着奇美拉[1]或海豚。家具使用的木材是高度抛光的桃花心木或轻质的玫瑰木、椴木，带黄铜嵌饰、格纹装饰带、星形螺钉。

右页： 布莱顿行宫楼上的客厅，由约翰·纳什为摄政王设计，室内装饰设计融合了摄政式和中东、远东地区的绮丽元素。

1 奇美拉（Chimera）：希腊神话中拥有狮头、羊身、蛇尾的吐火怪物。

上图： 躺椅，与英法两国19世纪的风格最为紧密相连的形制，用于卧室或女士会客厅。这件躺椅使用仿玫瑰木，制于1810年，带黄铜嵌饰。

左图： 法式高背扶手椅，内表面镀金，涡卷形扶手和军刀腿均源于古典设计，制于1810年。其木质框架有彩绘和镀金，庄严威仪。

沙发桌是摄政时期的发明，常放置在沙发后面，用于放托盘、灯或书。这张沙发桌使用柿木和黑檀木，制于1820年。

带轴架底座的鼓形圆桌，因结构得名，常见于门厅。鼓形圆桌有很多抽屉，用于收纳各屋租客的收据。这件圆桌于1815年用玫瑰木制成，黄铜嵌饰。

右图：凸面镜最初用作装饰而非实用，挂在餐具柜、壁炉架或门厅桌上。

下图：军刀腿，最初见于古典的克里斯姆斯椅，摄政式风格复兴了这种腿型。这件玫瑰木门厅椅制于1810年。

■ 比德迈风格（19世纪20—50年代）

比德迈风格既是对法国帝国风格的英国化，又是对英国摄政式风格的简化。帝国风格和摄政式风格的巅峰期过去之后，比德迈家具风格开始发展起来。这种风格并不是一种特定的美学风格，而是对新古典主义的简化和对过于浮华的法国风格的反抗。虽然比德迈家具不如帝国风格家具那样独特不凡，但也算得上是相当精致的。

比德迈橱柜的辨识度很高，因为它的线条刚劲，整体呈几何形。橱柜的样式包括：带很多小隔间的翻盖书桌、大衣橱、陈列柜、地球桌[1]。它们由建筑元素（如圆柱、三角楣饰、线脚、嵌线）装饰，显得威严庄重。高度抛光、纹理丰富的薄木贴片代替雕刻成为主要的装饰手法，使用的木材包括桃花心木和其他轻质木材。当时常见的装饰还有黑檀木质感的圆柱和镀金装饰品，后者常见的形状为狮身人面像、天鹅和其他的古典图案。

比德迈风格的边椅形式多样而动人，椅背大多有雕刻。躺椅、直背沙发、长靠椅都为相似的古典形制，木框架经抛光处理。

“比德迈”一名源于“比德迈老爹[2]”这一漫画人物，原用于嘲讽贪图安逸的中产阶级，他们也是比德迈家具最初的客户群。然而因为比德迈家具制作精美、价格昂贵，所以这个词其实用得并不恰当。比德迈风格最初发源于德国，后来盛行于北欧国家、奥地利、匈牙利和斯堪的纳维亚国家。直到19世纪中期，这一风格仍旧存在，此后还经历了好几次复兴。

右页：普鲁士的露易丝女王在夏洛滕堡宫的卧室，室内陈设为源自法国帝国风格的比德迈风格，房间背景为古典帐幔。

---

1 地球桌（globe table）：桌子上半部为地球形状，桌面为球体剖开后的二分之一平面，其余部分具有储物功能；下半部为三条腿支架，一般带底座。

2 比德迈老爹（Papa Biedermeier）：由德国诗人、剧作家路德维希·艾希罗德（Ludwig Eichrodt）创作，比德迈风格以这一漫画人物的名字命名。

风格指南

氛围
相对正式

规模
宏大

色彩
丰富，饱和

装饰
明显的古典主义风格

图案
斯芬克斯，女像柱，玫瑰

家具
形制优雅，抛光木材，偶有镀金

木材
桃花心木

织物
奢华

倾向
克里斯姆斯椅，希腊椅，异国装饰元素

这件罗纹丝绸锦缎名为“贝母”（Fritillaire），1808年为拿破仑位于杜伊勒里宫的卧室所制。

第13节

美国晚期新古典主义：美国帝国风格（1810—1830）

时期简介

美国作为一个独立的国家，在这一时期日益壮大。1812年，美国向英国宣战，开始探索那片未知的西方领土[1]。因此，帝国一词似乎很适合这一时期的美国。美国帝国风格、法国帝国风格、英国摄政式风格三者极为相似，美国甚至大量借用法国的设计。而美国帝国风格与联邦风格流行时间略有重合，因此也有人认为联邦风格后期发展成了帝国风格。和美国此前的风格相比，帝国风格更加硬朗，带有明显的古典主义色彩，在风格上延续了欧洲的设计，它最终发展成为独具特色的美国风格。而且对于美国这个新生的国家而言，新古典主义带有某种社会政治因素，它象征着与古希腊民主政治的联系。

帝国风格也是第一个明确受到法国风格影响的美国风格，这是出于对法国的欣赏，因为在美国独立战争中，法国也参战反抗英国。帝国风格的很多设计都反映出佩西耶和方丹在拿破仑时期的设计特点，其中最具代表性的设计师便是出生于法国的美国家具设计师查尔斯·宏诺尔·兰努瑞尔(1779—1819)。这一时期还有很多大城市的家具制作者制作了大量精美绝伦的家具，比如波士顿的西摩父子、纽约的兰努瑞尔和邓肯·法夫、巴尔的摩的约翰和休·芬利两兄弟（工作年限为1799—1833年），等等。法夫早在联邦时期就已经在这个行业立足，是当时的家具制作者中名声最盛的。他手下有数十名工匠，很多家具都以他的名字命名，就如18世纪中期著名的齐彭代尔家具一样。

虽然美国建筑一直保留着古典元素，但美国19世纪的室内设计却愈发呈现出多样化。帝国风格的室内设计有凸出的柱子、夸张的涡卷，还有一丝独特的沉重感。当时美国的公共建筑流行古希腊复兴风格。虽然这种风格是第一个运用到家具批量生产上的风格，但它其实并不适用于室内设计领域。相比之下，与之流行时间略有重合的维多利亚风格和古典主义风格反而更成功地被运用到室内设计中。

1 根据1812年美国第二次独立战争资料显示，这里指的是英属殖民地加拿大。

风格简介

美国帝国风格的室内设计比联邦风格更引人注目。这样风格的房间有着强烈的法式设计痕迹，但并不过度奢华。房间更开阔，显示出当时的社会更加富裕；家具和其他装饰的尺寸都相对较大，其上有着复杂的装饰和色彩对比。

墙壁上有白色的踢脚线、护壁板和顶角线。墙体的颜色可能是芥末黄、蓝色、棕色，或手绘法国风景，其图案与古典主义或爱国主义事件相关。顶角线下或者门窗上还会有饰带，装饰着古典主义风格的图案。

随着人们财力的提升，房间内的窗户和窗格都变得更宽大，其装饰要求也更高。悬挂帐幔的做法源于法国帝国风格，用到了绸缎、锦缎、天鹅绒等诸多材质。

正如前文所言，美国帝国风格的空间用色比联邦时期更为丰富、浓烈，有品蓝、金色、墨绿、深红和其他饱和度较高的暖色调。

镶木地板或大理石地板上覆盖着进口地毯或新款地毯。地毯上常印有纪念章图案，铺满了整个地面。

家具简介

与联邦风格的家具相比，帝国风格的尺寸更大，外观也更硬朗。其形制为严格的几何形，采用深色木材，大面积使用抛光薄木贴片。古典的边几、箱柜和衣柜都很矮，底部为爪形脚或平台式底座。比起雕刻装饰，人们更偏好表面光滑、纹饰丰富的薄木贴片，比如桃花心木材质的，因为人们认为木材的纹理就是最好的装饰。黄铜镶嵌、青铜镀金、仿黑檀或玫瑰木、大理石桌面的广泛使用，也都是由于人们开始追求更精美的家具。这一时期还出现了各式各样的桌子，比如轴架底座的晚餐桌、沙发桌、轴架底座的中心桌[1]、矮几、桌面可折叠桌、棋牌桌，这些桌子仿照的都是英国形制，只是更加凝重。

1 中心桌（center table）：专门用来放在房间中央的桌子，主要用于客厅。

装饰性图案非常气派，明显属于古典主义风格，因为有圆柱或壁柱、里拉琴或莨苕叶形的装饰、狮面。其他的装饰图案还有：鹰（美国的象征）、海豚、神话中带翅膀的角色、女像柱。家具脚为兽爪或雕叶柱。

椅子通常为X形古典官椅或希腊克里斯姆斯椅，可能会带软垫或是椅背镂空（通常为里拉琴形）。古典曲线形的带软垫的木框沙发或椅子在美国帝国风格时期很流行。这一时期还引进了成套的家具，尤其适用于门厅的座椅。美国的雪橇床很矮，床底几乎贴近地面，其床头、床尾高度相同，样式源于法国。

右页：博斯科贝尔，19世纪早期的建筑，位于纽约的加里森，是典型的联邦风格建筑，不过其室内设计为联邦风格之后的帝国风格。

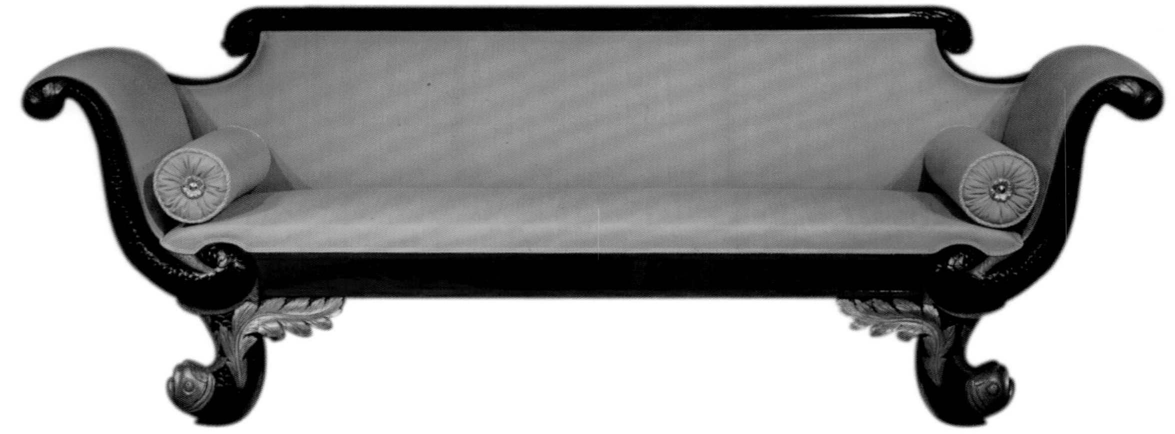

上图：美国汲取了法国帝国风格的特点之后，又在其基础上加了奢华的装饰，比如这件曲线优美的长椅上的海豚腿。这件长椅主要由桃花心木制成，另外还使用了樱桃木、枫木和白松木。该长椅经过镀金和镀青铜处理，带铁脚轮，1820年制于纽约。

下图：棋牌桌，原本为一对，带爪形脚和古典装饰，是设计师查尔斯·宏诺尔·兰努瑞尔的典型作品。这张桌子由玫瑰木制成，经雕刻和部分镀金，1815年制于纽约。兰努瑞尔设计的很多家具都有带翅膀的古典人物作装饰。

右图：新古典主义棋牌桌，带老鹰嵌饰，有可能是当时杰出的波士顿家具设计师托马斯·西摩的作品，制于1815年。

下图：桃花心木秘书桌，高69.5英寸（约1.77米），带玻璃门，有镀金青铜、镀金黄铜嵌饰，由邓肯·法夫设计，1815年制于纽约。

正面为弓形的五斗柜，为谢拉顿风格，设计师可能是托马斯·西摩，1815年制于马萨诸塞州。这件五斗柜用樱桃木、桃花心木、鸟眼枫木、条纹枫木、黑檀和松木（美国家具也会采用本土木材，由此在欧洲的样式上增加本土特色）制成。狮首拉环为镀金黄铜。

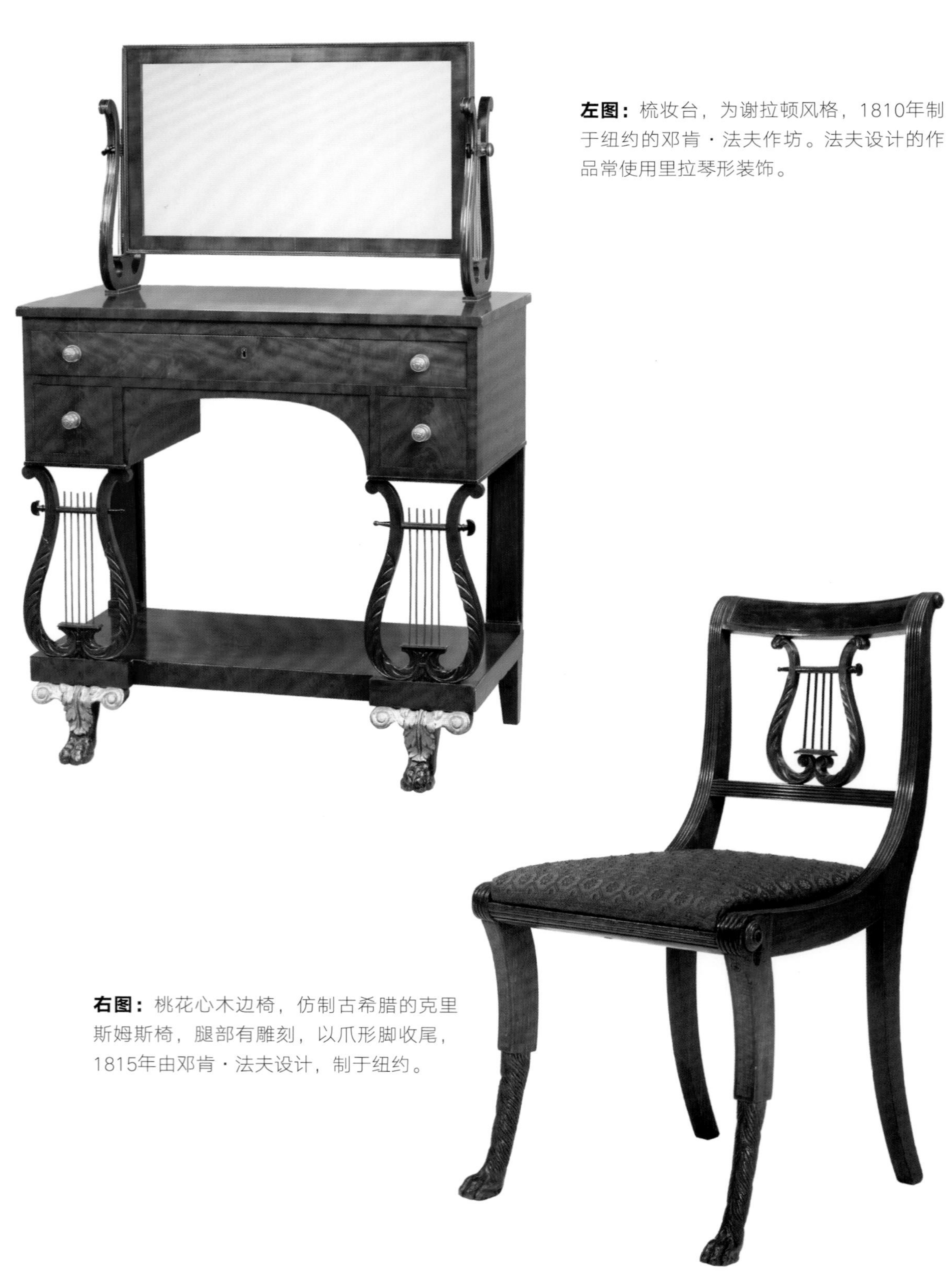

左图：梳妆台，为谢拉顿风格，1810年制于纽约的邓肯·法夫作坊。法夫设计的作品常使用里拉琴形装饰。

右图：桃花心木边椅，仿制古希腊的克里斯姆斯椅，腿部有雕刻，以爪形脚收尾，1815年由邓肯·法夫设计，制于纽约。

风格指南

氛围
正式，略独特

规模
比联邦风格更宏大

色彩
丰富，多变

装饰
明显的古典主义风格，常显夸张

图案
古希腊和古埃及的图案

家具
沉重，有薄木贴片，略带雕刻和镀金纹饰

织物
法式丝绸和锦缎

倾向
成套家具，
类似法国帝国风格和英国摄政式风格

带金色纪念章图案的红绸缎，是典型的色彩丰富的法国织物。美国帝国风格的织物上多为古典图案。

第3章

19世纪：
复兴与改革

第14节

维多利亚时代：百年复兴

事实上维多利亚风格并不仅仅是一种风格，而是19世纪的多种风格的统称，以维多利亚女王的名字命名。维多利亚女王的统治时期为1837—1901年，在这一时期，英国的工业发展和社会进步达到了顶峰，各种设计风格求同存异，从古代设计中寻求灵感。维多利亚折中主义结合了法国的第二帝国和复辟王朝[1]的设计风格，流行于欧洲诸多国家，但最盛行的还是在英国和美国，尤其是美国，在半个世纪内引进了七八种设计风格。这些风格常常出现在同一栋建筑，甚至同一间房间、同一件家具上。

工业革命是造成上述一系列变化的根本原因。工业革命始于18世纪，影响了19世纪社会生活的方方面面。工业的兴盛使得商人和工厂老板更加富裕，却也使得工资低廉又被压榨的工人更加贫困。不过无论如何，更多的人有钱去购买商品，也因此带动了生产力。机器可以在更短时间内制造出物美价廉的商品，于是人们便不再执着于手工生产的商品，因为后者始终会更加昂贵。同时，消费者们也有了更多选择，而不必局限于一种审美。古典的艺术复兴有助于人们逃离来自于新兴的工业化城市的压力。上述这一切都助长了多种风格的并存和发展。模板印刷、机器雕刻，各种各样的装饰层出不穷，有的迷人可爱，但大多数都是弄巧成拙。

影响当时的设计风格的主要有古希腊风格、哥特式风格、洛可可风格和文艺复兴风格，以及应运而生的复兴风格。所有的风格都印在图册上而被广泛流传。家具的形制基本相同，只是装饰稍微不同。为了寻求新奇，当时引进了一大批家具木材和其他材料，比如熟铁（新材料）、混凝纸、枝条（由来自中国的藤条或芦苇制成）。新的技术应用使得座椅更为舒适。1828年发明了用于软垫的螺旋弹簧后，座垫更厚，椅腿更短。后来，直到19世纪末才出现新的家具形制，比如机械椅、多功能家具。

随着时间的流逝，表面装饰成为大多数复兴风格的室内装饰所采用的主要手段。家具上雕刻纹饰繁多，软垫过厚且边缘装饰过于丰富；帐幔层层叠叠，流苏堆堆簇簇。地毯和其他织物上有着各式的图案，用来搭配不同的复兴风格。到19世纪中期，随处可见机器印制的壁纸。这

1 波旁王朝于1814—1830年复辟。

样一来，人们就能用一种新鲜而便宜的方式装饰自己的房间（包括镶板和线脚），还能随意适配任何风格的家具。

随着工业产品不断增多，越来越多的装饰物件都能通过邮购买到，这极大地激发了人们的装饰欲望。18世纪后期，德国发明了平版印刷术，实现了批量生产，这让更多人都能享用得起精美的艺术品。

19世纪80年代，英国开始使用电气照明。而在此之前，枝形吊灯逐渐失宠，油灯和煤气灯取而代之。室内的色彩由柔和变明亮，再变昏暗。尤其是在19世90年代，人们崇尚暗淡的色彩，认为这代表着沉稳。

此外，还有许多因素提高了英国19世纪家具的多样性。1854年，美国海军将领马修·派瑞率领黑船打开了锁国时期的日本国门，激发了英美和其他欧洲国家对于远东地区的兴趣，其中英美两国兴致尤为高涨。也正因如此，19世纪后期掀起了一股东方设计潮流，人们会专门将某一间房间设计成某种特定的东方风格。英属殖民地的人们除了会采用传统的英式风格之外，还会采用非洲或亚洲的装饰图案，比如菠萝雕饰这样的加勒比元素，印度的家具还会使用象牙或镜子嵌刻。美国于1876年举办了费城世界博览会。这一盛事唤醒了美国人民的怀旧之情，也由此掀起了殖民地复兴风格的浪潮。同时，这场展会还激发了人们对国外商品的兴趣。日益扩大的贸易和旅行让人们开始追求摩尔吸烟室或阿拉伯大厅这样的异国风情。这种对异国风情的追求虽然没有最终形成一种特定的风格，但它有效地促进了当时设计的多样化，并提升了产品的趣味性。

到镀金时代[1]，维多利亚风格融入美国当地。当时布杂艺术[2]和巴洛克风格正流行于美国新兴贵族阶层在纽约的城市房屋[3]和在纽波特的宅邸。由此，这种充满异国情调的折中主义为多年来的古典风格画上了句号。

---

1 镀金时代（the Gilded Age）：19世纪70年代至20世纪初，指的是美国的财富突飞猛进的时期。其命名源于马克·吐温的第一部长篇小说《镀金时代》。

2 布杂艺术（Beaux-Arts）：由巴黎美术学院教授的学院派的新古典主义建筑流派。它是一种混合型的建筑艺术形式，主要流行于19世纪末至20世纪初，其设计参考了古代罗马、希腊的建筑风格，强调建筑的宏伟、对称、秩序性，多用于大型纪念建筑。

3 城市房屋（townhouse）：与之对应的是富人们在乡村的房屋。

描述19世纪的室内设计风格时，人们通常会用一些概括性的字眼，而且大多数描述都很直白：一大堆家具和其他物件、大量的织物、每个表面上都有着各式各样的图案——太多不怎么样的东西堆在一起。不过这样的描述也容易让人误解：虽然室内设计有些弄巧成拙，但它们其实充满了个性和生活气息。这样的设计和历史上的其他风格一样，也创意十足。

阿尔伯特亲王和维多利亚女王在奥斯本庄园的卧室，位于英国的怀特岛，其室内装饰为当时上层社会宅邸内常见的风格。

■ 希腊复兴风格（1825—1855）

时期简介

希腊复兴风格原为建筑风格，其流行时间与美国帝国风格略有重叠，审美很相似，只是关注的重点不同。18世纪中后期，欧洲人民对于新古典主义的热情逐渐冷却。这是因为当时考古学家和历史学家在研究古希腊的遗址和手工艺品后发现，人们自文艺复兴以后一直模仿的古罗马建筑其实也是受到了古希腊的启发。18世纪时，英国的詹姆斯·斯图尔特[1]前往雅典，并据此著书立说。此后，希腊取代罗马成为当时的设计灵感的源泉。当时陈列在大英博物馆的希腊文物埃尔金大理石雕[2]也让人们进一步意识到了帕特农神庙[3]这一历史建筑的重要地位。

美国人之所以崇尚希腊设计，还因为他们对希腊独立战争（1821—1830）深有同感。同时，1812年美国反英战争爆发，人们开始抵制受罗伯特·亚当启发而诞生的联邦风格。不过美国人崇尚希腊设计最重要的原因其实是希腊追求民主和公民道德，这恰恰也是美国人所看重的。美国想以这种风格来表达对民主、理性的社会的追求，将每一处公共建筑都以这种风格设计建造，而不会使用那些象征着皇权、宗教的设计风格。希腊复兴风格代表着这个新兴的国家的爱国主义。安德鲁·杰克逊·唐宁、亚历山大·杰克逊·戴维斯等人的建筑图册都有这种建筑风格的身影。直至美国内战爆发前，希腊复兴风格影响着美国东北部、南部甚至是中西部的所有建筑设计。

风格简介

典型的希腊复兴风格住宅的入口处与希腊神庙极为相似，会有四根、六根或八根希腊古典柱式[4]的柱子，柱顶有柱上楣构和三角楣饰。住宅门口会立着几根柱子表示这里就是入口。门窗不再是拱形而多为矩形，其边框上如果有装饰，图案多为莨苕叶形、忍冬叶形[5]、圆盘饰、希腊回纹。建筑外墙通常都是白色的。不过其实希腊建筑和雕塑最初都有着靓丽的色彩，

---

1 詹姆斯·斯图尔特（James “Athenian” Stuart）(1713 —1788)，英国考古学家、建筑师、艺术家，1751年曾到访希腊，后著有《雅典的古物》一书。
2 埃尔金大理石雕（Elgin Marbles）是帕特农神庙雕塑中最精华的部分。
3 帕特农神庙（Parthenon）是雅典卫城重要的建筑，其设计代表了当时希腊建筑艺术的最高水平。
4 柱式（order）是整套古典建筑的立面形式，古希腊柱式主要有三种：陶立克柱式、爱奥尼克柱式、科林斯柱式。
5 忍冬叶形（anthemion）：古希腊常用的装饰图案，也有译为“棕叶饰”“花状平纹”。

只是随着时间的流逝，这些色彩逐渐剥落，到西方人发现的时候已经消失殆尽，所以人们才会认为希腊建筑从一开始就是白色的。

希腊复兴风格的室内设计倒不一定是希腊风格，房间内的希腊元素有顶棚上的圆形浮雕、壁炉架、门厅里偶有的圆柱，以及门窗框上不是很明显的凹槽或凸缘。墙壁为白色或近似于白色，地板也是简简单单的木地板，只有深色软垫和帐幔为房间增添了些许色彩。室内布局对称，中央是大厅，两侧为带推拉门的客厅，百叶窗嵌入窗框里。如此一来，房间显得庄严优雅，展示出屋主人的尊贵高雅。每间房间里都有壁炉，其架子是大理石的，常为黑色或深灰色，带壁柱，没有饰架，壁炉上有时悬挂着镜子或画作。

整体而言，希腊复兴风格的室内设计更加低调内敛，室内的物件也相对较少。后期的复兴风格的空间则更加丰富，甚至有些拥挤和杂乱。

希腊复兴风格用色和后期的复兴风格一样，丰富而浓烈，织物的图案低调而优雅。

家具形制棱角分明，多由桃花心木制成，薄木贴片装饰，少有雕刻纹饰。家具都是古典主义的形制，并没有刻意仿制，正如美国帝国风格也没有刻意模仿法国帝国风格一样。家具的尺寸相比从前似乎变大了一些。“涡卷式立柱”为当时常见的造型样式。

右页：爱德蒙斯顿 · 阿尔斯顿故居的东侧会客厅，位于南卡罗来纳的查尔斯顿，采用了希腊柱式结构。

桌面可折叠的工作台，由马萨诸塞州波士顿的托马斯·西摩设计，制于1815年。工作台底部为里拉琴造型，其粗实的线条、古典的图案都表明这是一件希腊复兴风格的作品。这件作品由桃花心木制成，抽屉拉环为镀金黄铜，带脚套和脚轮，玫瑰花形由模具压制，还设有布料工具袋。

上图：大型桃花心木沙发，带镀金黄铜脚轮，软垫为墨绿色天鹅绒，由约翰·米克斯和约瑟夫·米克斯制于1836年，其“涡卷式立柱”为典型的希腊复兴风格。

下图：邓肯·法夫的工作坊生产的家具，其风格正从联邦风格向希腊复兴风格转变。这件桃花心木餐具柜和酒柜制于1815年，带古典雕刻和镀金嵌饰。

■ 哥特复兴风格（1830—1870）

时期简介

18世纪时，英国兴起了一场古建筑保护的运动，并由此激发了人们对古建筑的兴趣，古建筑风格得以复兴。哥特复兴风格在英国又称“新哥特式”。霍勒斯·沃波尔(1717—1797)重建的草莓山(1758—1772)是他位于伦敦郊区特威克南的住宅，也是最早的哥特复兴风格建筑。而最具代表性的哥特复兴风格建筑是放山修道院(建于1796年)，由詹姆士·怀亚特(1746—1813)为富有而古怪的收藏家威廉·贝克福德设计建造。

那些苦于讲求对称的希腊复兴风格的设计师认为，相比古典的希腊，亚瑟王传奇、中世纪的诗歌和沃尔特·司各特的小说更加生动和浪漫。哥特复兴风格除了具有美学魅力之外，其忠实拥护者奥古斯塔斯·普金[1](1812—1852)认为它还关乎道德，是一种精神的洗礼，回归这种教会风格的设计[2]能够阻止工业社会走向堕落的深渊，这种风格简直是取代新古典主义这种滋生于古代社会的异教风格的不二选择。普金设计的内部金碧辉煌的英国国会大厦（1836—1868）和他在1851年的万国工业博览会上的展品，都是哥特复兴风格的典型代表。

哥特复兴风格是19世纪复兴的建筑风格中影响最深远的。虽然英国并没有摒弃其他的中世纪风格，但哥特复兴风格已成为当时的主流审美，可见于安德鲁·杰克逊·唐宁[3](1815—1852)的别墅和乡村住宅、法兰西第二帝国的国王路易·拿破仑和王后欧也妮的宫殿，最著名的要数欧仁·维奥莱·勒·杜克（1814—1879）的建筑作品。而在美国，这种风格则见于山形墙屋顶、姜饼装饰[4]的木结构哥特式房屋。

19世纪后期，在查尔斯·洛克·伊斯特莱克(1836—1906)的倡导下，现代哥特风格掀起了一场改良运动。伊斯特莱克的著作《居家装饰品位浅谈》（1868年于英国出版，1872年于美国出版）中，反对洛可可风格的过度装饰，向中产阶级消费者传授提升品位的方式，帮助他们从纷繁复杂的装饰风格中选择合适自己的风格。这本书提倡简约的设计和具有工匠精神的室内设计风格，并由此引发了机器制造的具有建筑细节装饰的家具的大量生产。这些家具通常尺寸较大，形制为直线形，由实木制成，采用中世纪细木工艺、浅层阴雕和平面装饰。现代哥特

---

1 奥古斯塔斯·普金（Augustus W. N. Pugin）：英国建筑师，哥特复兴风格的发起者。
2 哥特式建筑主要用于教堂。
3 安德鲁·杰克逊·唐宁（Andrew Jackson Downing）：美国景观设计师，哥特复兴风格的忠实拥护者。
4 姜饼装饰（gingerbread trim）：一种装饰房屋屋檐和门廊边缘的方式。

风格原本是要以伊斯特莱克的名字命名的，不过被他本人拒绝了。

风格简介

哥特复兴风格与肃穆的希腊复兴风格相比，更个性化，没那么死板正式。不过因为房间的布置仍旧是按照维多利亚风格，所以会有些拥挤和杂乱。因为复杂的装饰细节和大量的手工雕刻，哥特复兴风格的室内装饰价格一般比较昂贵。装饰得好，室内熠熠生辉；装饰得不好，室内则会过于凝重。当时的书房和餐厅最流行这种风格。

亚历山大・杰克逊・戴维斯(1803—1892)等建筑师的设计风格也从希腊复兴风格变成了哥特复兴风格。室内是高高的顶棚，由肋拱支撑，墙壁上则是石膏窗格花饰或深色木质镶板。地板为深色的砖块、瓷砖或大理石，呈几何图案。

窗户和门廊高而纤细，带尖拱，有时竖框窗格上还镶嵌着彩色玻璃。窗帘相对而言比较简单，有时材料会选用绣花羊毛或平纹天鹅绒。

壁纸或织物上图案较为固定，有哥特式窗格花饰和中世纪的风景。地毯上也带着中世纪图案，而且颜色很丰富，有深红、藏蓝、泥黄、橄榄色等，有时还有金线装饰。

关于配色理论的书籍出版后，根据房间不同而选择不同的色彩的做法开始流行起来：阳刚的环境（比如书房）就选择深色，阴柔的环境（比如女士会客厅）就选择浅色；私人空间的色彩更加柔和，而公共空间的色彩更加鲜活。

当时的壁炉架仿造的是中世纪大厅里气势恢宏的壁炉架样式。油灯闪烁，整个空间更添一丝浪漫气息，却也更加昏暗。其他的装饰品还包括盔甲藏品、鹿角、彩色玻璃。

哥特复兴风格家具尺寸较大，常由橡木制成，装饰与室内其他的物品相协调：窗格花饰、玫瑰花形、三叶草、四叶草，甚至还有纹章图案。为了重现中世纪的装饰主题，这一时期室内甚至还出现了伊丽莎白椅[1]、伊丽莎白箱柜和其他的乡村家具，其腿部和椅背都有回旋扭转的造型。

1 伊丽莎白家具是文艺复兴时期英国的家具类型。

典型的美国哥特复兴风格家具。这件门厅椅的椅背很高，还带教堂式的窗格花饰，十分罕见。椅子的前腿和座框上也都有精美而独特的雕刻。这把椅子由橡木制成，表面为桃花心木，座面带铰链，座面下可以储物，制于1850年，路易斯安那州新奥尔良市。

左页：阿伯瑞庄园的格罗伯大厅，位于英国的沃里克郡，典型的哥特复兴风格。其顶棚上的石膏装饰复杂，而且一直延伸到墙面上，一如早期典型的哥特复兴风格建筑草莓山的室内设计。

大理石桌面的玫瑰木卧室箱柜，柜门和牙板上都有哥特式尖拱装饰，镜框为镂空雕刻，由查尔斯・博杜安勒制作，1845年制于纽约。

这样的家具在19世纪一定是客厅的焦点。这件家具由兰卡斯特的吉洛工厂制于1865年，使用的材料有桃花心木、处理为黑檀质感的桃花心木、紫心木、毛刺橡木、郁金香木、黄杨木等，带有铸黄铜栅格和卡拉拉大理石装饰。

朴素的门厅椅，由奥古斯塔斯·普金设计，橡木制成，盾形椅背上有彩绘徽章，制于1840年。

■ 洛可可复兴风格（1840—1870）

时期简介

洛可可复兴风格不像哥特复兴风格那样具有道德意义，只是再现了17世纪流行的洛可可风格。洛可可复兴风格比洛可可风格更为夸张。它从法国的设计图集里寻求灵感，席卷了英国和法兰西第二帝国，甚至流传到了美国。美国洛可可复兴风格的流行短暂而璀璨，南方尤为盛行，当地人称之为“法国古典式”。洛可可复兴风格有着精美的涡卷、镶嵌细工、镀金工艺和天马行空的装饰，虽然略微装饰过度，但无疑是魅力十足的。

洛可可复兴风格诞生于家庭生活不再那么严肃刻板的时候，但当时在休闲娱乐和待人接物上仍有相当严格的传统礼仪。每个房间都有其特定的功能：客厅是女主人招待访客的地方；书房是男人们的小天地；餐厅装饰华美，是彰显社会地位和财力的地方，只在用餐时使用。由于当时同时流行着很多风格，人们不必再拘泥于一种风格。而且当时的室内装饰十分混乱，每个房间的装饰风格都可能不同，这取决于想要营造的氛围。

洛可可复兴风格由于过于轻浮，所以只是昙花一现。而一个世纪之前，洛可可风格就是出于同样的原因走了下坡路，给了古典主义卷土重来的可乘之机。

风格简介

洛可可复兴风格室内装饰虽然层层叠叠，令人眼花缭乱，但也不失迷人与可爱之处。这一风格有着大量的曲线造型和雕刻纹饰，有时还会采用此前流行的镀金工艺。这些难免会令人回想起18世纪的法国设计，只是洛可可复兴风格更加古怪难测。座椅上的软垫非常松软厚实，所以坐起来非常舒服。洛可可复兴风格适用于门厅、客厅和女士会客厅。

墙壁和顶棚使用的是路易十五时期流行的细木护壁板和石膏装饰，只是整体造型更为柔和。壁纸有机器打印的、植绒的、压花花纹的，壁纸边缘也与之相配。壁纸上的图案有色彩缤纷的花束、三角形或缎带蕾丝。

窗帘同往常一样，层层叠叠。木质百叶窗上挂着蕾丝窗帘，其上还挂着有刺绣或印花的帐幔，边缘有流苏装饰。

挂在门廊处的门帘采用的也是同窗帘相似的材质。软垫的材质也跟着丰富起来，除了当时流行的座椅上用的马鬃和皮革，还有各式各样的天鹅绒和织锦。

地板为木制拼接或镶花地板，也有用彩色瓷砖铺成的。整个地板都铺满了机器制作的带植物图案的地毯或是油毡（当时的新产品）。

房间用色鲜亮而多变。苯胺和合成染色剂的出现，使得人们能够仿制出诸如紫红和品红这样天然的颜色，极大地扩充了室内用色的选择范围。

壁炉架仍旧兼具实用性和装饰性，通常由大理石制成，带洛可可装饰。枝形吊灯和其他灯具使用的都是煤油，直到19世纪60年代才用上煤气。因此这些灯具往往是多功能的，材质或是彩色玻璃、黄铜镶边，或是带着水晶吊坠。其他装饰还包括奇形怪状的衣帽架、带陈列架的展示柜、摆得很整齐的磁盘、小雕像、标本、相框。

成套家具是当时最流行的式样。客厅、餐厅、卧室等都有相匹配的柜式家具和座椅，上面的花纹和雕刻互相呼应。源自洛可可风格的装饰细节还有弯腿，只是这时的弯腿更粗，而且带贝壳和花朵图案。当时还发明了带螺旋弹簧的软垫，由此带来了新的而且是更加舒适的座椅形式——大尺寸流苏装饰的长软椅、马蹄形椅背的椅子、单面沙发。这些座椅的造型比原始的洛可可风格更加夸张，而且通常更接近球形。

家具使用的木材颜色较深，种类丰富，高度抛光，而且常常会嵌入其他材质，比如：床的木框上的铜铁嵌饰，小型座椅和休闲家具上的（仿）竹条和藤条编织，用作装饰的光滑的复合纸（有时还嵌有珍珠母）。

得益于制作工艺的进步，家具行业也有了新的发展：约翰·亨利·贝尔特(1804—1863)用层层叠叠的玫瑰木贴片做成家具，上面还有着复杂的花朵图案镂雕；迈克·索耐特(1796—1871)找到了一种利用蒸汽使木材热弯成型的办法，如此制造的座椅就不会有接缝。贝尔特的家具后来广泛应用于洛可可复兴风格中，而索耐特的家具则成为日后维也纳工坊的现代主义作品所效仿的对象。

右页：典型的洛可可复兴风格的正式客厅，位于大都会艺术博物馆。这是1852年的样式，房内家具由约翰·亨利·贝尔特设计。贝尔特所发明的精雕叠层玫瑰木家具在当时广为流行。

上图：用于客厅的玫瑰木座椅，上面的花朵雕饰是当时流行的图案，由约瑟夫·米克斯于1850年在纽约制成。

左图：19世纪晚期，美国室内装饰崇尚异域风情，并由此生产了一大批精美的家具。这件法式镀金小圆桌带狮鹫兽[1]装饰，制于1880年。

1 狮鹫兽（gryphon）：希腊神话中半狮半鹫的怪兽。

右图：这件书房椅带天鹅绒软垫，制于1815年，兼具装饰性和舒适性。桃花心木座框上的雕刻很低调，以此突显椅脑上的精美雕刻。

下图：铸铁原为建筑用材，这一时期也用于室外家具。这件花园长椅经涂漆以防氧化，其铸铁材质可以经受户外的任何天气，椅子上带洛可可风格纹饰。

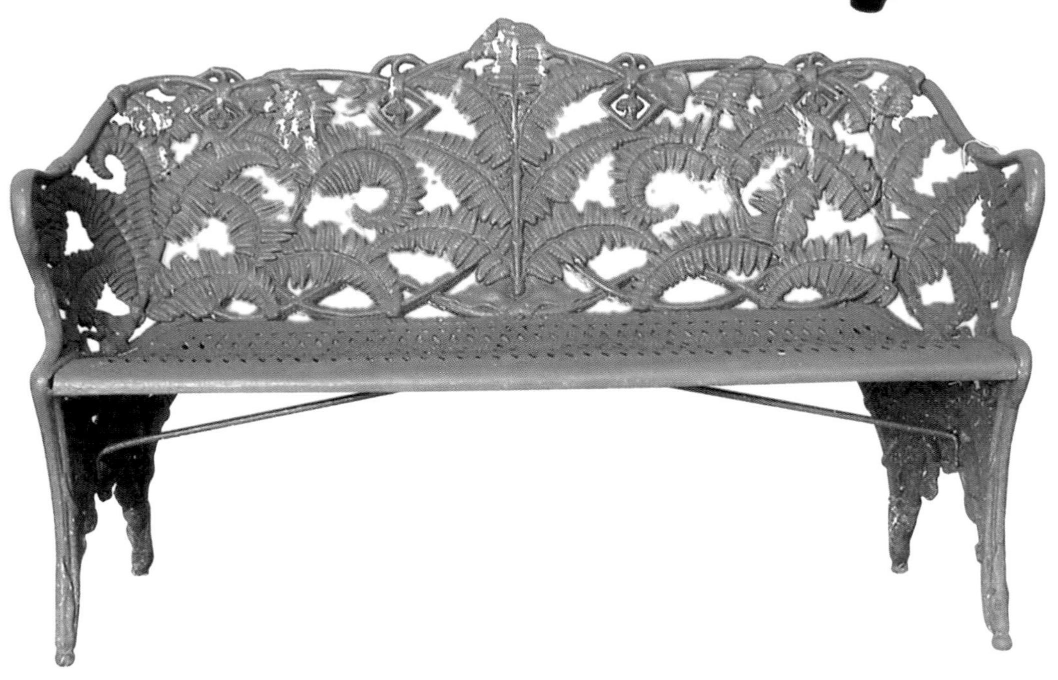

■ 新文艺复兴风格（1860—1890）

时期简介

洛可可复兴风格和洛可可风格一样，因装饰过于浮华而迅速衰落，取而代之的是新文艺复兴风格这一意式风格。虽然新文艺复兴风格同文艺复兴风格一样，模仿的是古典的装饰，但它并不追求绝对的真实，而是融合了文艺复兴建筑元素、法国新古典主义，甚至还有新希腊式和埃及图案，以及欧洲其他国家的各种风格。新文艺复兴风格是所有复兴风格中最兼收并蓄的。在意大利、德国和法国，新文艺复兴风格象征着人们对逝去已久的过往的怀念。而在美国，尤其是在美国内战(1861—1865)后，新文艺复兴风格融合了其他的历史风格，并在1876年的费城万国博览会后开始盛行。这一博览会同时也引发了美国殖民地风格的复兴。

在建筑领域，法国兴起了一种新的风格——布杂艺术。这种风格不再遵从固定的古典形式，而是混合多种风格，其建筑大多宏伟庞大。布杂艺术因法国美术学院而得名，为新古典主义建筑流派[1]。当时西方大部分国家都流行布杂艺术，直到20世纪初期，布杂艺术与新兴的现代主义狭路相逢。新文艺复兴风格室内设计的最高成就在于其影响颇为深远。

随着新文艺复兴风格逐渐消退，人们迎来了“爱德华时代”。这一时代以英王爱德华七世（执政时期为1902—1919年）命名，在美国与之对应的是“镀金时代”，当时的人们崇尚奢侈无度的设计风格，美国的新兴贵族阶层也企图在房屋建筑上享受与欧洲贵族同样的奢华。20世纪的奢侈之风可谓在这一时期达到了顶峰。

风格简介

新文艺复兴室内设计的独特之处在于家具的装饰细节决定了整体的样式。墙壁、顶棚和地板的装饰类似于洛可可复兴风格，只是采用了古典装饰元素而非自然元素。室内还有嵌线和石膏、庞贝风格的涂漆镶板或壁纸、瓷器小塑像、镀金青铜的圆形浮雕等装饰，给人一种复古的感觉，映衬着家具等物品营造的华丽感。

1 法国美术学院（École des Beaux-Arts）与布杂艺术（Beaux Arts）的法语相同，前者为意译，后者为音译。

地板为抛光木地板，上面铺着机器制作的印花地毯或是进口的东方地毯。地毯的风格此时不一定要与家具风格相呼应。

高高的窗户上挂着的窗纱被拉到两边收了起来，窗纱上则是精美的帐幔，边缘装饰着帐圈、绳索和流苏。由于这一时期诞生了新型纺织机器和滚筒印花术，织物的材质变得更为丰富。壁纸有手绘的法国风景、机器印制的英式花纹、当下流行的美式图案（其中还有很多受日式设计的启发）。墙壁分为三个部分——墙裙、镶板、横饰带。墙壁上要是没有贴壁纸或墙布，就会刷上色彩柔和的深色漆，再挂上镶好边框的画作。

到19世纪末，电灯的发明改变了整个室内装饰和照明系统。枝形吊灯不再那么流行，取而代之的是单个的落地灯和台灯。

繁多的色彩和图案也反映出工业社会的富足，这些色彩包括橄榄绿、赤土色、古金色等三次色[1]。

新文艺复兴家具融合了多种风格，由多种木材制成，带精美的雕刻纹饰。当时流行的三段式客厅柜，底座为平台，两侧为圆柱或女像柱，顶部可用于展示物件。边几也同样华美，上层带展示架，用于展示瓷器或其他的收藏品。当时的很多柜式家具都有雕刻或雕切[2]纹饰，材质仿黑檀处理，带镀金或黄铜装饰。现在这些装饰，比如古埃及或古希腊图案、带瓮形或者古典人物的涡卷饰，都可以由机器生产。装饰细节也受日式风格的影响。家具大多成套购置：一套沙发和椅子装饰着同样的饰板和雕刻，卧室梳妆台上镶嵌的镜子与床的装饰互相映衬。不过当时设计的变革也遇到了一个难题，就是如何用机器制作出洛可可式的曲线图案。虽然当时的机器能轻松地制造出新文艺复兴风格所需的装饰，但洛可可风格的却不是那么容易。

除了新型装饰图案，这一时期还涌现了各式各样的新型专利家具。在18世纪70年代的美国，为了满足更广大的消费群体的需求，大急流城、密歇根两地家具制造工业十分兴盛，其模仿纽约的赫特兄弟公司为富人阶层制造家具。

---

1 三次色（tertiary hues）：由原色和二次色混合而成的颜色。在十二色相环中，红色、黄色、蓝色为三原色，在环中形成一个等边三角形。二次色是橙色、紫色、绿色，处在三原色之间，形成另一个等边三角形。

2 雕切（incise）：雕刻技法的一种，常内切为V形。

伍滕桌，专利设计，内部隐藏着带铰链的桌面等诸多结构，其雕花顶冠和附加装饰采用的是文艺复兴风格，由胡桃木制成，1874年制于印第安纳州首府印第安纳波利斯。

左页：维多利亚大厦，又称“莫尔斯-莉比大厦”，美国“国家历史名胜”[1]，位于缅因州的波特兰，其室内装饰有大量的赫特兄弟公司[2]设计的作品。如图所示的客厅以精美的新文艺复兴风格装饰。

1 国家历史名胜（National Historic Landmark）：由美国政府因其历史重要性而予以官方认可的建筑、遗址、建筑群或物体，也可译为“国家历史地标”。

2 赫特兄弟公司（Herter Brothers）：最初为一家软垫仓库，后发展成美国内战后第一家家具制造和室内设计公司，其业务范围涵盖了室内设计与装饰的方方面面。

这件摆放于客厅的橱柜由玫瑰木制成，以轻质木做镶嵌，带手绘装饰、镀金和雕刻纹饰，底座式顶部用于摆放雕塑等装饰品，长70英寸（约1.78米）、高51英寸（约1.30米），由赫特兄弟公司制于1870年。

上图： 这件边几精美非凡，拉脚档上有精美的雕刻和镶嵌工艺。当时这张桌子可能是放在座椅旁，桌上还放着灯，挡住了桌面上的大多数纹饰。

左图： 大圆桌一般放在主楼梯间，桌面上放着插着花的花瓶或是装饰性的碗。这件圆桌表面以黑檀木镀金制作，19世纪70年代制于纽约。

风格指南

氛围
开放的展示性空间

规模
哪怕空间很窄，也尽可能地显得宏大

色彩
日益丰富、深沉

装饰
数量和种类为历史之最

图案
每种复兴风格都有其对应的代表性图案

家具
大气，在基础形制上各有变化

织物
图案、材质各异

倾向
昏暗的房间，大量家具和装饰品，图案繁杂

印花塔夫绸，这是1853年拿破仑三世时期流行的图样。

这种图案叫“鲜艳的维多利亚花纹”，其浓烈的色彩和花朵图案都是19世纪的室内装饰所推崇的。

■ 夏克风格（1800—1860）

夏克风格诞生于震颤派[1]生活区域，与19世纪的其他风格都大不相同。震颤派源于18世纪英国贵格会和之前的法国加尔文教派，约1800年在美国建立，到内战末期基本消亡。其教徒遵循严苛、简单、禁欲的生活方式，靠农作和贩卖自家作坊制作的商品生存。

震颤派根本没有设计哲学一说，因为对他们而言，设计无用。夏克风格的室内设计非常简单：墙壁为白色，地面铺木板，窗户大小适中，两侧的百叶窗样式简单，仅做涂漆处理。夏克风格不会使用复杂的色彩，背景一般为白色和土色，偶有黑白或柔和的红、黄、蓝三原色做点缀。室内装饰简朴，全部为手工制品，制作材质为纯色的枫木、樱桃木、桦木或麦秆。夏克风格的家具由天然木材或亚光涂漆处理的木材制成，设计仿造早期殖民地风格：梯式靠背的座椅、长凳、简单的方桌或长方形桌。用于储物的家具则是同样简朴的箱柜（手把也很简单）或椭圆形的夹板盒。所有的物品都只追求功能性，没有任何不必要的装饰，不过这种质朴的样式原本就很吸引人。地毯和其他织物都是用天然纤维织成的，呈简单的几何形。

虽然这样质朴的设计并非是刻意为之，但它们与现代主义美学不谋而合，甚至有人认为当代的设计便是受了夏克风格的影响。

---

1 震颤派（shakers）是1774年由安·李(Ann Lee, 1736—1784)在美国建立的贵格会支派。“震颤”一词为英语“shaker”的意译，“夏克”为音译。

一间位于马萨诸塞州汉考克的雪克村的房间，其室内装饰遵从的是雪克村简朴的风格，极简主义的家具呈直线形，由松木或枫木制成，通常被视为实用主义现代设计的先驱。

第15节

唯美主义运动
（19世纪70—80年代）

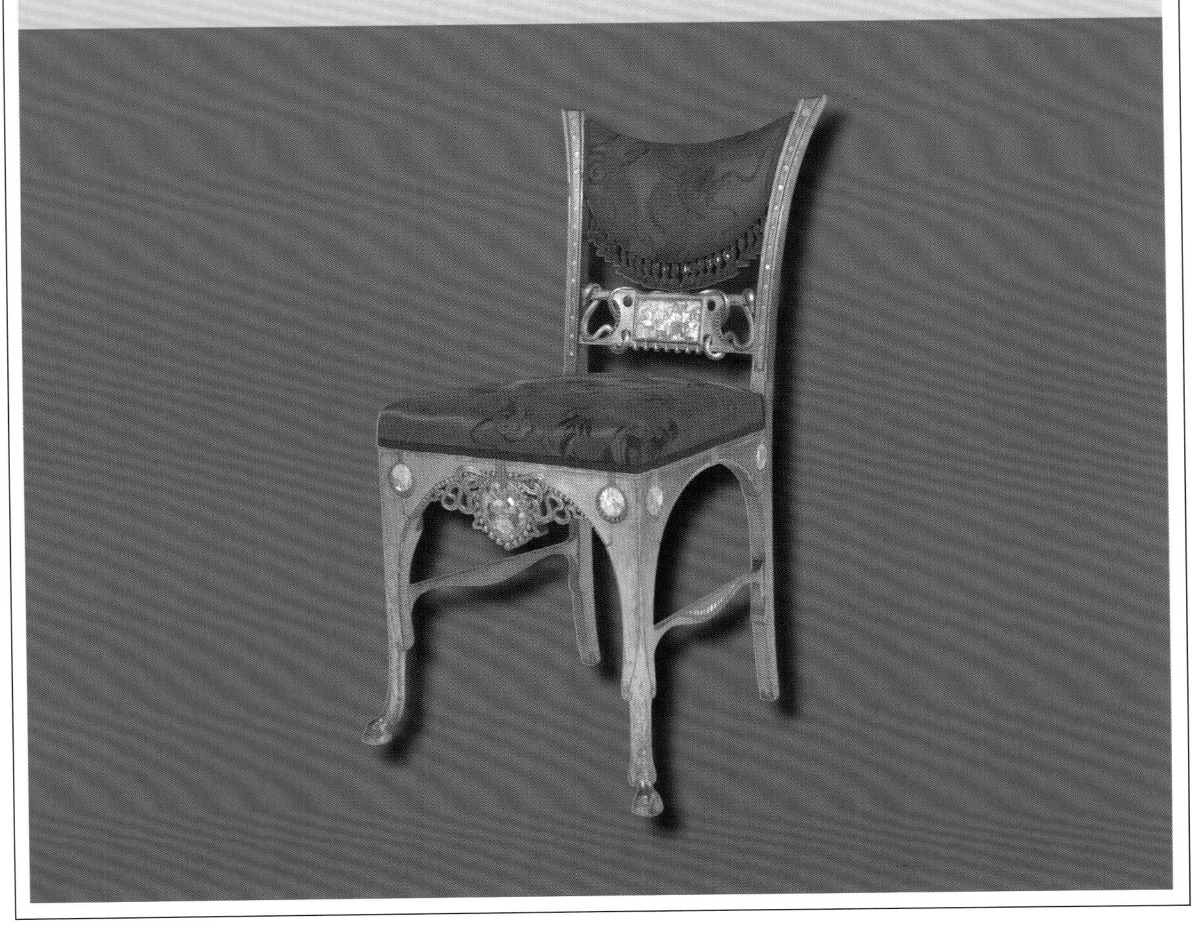

唯美主义运动（19世纪70—80年代）

时期简介

唯美主义运动[1]发生在工业革命之后，当时正处于设计改革时期。该运动旨在寻回从手工制作转向机器生产这一过程中遗失的美好。人们常常将这一运动与工艺美术运动[2]相提并论，二者强调的都是一种艺术思潮，而非具体的设计风格。不过不同之处在于，唯美主义运动试图撇清艺术与道德之间的关系，主张“唯美是求”。“唯美”一词，源于希腊语中的“完美”，指的是欣赏艺术之美，“为艺术而艺术”则是该运动的口号。能够欣赏美的人，他所考虑的就不仅仅是设计风格这么简单。

唯美主义的室内设计精美，重视细节，使用了大量的金饰、瓷砖和复杂的图案，其美学追求一如维多利亚后期所崇尚的“过度的浪漫”。这一风格起源于英国，受中世纪艺术风格以及日本、奥斯曼、摩尔文化的影响。其中日本的影响尤为重要，因为日本当时新开放了对欧洲的贸易，而且欧洲人极为崇尚日本的工艺美术品。最积极倡导唯美主义的是奥斯卡·王尔德(1854—1900)，他是作家兼编剧，此外还有画家詹姆斯·惠斯勒(1834—1903)和设计师爱德华·威廉·戈德温(1833—1886)、克里斯托弗·德莱赛(1834—1904)，他们的作品颇受伦敦(1862年)及巴黎(1867年)的世界博览会上日本展品的影响。1887年，克拉伦斯·库克出版的《漂亮的房子》一书，规定了唯美主义的各项原则。

1882年，王尔德在美国做了一个大受欢迎的巡回演讲。受此影响，美国镀金时代的实业家们在自己的城市、乡村住宅里都采用了唯美主义风格的室内装饰，由联合艺术家（路易斯·康福特·蒂芙尼的第一家公司）和赫特兄弟这样的室内设计公司设计。和工艺美术风格的室内设计不同，唯美主义风格不传递关于道德的信息，也不受任何限制，用各式材质、细节纹饰丰富的家具和带东方风韵的装饰品布置宽敞的空间。唯美主义运动因为过于追求极致的艺术，只盛行了短短数十年。不过由于其影响深远，这一风格的很多元素都被后来的早期新艺术风格所吸收。

---

1 唯美主义运动（Aesthetic Movement）：19世纪后期出现在英国艺术和文学领域中的一场组织松散的反社会运动，发生于维多利亚时代晚期，大致从1868年延续至1901年，通常学术界认为唯美主义运动的结束以奥斯卡·王尔德被捕为标志。

2 工艺美术运动（Arts & Crafts Movement）：起源于19世纪下半叶英国的一场设计改良运动，又称为“艺术与工艺美术运动”，其产生受艺术评论家约翰·拉斯金、建筑师奥古斯塔斯·普金等人的影响，参考了中世纪的行会制度，运动的时间为1859—1910年。

风格简介

唯美主义室内设计充满异域风情，各种色彩、图案、装饰混杂，实在令人迷醉。它融合了多种风格，并依据设计师的奇思妙想和客户的偏好重新演绎，呈现出一场感官上的盛宴。你喜不喜欢这样的风格，只稍看一眼就会明白。

唯美主义室内风格并不讲求特定的形制或尺寸。它反对19世纪复兴风格崇尚的大规模，也不崇尚巴洛克风格的镀金雕饰边框、华丽的壁炉架、厚重的帐幔。它首先追求的是图案，依靠图案来布置和装饰空间。在这样的室内风格中，大量的细节刻画会让宽敞的空间看起来更狭窄。

壁纸是唯美主义室内风格中尤为彰显时尚的部分，设计师会利用壁纸上的图案营造出趣味盎然的装饰效果。墙壁分为三部分：墙裙，墙体，横饰带。每个部分装饰着不同的颜色和图案：墙裙色彩浓烈，横饰带制作精美，墙体最为低调，为墙上挂着的画作或印制品提供背景，横饰带的边缘常常有木架子，用来摆放瓷器。

壁纸、织物和地毯上的颜色都比较深沉柔和，如墨绿色、棕色、蓝色。点缀则常用柠檬黄色和微微发光的材质。

窗户上则挂着带图案的织物。东方风情的图案在当时很流行。

至于装饰品，陶瓷和金属制品的形制和装饰都受到了日本及其他的东方国家影响。唯美主义时期诞生了很多独具魅力新奇物件。这一时期的枝形烛台和其他灯具装饰性和实用性并重，甚至有时前者更为重要。

家具简介

唯美主义家具推崇“艺术家具”理念，反对商业化的设计，极大地推动了唯美主义运动的发展。这样的家具丝毫没有维多利亚时期家具的沉重感，其轻巧的形制也受到了远东地区的影响。椅子、长靠椅、沙发更多追求的是新装饰，而不是新形制。箱柜的设计，比如威廉·戈德温的作品，常采用日式细木工艺。其他的家具或涂漆，或内嵌花鸟图案。

当时的家具大多涂漆，到这一时代后期，家具由浅色桃花心木或椴木制成，上面刻着东方的镂雕纹饰。虽然唯美主义不喜欢机器加工的产品，认为这样做很庸俗，但其实唯美主义家具大多也是批量生产的。在这一点上，工艺美术运动时期的工匠们却做到了坚持手工生产。

右页：雷顿别墅的阿拉伯大厅，位于伦敦的荷兰公园，由乔治·艾奇逊于1877年为画家弗雷德里克·雷顿设计。这间房间专用于展示雷顿男爵收藏的中东瓷砖。

左图：黑漆边几，两侧桌板可折叠，带黄铜部件。建筑师爱德华·威廉·戈德温以设计这样的日式家具而闻名。

下图：三座长靠椅，由戈德温设计于1875年，两侧镂雕源于日本工艺。这件家具的橡木支撑经上色处理，带黄铜部件。

左页：相比英国的唯美主义运动，美国的唯美主义运动更为收敛。图中所示是马克·吐温故居的书房，位于康涅狄格州的哈特福德。作家塞缪尔·克莱门斯（Samuel Clemens，马克·吐温原名）于1874—1891年在此生活和工作。书房内家具形制比较随意，注重舒适度，有各种装饰花纹、异域元素做点缀。

克里斯托弗·德莱赛设计了大量的家具和装饰品。这件展示柜由处理成黑檀质感的木材制成，内嵌铜器和珐琅彩釉。

唯美主义边几，由胡桃木、玫瑰木、黑檀、果木制成，带黄铜嵌饰，1880年制于纽约。使用多种木材和装饰材料制作家具是当时流行的做法。

胡桃木床架，高度约为1.98米（78英寸），上面有大量精美雕刻，镶板上还刻着鸣鸟和叶饰。这件家具由费城家具制作者丹尼尔·帕布斯特制于1875年。

防火屏[1]，中间为东方绣花丝绸制品，外侧镶有精美的边框，符合唯美主义的审美要求，制于1880年。

1 防火屏（fire scree）：家具的一种，一般放置在壁炉前，用于阻隔过多的热量。

19世纪的卧室里很流行摆放这样的梳妆台。这件梳妆台表面做黑檀处理，由赫特兄弟公司制造，有镀金和镶嵌装饰，其图案源于古埃及。

■ 赫特兄弟

1858年，曾为路易斯·康福特·蒂芙尼工作过的德国移民古斯塔夫·赫特(1830—1898)在纽约开了一家家具和室内装饰公司。1864年，赫特的兄弟克里斯汀·赫特入股，于是这家公司改名为“赫特兄弟”。截至19世纪70年代，该公司发展成了全美极负盛名的室内装饰生产厂家和供应商，满足了镀金时代客户的需求。赫特兄弟提供了一整套室内装饰服务，从设计、生产到销售，从家具、软垫到其他装饰品，一应俱全。公司还雇用数百位能工巧匠，设计制作墙壁镶板、石膏制品、顶棚装饰等一系列室内装饰用品。

赫特兄弟设计之初采用的是当时流行的复兴风格，随后逐渐转变为依照客户的需求进行订制。虽然这家公司整体的室内设计反映的是英国唯美主义的设计理念，但其家具的设计大多是原创的。他们在新文艺复兴风格和其他风格的基础上做了大量的创新，其中最为著名的要数精美的镶嵌细工——在多种颜色的薄木上雕刻镶嵌出新日式图案。所有的家具，包括小桌子、橱柜、边几、大型带镜立柜，都是根据客户的需求，配合特定的室内风格，量身打造的。哪怕是那些常规的设计作品，赫特兄弟的家具也凭借其优良的品质和精湛的技艺脱颖而出。它的每一件作品都是选用上好的材质制成，每一处细节都是手工装饰。

赫特兄弟为威廉·范德比尔特、约翰·皮尔庞特·摩根、杰·古尔德设计的室内装饰搭配得体，奢华大气。该公司还为白宫做过设计。克里斯汀在1880年退休，赫特兄弟公司也于1906年淡出市场，美国设计史上辉煌的时代也就此接近尾声。然而不幸的是，大多数赫特兄弟设计的室内空间都毁于1906年旧金山大地震，幸存下来的除了维多利亚大厦之外，还有纽约的公园大道军械库等为数不多的建筑。

右图：边椅，由镀金枫木制成，带珍珠母镶嵌，由赫特兄弟于1881年为威廉·范德比尔特位于纽约的宅邸设计制作，是该公司为名流望族设计的代表作品之一。

下图：床架，高约为1.83米（6英尺），表面做黑檀处理，带镀金镶嵌纹饰，图案源于古埃及。这件家具显示出唯美主义风格的作品受到了东方设计的影响，也表明赫特公司多项全能，能够驾驭各种风格。

■ 远东风格

远东地区的文化艺术与西方世界的同样历史悠久，甚至可能更为古老。早在欧洲人接触到中国和日本绚烂的文化之前，远东地区就已经繁荣兴盛了数千年。马可·波罗13世纪到访中国，开启了西方人探索东方，并将东方的珍宝与传说带回西方的大门。16至17世纪，东印度公司将东方的丝绸、瓷器、茶叶、地毯和其他装饰品漂洋过海运到欧洲。西方的设计由此受到启发，或直接使用东方特色的图案，或在其基础上进行再创造。

19世纪中期，日本对西方世界打开国门，于1854年与美国签订条约，1858年与英国签订条约。而此前近两个世纪以来，日本一直闭关锁国，仅对中国和荷兰开放了少量贸易渠道。1862年的伦敦世博会和1867年的巴黎世博会上，日本的展品一经亮相，立即引发了欧洲对简洁质朴的日本工艺的极大兴趣，推动了唯美主义运动的进展，并影响了欧洲的设计改革。日本工艺偏好天然的材料、极简的装饰和精美的细节。后人认为，日式美学是当代美学的先驱，因为毕竟现代主义建筑大师勒·柯布西耶[1]和瓦尔特·格罗皮乌斯[2]都曾在20世纪30年代到访过日本。

除了日本工艺，欧洲人也对印度的设计十分感兴趣。虽然印度是世界上最古老的文明古国之一，但直到英国东印度公司完全掌控了印度之后，西方国家才开始受到印度文明的影响。当时西方先是从印度进口香料，然后是纺织品。西方国家还引进或借鉴了印度的佩斯利涡纹和双线刺绣、丝绸、木工和金属加工工艺。

远东地区的家具通常是为了当地的室内环境设计的，因此不太适用于西方的室内环境。不过西方参考了远东的很多设计细节，比如安妮女王风格的球爪脚和瓮形椅背板、齐彭代尔风格的牛轭形椅背、法国洛可可风格的装饰图案、英式涂漆技术。

---

1 勒·柯布西耶（Le Corbusier）：20世纪著名的建筑大师、城市规划师和作家，是现代主义建筑的主要倡导者，也是功能主义建筑的泰斗，被称为“功能主义之父”。

2 瓦尔特·格罗皮乌斯（Walter Gropius）：德国现代建筑师和建筑教育家，现代主义建筑学派的倡导人和奠基人之一。

伊斯兰风格倒不是源于某一个特定的国家，而是源于很多国家。这一风格所包含的设计元素最早源于公元7世纪，融合了罗马和拜占庭风格。伊斯兰风格对西方设计影响颇深，主要体现在装饰上，如书法、阿拉伯图案、菱形花纹，还有玻璃、陶瓷和织物上复杂的几何图案。在19世纪欧洲掀起的异域风情热潮中，很多国家的设计作品都有伊斯兰风格的影子。

右页：王家大院，典型的17世纪的中国风室内装饰，位于山西省灵石县静升镇，靠近平遥古城。

詩禮傳家

賞花亭

埃及的室内装饰，室内有传统的低矮座椅，墙壁上装饰着复杂、精美的蓝白相间的伊斯兰风格瓷砖。

左页：桂离宫内铺着榻榻米的房间。桂离宫位于日本京都，是日式设计的典范，启发了众多西方建筑师，堪称现代主义美学的先驱。

风格指南

氛围
奇幻瑰丽

规模
大小不一

色彩
柔和，多变

装饰
精美

图案
日式花纹

家具
尺寸较小、形制优美、装饰繁复

织物
图案丰富的织物

倾向
大量图案、壁纸、镀金装饰

丝质彩花细锦缎，是1880年的设计样式。

相互交织的枝条和花朵均为单色图案。

第16节

英国工艺美术运动（1860—1890）

英国工艺美术运动（1860—1890）

时期简介

19世纪60年代，威·莫里斯(1834—1896)非常认同艺术评论家约翰·拉斯金(1819—1900)所提倡的改革观念。拉斯金强烈谴责维多利亚时期的审美，认为批量生产的产品平庸无奇[1]。工艺美术运动其实并不算是一种设计风格运动，而是一场设计改良运动。该运动反对现代生活的工业化，试图在室内装饰中重现因工业化而丧失的人性化色彩。莫里斯主张恢复中世纪风格，强调朴实的设计，以自然为灵感的装饰元素，以及高水准且让制作者乐在其中的工匠技艺。

该运动以1888年成立的工艺美术协会命名，不过其兴起是在1860年，当时莫里斯的宅邸“红屋”刚刚完工。这栋建筑由建筑师菲利普·韦伯主持设计，莫里斯负责室内装饰。后来，莫里斯与韦伯、拉斐尔前派的成员画家爱德温·伯恩·琼斯(1833—1898)和但丁·加百利·罗塞蒂(1828—1882)，一起创立了“莫里斯、马歇尔与福克纳公司”（后重组为“莫里斯公司”），为民众生产制作精良的产品。他们坚信，艺术品应当兼具美观与实用功能，与同时期唯美主义运动的观点恰好相反。不过当时的很多设计师都同时身处两个阵营。1890年，莫里斯创立凯姆斯科特出版社，用于宣传自己的理念，同时为志同道合者出版作品，在英国内外进行推广。莫里斯全盘否定工业生产，坚持手工制作，全然不顾这样会提高物品的造价，因而他的这一理念显得有些不切实际。仅有少数富足的阶层能买得起莫里斯公司生产的室内装饰产品。这些产品中，也只有采用了滚筒印花技术的壁纸和织物，比之前的维多利亚风格的设计更为简单、活泼。

虽然莫里斯及其追随者没能做到他们所提倡的为大众提供精美的设计，但他们唤醒了人们对手工制品的重视，因为长达一个世纪以来，人们都沉迷于工业化生产。在莫里斯的推动下，一系列协会和工厂诞生，而这些工厂中只有一部分使用的是机器生产。

工艺美术运动和大多数19世纪的文艺运动一样，彼此之间在时间上多有重叠。该运动甚至与法国的新艺术风格流行于同一时期。沃尔特·克兰(1845—1915)、查尔斯·沃赛(1857—1941)等人是莫里斯的观点上的赞同者，但他们的作品也很有可能被划分到另一种风格中。工

1 工艺美术运动产生的背景：工业革命以后大批量工业化生产和维多利亚时期的烦琐装饰造成了设计水准急剧下降，导致英国和其他国家的设计师希望能够复兴中世纪的手工艺传统。

艺美术运动追求简约的设计，努力应对工业化所带来的挑战，可谓是设计界迈向现代主义道路上的重要一步。

风格简介

工艺美术运动风格的室内设计谦逊、低调，避免一切只具有艺术性而没有实用性的设计。这种风格十分简约，常会让人想起中世纪庄园或是乡村别墅。不过，工艺美术运动风格的房间简约而不简单——要耗费大量的人力、物力和财力才能营造出看似随意、实则严格遵守工艺美术运动原则的房间。正如莫里斯常说的："你心里清楚，房间里的一切都是实用且美观的。"

考虑到顶棚的木结构，而且为了模仿中世纪大厅的样子，工艺美术运动风格的室内一般呈简单的立方形。墙壁上有一部分会被木质镶板覆盖，剩下的部分会刷成白色，或贴上带花卉图案或中世纪主题图案的壁纸。

框格窗有时会装上百叶帘，有时会挂上样式简单的窗帘，窗帘上印着生动的图案，与墙上的图案相辉映。此时的室内装饰更偏好棉麻制品，而不是之前流行的丝绸和厚重的羊毛制品。

地板常为木质。地毯一般是深色的平纹地毯，以配合家具的摆设，并为室内复杂的图案提供背景。炉边常放置着带靠垫的长椅，是当时很流行的室内特色。

大多数工艺美术运动风格的室内设计都会有哥特风格的元素，毕竟哥特风格在英国一直都很流行。其他的装饰元素则是源于自然，当然也有心形图案用在纺织品和家具上。

英国工艺美术运动风格的织物图案复杂、色彩缤纷。其图案常为固定的那几种花卉、叶饰、鸟类等自然元素，底色则为白色或柔和的大地色系。壁纸或许是莫里斯最成功的设计作品，上面印着精致的铜板底纹。壁纸常常决定着室内的整体风格——要么装饰繁复，要么极度简约。

哪怕是最普通的物品也能在室内设计中起到关键性作用。所有的工艺美术运动风格的装饰品，不论是瓷器、铁器、铜器，还是刺绣，都追求手工制作。彩绘瓷砖和马赛克常用于装饰墙壁或镶嵌在壁炉四周。受中世纪设计启发，这一时期还非常流行装饰性的彩色玻璃，例如由莫里斯公司生产的小瓷盘或风景画镶板都采用了这一元素。

英国工艺美术运动（1860—1890）

家具简介

工艺美术运动风格虽然和维多利亚复兴风格在时间上多有重叠，但二者风格完全不同。工艺美术运动风格的室内物品摆放得更为整齐，会留出较多的空间。家具都是简单的矩形设计，最常用的木材是橡木，也会用到桃花心木，细节之处的装饰均为手工精心制作。木材接合处刻意暴露在外不做处理，木材表面的处理也都模仿的是中世纪家具粗糙的质感。哪怕工艺美术运动后期生产的商业产品，也试图呈现原始的手工制品的痕迹。家具上鲜有雕刻纹饰。橱柜和箱柜上偶见精心手绘的中世纪图案和寓言中描绘的场景。

这一时期的座椅常为直背椅或镂空椅背的长凳，仅部分位置包有软垫，装饰方式也仅有镂空、车木或榫结构。最常见的设计为草垫椅和可调节椅背的扶手椅，后者为现代可调节式躺椅的雏形，由韦伯设计，不过归在了莫里斯名下。

右页：怀特威克庄园，位于英国的伍尔弗汉普顿，是莫里斯及其公司最重要的设计作品之一，建于1887—1893年。这把带纺锤形圆棒的椅子和花卉图案壁纸都是莫里斯的设计作品。

上图：带脚轮的软垫椅，由菲利普·韦伯为莫里斯公司设计。这样的椅子叫作“莫里斯椅”，是典型的英国工艺美术运动风格的家具，也是当代可调式躺椅的雏形。

左图：这件橱柜由麦凯·休·贝利·斯科特设计，带鸟形嵌饰和不规则抽屉拉环，突显出工艺美术运动风格的作品所追求的手工制作。

左图：橡木和黄铜制成的餐具柜，形制较少见，由菲利普·韦伯设计于1862年，体现出哥特复兴风格对早期工艺美术运动风格家具的影响。

下图：橡木写字台，由建筑师查尔斯·沃赛设计于1906年。沃赛以设计独特的织物和壁纸、英国本土风格的房屋而闻名。

■ 工艺行会和协会

在这场工艺改良运动中，英国涌现了一大批像中世纪的各种行会一样的组织，它们努力推行各式各样的手工工艺。他们的目标就是唤起人们对于田园生活的热爱，将手工艺品打造为精美的艺术品。其中最重要的组织要数亚瑟·马克穆多和赫伯特·霍恩创立的世纪行会(1883—1892)、查尔斯·罗伯特·阿什比创立的手工艺行会(1888—1907)，以及威廉·莱瑟比和欧内斯特·吉姆森等人创立的肯顿公司。

虽然这些组织盈利不多，但它们推动了设计理念的改变，促进了艺术与工艺的融合，让人们愈发意识到手工艺品的价值。在美国，路易斯·康福特·蒂芙尼、坎迪斯·惠勒和洛克伍德·德·福雷斯特共同创立了艺术家联合公司(1879—1883)，负责设计整体室内装饰，也设计单个装饰品，与威廉·莫里斯的公司遥相呼应。此后的组织规模更小一些，包括罗伊克罗夫特工厂（1895—1915，后来也有发展）和白迪克里夫·科隆尼工厂(1902—1915)，以及各种生产陶器、金属器和珠宝的当地小型组织。

上图： 受莫里斯和拉斯金启发，查尔斯·罗伯特·阿什比创立了手工艺行会，生产各种家具、织物和装饰物。这件优雅、简约的木制橱柜就是阿什比的设计作品。

右图： 亚瑟·马克穆多设计的代表性作品世纪行会椅，制于1883年。这件家具由洪都拉斯桃花心木制成，表面涂有颜色，椅背呈波浪形，其镂空纹饰开启了新艺术风格的设计。

风格指南

氛围
谦逊、低调

规模
适中

色彩
暗淡、丰富

装饰
自然元素

图案
程式化的叶饰、鸟形、心形

家具
线条简单、粗加工、手工装饰细节

织物
整洁、程式化的印花

倾向
中世纪形制、（模仿）手工制作

草莓小偷，威廉·莫里斯的织物和壁纸图案设计代表作。莫里斯制作的织物颜色较柔和，因为他采用的是天然染料而非人工染料。

肯尼特，由威廉·莫里斯设计，常印制在棉布、丝绸、壁纸上。这种花纹蜿蜒曲折，预示着日后同样波澜起伏的新艺术风格的诞生。

查尔斯·沃赛设计的多尼马拉[1]羊毛地毯，有着独特的花卉图案。

1 多尼马拉（Donnemara）：爱尔兰多尼戈尔郡的一种图案式样。

第17节

美国工艺美术运动（1880—1915年及之后）

美国工艺美术运动（1880—1915年及之后）

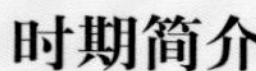

时期简介

在英国爆发工艺美术运动后数十年，美国受到启发，也开展了工艺美术运动（又称“工艺运动”）。虽然工艺美术运动风格有美国与英国之分，但其实两种风格有大量共同之处。美国艺术家十分认可英国工艺美术运动先驱的想法，只是两国设计师做出来的产品略有不同。美国人更加注重材料而非装饰，而且比威廉·莫里斯和他的同僚们考虑问题更为实际。他们会利用工业化生产来快捷地组装家具，再用手工完成后续的步骤。如此一来，美国人设计制作的家具价格更低，满足了更广泛的市场需求。

美国工艺美术运动的代表人物是古斯塔夫·斯蒂克利(1858—1942)，他和他的兄弟四人都是德国移民，来到美国纽约北部从事家具制造。1898年，斯蒂克利成立了自己的公司；1900年，他推出了自己设计的第一套美国工艺美术运动风格的家具。他在自己创办的杂志《工匠》上发表设计的住宅和室内装饰作品，商品目录上还会有图示，教客户如何亲手制作家具。最初，斯蒂克利的公司获得了一些成功，但最终于1916年破产。即使如此，斯蒂克利对推动工艺美术运动的发展依然有着不可估量的作用。弗兰克·劳埃德·赖特早期设计的田园风格的房屋位于伊利诺伊州的芝加哥附近，与工艺美术运动风格有着相似的美学诉求，但它更接近现代风格。

传教士风格是美国工艺美术运动风格流派的一个分支，源于墨西哥和美国西南部流行的西班牙传教士风格。这一风格努力摆脱英国风格的影响，也表明美国这个独立国家的自信心日益增强。美国的工艺美术运动与英国的一样，在全国范围内催生了大量的工匠团体、陶瓷厂和其他的手工艺品制作工厂。

虽然美国的工艺美术运动受众广泛，但后来第一次世界大战爆发，现代主义崛起，这一风格也就此画上了句号。20世纪70年代，得益于简洁的家具、迷人的陶瓷和金属制品流行，工艺美术运动风格又得以复兴。

风格简介

美国工艺美术运动风格的室内设计模仿工业革命前的手工制作质感，刻意营造出质朴的感觉。同时，这样的设计也是出于节约成本的考虑。该风格追求近乎极致的简单，与殖民地风格有些类似，也没有过度的装饰，让人不禁联想到英式的节制。近乎现代风格的简约设计与暖心的手工制作在这种风格中得到结合。

白色石膏墙壁和低矮的顶棚上装饰着粗大而不加掩饰的木梁，营造出村舍的氛围。墙壁上开凿出尺寸适中的方形窗户，此外再无任何建筑元素装饰。窗户上通常有铅玻璃窗格。装饰窗户的有百叶帘，但更常用的是简单编织或印制的窗帘，其一般垂到窗台的位置。

装饰品相对简单，常由手工制成。墙壁、装饰品、朴素的家具和窗帘上常有装饰性的镂花模板做出的花纹。赖特和格林兄弟受日式设计启发，常用彩色玻璃做装饰。

地板常用未涂漆的木板简单拼成，上面铺着手工制作的东方地毯或美国人自制的碎布地毯。

室内采用源于自然景观的柔和色调，比如各式的绿色、棕色、深金色。室内开始注重绿植的摆放，提醒着人们大自然对人类的馈赠。

工艺美术运动风格的房间空荡荡的，室内的装饰质朴无华，熟铁、黄铜或青铜制成的各式灯具，与样式简单的壁炉一道，散发出温暖的光线。壁炉上常常贴着手工制作的瓷砖，女主人或许还会在瓷砖上做彩绘。

工艺美术运动时期诞生了大量精美的产品，其中大获成功的是专业或业余的陶瓷厂生产的陶瓷制品，它们如雨后春笋般涌现。同时，陶瓷为女性提供了一个从未有过的特殊机会，那就是通过自己的艺术劳动挣钱。当时最著名的陶瓷公司有俄亥俄州辛辛那提的洛克伍德陶瓷公司（成立于1880年）、马萨诸塞州里维尔的格鲁比陶瓷公司（成立于1894年）和路易斯安纳州新奥尔良的纽科姆陶瓷公司（成立于1895年）。此外，还有很多陶瓷公司都会为上流社会的女性提供培养爱好的机会，并为其他阶层的女性提供工作机会。除了陶瓷公司，工艺美术运动时代的银器和金属加工公司也采用相同的做法。

美国工艺美术运动（1880—1915年及之后）

家具简介

美国工艺美术运动风格的家具虽然尺寸较大，形制简单，但威严大气。其线条坚实、笔直，由经过刻切[1]、氨熏的橡木制成。氨熏后的木材颜色更加暗淡，这样是为了将木材做旧，呈现出年代感。家具的接头处都暴露在外，装饰常常是金属制品，有时是模板印制的图案。这些家具虽然看起来是手工制作的，但其实大部分都是机器制作的，只是最后由手工收尾。

典型的斯蒂克利椅子很矮，座面和椅背都很宽，椅腿为方形腿，带有松软的深色皮革垫子。工艺美术运动风格的家具有几款基础的形制，在此基础上衍生出的样式只是大小和比例不同，基本的轮廓都是一样的。箱柜也是一样，呈直线形，打造成手工制作的样子。桌子分为方桌和圆桌两种，桌腿很结实，还有牢固的支架。橱柜、自助餐桌、书柜上装着带框玻璃门。配套家具样式较少，有桌子、凳子和小茶几。五金部件用抛光的铁和古铜制成，其设计有时会借鉴中世纪风格。当时很多复杂的设计都是由建筑师、画家哈维·艾利斯(1852—1904)完成的。艾丽斯设计的家具尺寸比斯蒂克利的略小，带低调的嵌饰。

受英国工艺美术运动启发，美国成立了好几个乌托邦社区，包括阿尔伯特·哈伯德在纽约的东奥罗拉成立的罗伊克罗夫特（成立于1895年）、纽约伍德斯托克的彼得克里夫（成立于1903年），以及俄亥俄州辛辛那提的工匠商场（成立于1906年）。他们怀揣着与威廉·莫里斯同样的理想，制作出了工艺美术运动风格的各式家具和装饰物。

20世纪初，查尔斯·萨姆纳·格林(1868—1957)和亨利·马瑟·格林(1870—1954)在加利福尼亚帕萨迪纳设计的房屋，可谓是工艺美术运动风格的精美艺术品。他们所设计的室内装饰和家具做工精湛，色泽温暖，线条柔和，表面光亮。此外，他们还设计了彩色玻璃窗和照明灯具。格林同弗兰克·劳埃德·赖特一样，在设计中融入了日式元素。

右页：盖博别墅的餐厅，位于加利福尼亚帕萨迪纳，美国工艺美术运动风格代表作。暖色调桃花心木，精美的雕刻纹饰和日式彩色玻璃都是典型的格林兄弟工厂设计的作品。

---

1 刻切（quarter-saw）：一种木材切割方式，切面与木材年轮截面垂直。这种方式切割出来的木材纹理通直，而且会带有独特的木髓斑纹。

这件音乐柜从上到下逐渐变宽，由橡木、锡、黄铜制成，内嵌经染色处理的木材，1903年由哈维·艾利斯为古斯塔夫·斯蒂克利的工厂设计。

左图：莫里斯椅，经典款斯蒂克利家具，1906年由古斯塔夫·斯蒂克利在其位于纽约伊斯特伍德的工厂里制作。

下图：提灯，用彩色玻璃和桃花心木制成，1907年由格林兄弟工厂为加利福尼亚帕萨迪纳的布莱克别墅设计。

刻切橡木制成的书柜，坚实而朴素，由古斯塔夫·斯蒂克利制作，美国工艺美术运动代表作品。

下图：瓦尔提台灯[1]，用镶嵌云母、手工锤制的铜制成，德克·凡·埃尔普的典型设计。埃尔普原是荷兰人，1910年在加利福尼亚旧金山开办了自己的工厂。

上图：美国工艺美术运动时期诞生了许多样式独特的瓷器和家具。这件瓷瓶的黄瓜色釉为格鲁比陶艺公司的特色，1900年制于马萨诸塞州波士顿。

1 瓦尔提台灯（Warty table lamp）：因其粗笨的形状而得名，warty在英语中指的是瘤状物。

■ 弗兰克·劳埃德·赖特

弗兰克·劳埃德·赖特(1867—1959)可谓是20世纪美国最具有创造性的建筑师之一。19世纪90年代，赖特开启了自己近七十年的丰富多彩的建筑师生涯。他的设计风格多变，从工艺美术运动风格到国际风格，再到生物形态主义风格。他设计的作品多达上千件，但其中一些未能成型。而那些成型了的作品，毫无疑问，有效促进了现代建筑与室内设计的发展。

最初几年，赖特按照当时流行的安妮女王风格设计过一些作品，但他很快放弃了这种风格，所以他的早期作品与杂乱的维多利亚设计大相径庭。他的设计理念与工艺美术运动风格较为一致，并带有自己独特的美学诉求。位于芝加哥郊外的田园风格房屋代表的就是赖特对建筑最基本的美学诉求。他认为，建筑应与其周围的环境融为一体。田园风格的房屋就是依照这样的准则设计出来的：房屋呈直线形，水平延伸，张开怀抱拥抱大地；屋檐略微突出，窗框较宽，室内外空间的界限因此并不是很明显。设计后期，赖特将自己的设想更进一步，甚至会改造自然景观以符合建筑的需求，达成二者融为一体的设计目标。赖特之所以会如此固执地坚持自己的理念，是因为在他看来，设计元素之间的关系比建筑本身的构造更为重要，他认为只有这样才能形成一个有机的整体。赖特的坚持有时甚至达到了偏执的程度，他想要掌控每一处细节，哪怕是最细小的装饰品，甚至是房屋女主人的睡袍。

赖特设计的房屋有以下几处共同特点。典型的赖特式室内设计中，顶棚通常较低，带横梁，空间划分并不是很明确。嵌入式彩色玻璃窗一字水平排开，赖特将其称为“光幕”。这些窗户位于屋顶下方不远处，环绕着房屋四周，提供充足光照的同时，也保证了室内的私密性。室内用色源于自然和周围环境，低调而多变。装饰材料包括未经加工的木材、石材以及粗糙的石膏和砖块。室内唯一鲜亮的色彩是窗户和灯具上带几何图案的彩色玻璃。

每一件赖特家具都是依据室内空间量身定制的。家具的造型并不优雅，而且使用起来并不是很舒服。它们通常棱角分明，造型生硬，注重水平的设计，有些甚至会有悬挑结构，和建筑结构相呼应[1]。围绕着餐桌放置的高背椅形成了一个相对封闭的空间。高背椅的线条也很生硬，其实并不适合人体曲线。家具常由经过染色或氨熏的橡木制成，表面做亚光处理，少有装饰。不论是建筑还是家具表面，赖特都很少用装饰元素；就算用了，也不过是几何式或高度程式化的图案。

在赖特设计的许多室内空间里，座椅和储物柜都是内嵌式的，赖特这样做是为了最大化地利用空间，同时避免客户随意改动自己的精心设计。赖特设计的房间平静而肃穆，这是因为他受到了东方艺术，尤其是日本浮世绘的影响。到后期，赖特开始为中产阶级设计美国风[2]的住宅。虽然赖特本人并不承认历史进程和其他设计对自己风格的影响，但其实他的设计在其整个设计生涯中一直在不断地发展变化。比如他颇为成熟的设计作品中的诸多元素，尤其是水平面、流动的空间、室内外空间的延续性，都是国际风格的美学诉求。

---

1 比如建筑上的悬挑梁，梁的一端埋在支撑物中，另一端伸出挑出支撑物。

2 美国风（Usonian）：赖特在大萧条时期推出的独栋住宅风格，其特点是使用便宜的材料、实用的建筑结构和平坦的屋顶。

桶形扶手椅，圆形的设计和抛光橡木与赖特一贯的设计有所不同。这件家具为约翰逊家族宅邸定制，制于1937年。

左页： 冥想室，位于伊利诺伊的橡树公园（赖特的家和工作室都在这里）。房间本身较昏暗，室内装饰多为木结构，阳光经天窗倾泻而下。

这件写字椅由赖特为纽约布法罗的拉金行政办公楼设计，产于1904年，用铸铁、弯曲的钢材和皮革制成。

约瑟夫·雅各伯·沃尔泽宅邸的窗户，由赖特设计于1903年，房屋位于伊利诺伊州的芝加哥。赖特喜欢将窗户设计成图示的几何图案，这样在透光的同时也能保护隐私。

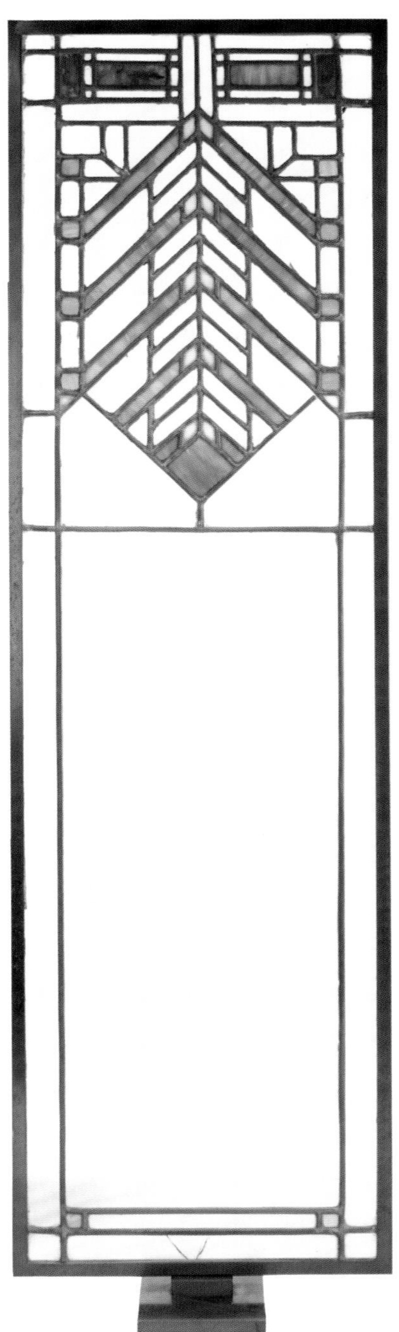

风格指南

氛围

精致，简约

规模

适中

色彩

种类不多，色调柔和

装饰

较少

图案

自然，日式，哥特式

家具

柔和的直线形，用表面不做处理的光滑橡木制成

织物

仿手工艺品

倾向

外观粗糙，有黄铜配件和独具特色的陶瓷

本拿比是一种固定的抽象花卉图案，与工艺美术运动风格的室内互补。

萨瓦瑞克花纹，茂密的植物丛中有许多只鸟，这件为暗绿色。

第18节

新艺术（运动）风格（1890—1910）

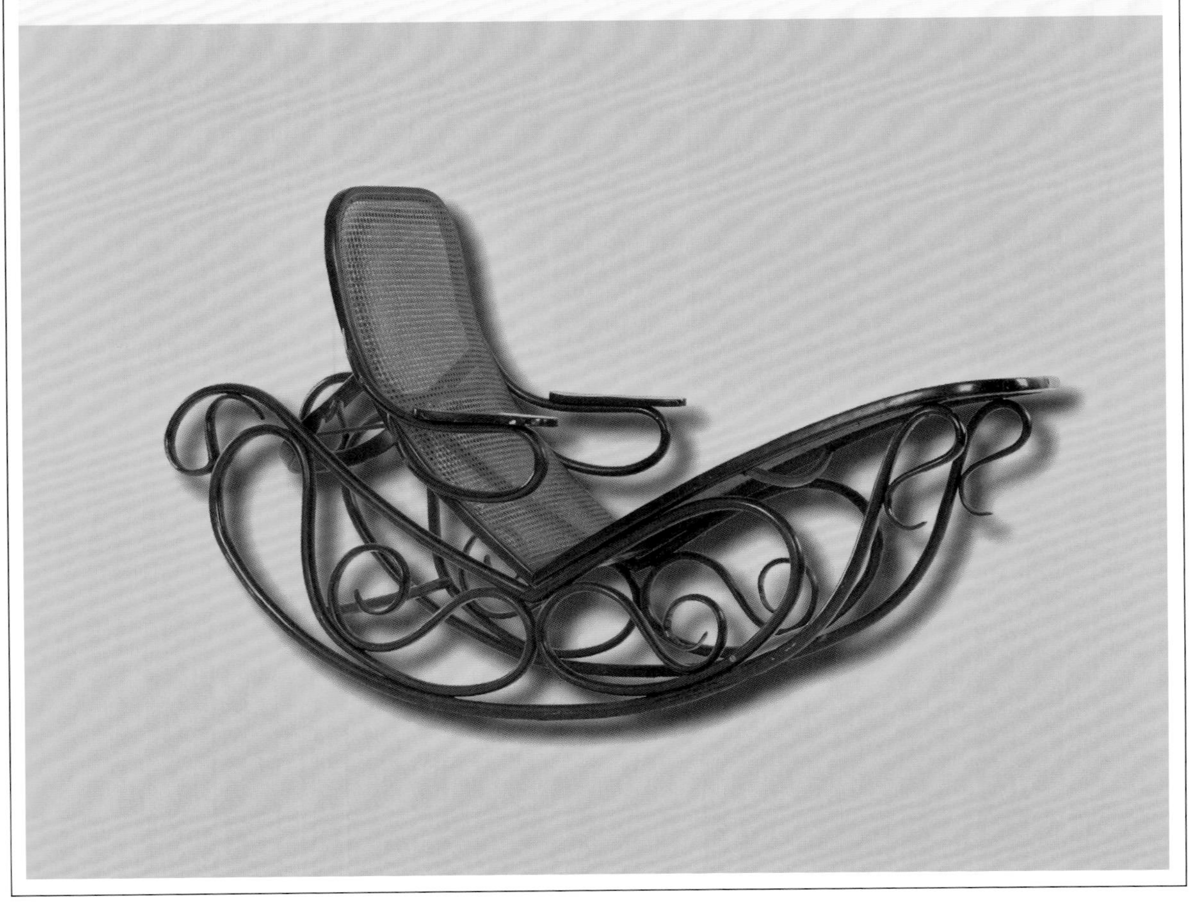

新艺术（运动）风格（1890—1910）

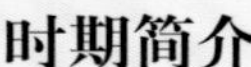

时期简介

新艺术风格是第一个现代主义风格。顾名思义，这种风格致力于摆脱传统的束缚，创立适用于工业时代的设计风格。新艺术风格的流行辉煌而短暂，19世纪末刚刚兴起，20世纪初就已然结束。

新艺术风格虽然反对历史主义，但从法国洛可可风格、哥特风格、远东风格、象征主义，甚至是中世纪凯尔特人的手稿中寻求灵感。这样一来，新艺术风格其实并不只是一种风格，而是多种风格的结合。新艺术风格与工艺美术运动风格的流行时间略有重叠，二者却选择了完全相反的发展方向：后者采用天然、原始的设计，拒绝使用现代材料；而前者从工业生活中汲取灵感，大量使用新材料。新艺术风格最典型的图案便是波浪起伏的“鞭索曲线”，艺术家威廉·霍加斯(1697—1764)称之为“美的线条”。

新艺术风格起源于比利时，在维克多·霍塔(1861—1947)和亨利·范·德费尔德(1863—1957)设计的建筑与室内装饰中均可见到；在法国则见于路易·马若雷勒(1859—1926)、艾米勒·葛莱(1846—1904)和赫克多·吉玛德(1867—1942)的作品。“新艺术”这个名字源于巴黎的“新艺术画廊”。这家画廊于1895年开业，由德裔艺术商西格弗里德·宾经营，后来成为新艺术风格作品的主要展示场所。

新艺术风格受到了思维新潮的大众的欢迎，传播到许多国家，并在各地形成了独特的风格：在德国它叫作“青年风格”（Jugendstil），在意大利则是“自由风格”（Stile Liberty）或“花式风格”（Stile Floreale），在美国则是“蒂芙尼风格”。它将西班牙巴塞罗那的安东尼·高迪(1852—1926)和意大利米兰的卡罗·布加迪(1856—1940)两人古怪的风格相结合。在美国，它最初体现在路易斯·康福特·蒂芙尼(1848—1933)设计的乳白色法夫赖尔[1]玻璃器具上。在新艺术风格的鼎盛时期，人们甚至在1900年的巴黎世界博览会上都能看到这种风格的作品。

新艺术风格的家具基本形制相同，经雕刻后形成各种不同的款式，但都保留着天然、不对称、流动性强的特点。尤其是法国制作的家具，结合了高超的雕刻纹饰与精美的镶嵌细工。如此一来，家具的制作就需要高超的技艺，价格也相应提升，大多数喜欢这种风格家具的人都无

1 法夫赖尔（favrile）：一种造型独特、表面具有晕色的美国玻璃器皿。

力负担。其他国家的家具虽然不如法国的华丽，但也有着各自的风格。

曲线形立面是新艺术风格建筑的一大特色，布鲁塞尔、巴黎、布拉格、赫尔辛基、莫斯科和巴塞罗那都有这样的建筑。新艺术风格涉及许多艺术领域，其中珠宝和平面设计最为突出——阿尔丰斯·穆夏[1](1860—1939)和奥伯利·比亚兹莱[2](1872—1898)的插画就是其中的代表作。

新艺术风格的设计师们努力追求新颖原创，却过于强调美学功能，因此人们在欣赏这一风格的同时，也认为它过于浮华。后来一战爆发，新艺术风格也走向了尽头。

风格简介

新艺术风格如幻境一般，它用大量的鞭索曲线图案营造出逃离现实的幻觉。

新艺术风格的室内由多种装饰共同打造。整个房间是按照早期德国现代主义者提倡的“整体艺术作品”[3]设计的。墙壁和顶棚的水平面和垂直面呈波浪起伏的曲面造型，房间因而显得像雕塑作品一样。壁纸常为浅色背景，带固定的花卉、叶饰或日式图案。壁纸外围则是精美的雕花镶板。做工精细的铁艺楼梯模仿的是藤蔓卷曲的模样，壁炉的四周则由瓷砖装饰。

帘头下挂着带花朵图案的帐幔，这就是简单的窗户装饰。软垫为亚麻、丝绸或羊毛材质，印着与窗帘相同的图案，甚至常常是由同一个新艺术风格的设计师设计的。

室内配色似乎有些冷清，稍微浓烈一些的色彩有淡紫、紫红、粉橙、靛蓝，增强了室内的空间感。虽然新艺术风格的设计师们努力追求现代主义风格，但他们其实和19世纪后期的维多利亚风格的设计师一样，偏好精美的设计。

新艺术风格的装饰图案常源于自然，而且带有女性色彩：一头波浪般秀发的宁芙[4]、孔雀、蜻蜓、鸢尾花、牵牛花、波浪、海藻及其他的植物图案。这些图案出现在壁纸、织物，以及铺在木地板或瓷砖地板上的地毯上。

1 阿尔丰斯·穆夏（Alphonse Mucha）：捷克斯洛伐克画家。

2 奥伯利·比亚兹莱（Aubrey Beardsley）：19世纪末伟大的英国插画艺术家。

3 整体艺术作品（gesamtkunstwerk）致力于在一件作品中采用尽可能多的艺术形式，1827年由德国作家、哲学家Karl Friedrich Eusebius Trahndorff第一次提出。

4 宁芙（Nymph）：希腊和罗马神话中的自然女神，常常化身为年轻女子。

照明用具不论是用煤气、煤油，还是电力的，外形都呈现出自然流畅的造型，由黄铜或是色彩绚烂的蒂芙尼玻璃制成。墙上挂着画作、印刷品或日本的版画；桌子或壁炉架上放着小型的瓷器、银器和锡制品。玻璃工艺品则是由葛莱或多姆这样的法国公司制造的。

家具简介

新艺术风格的家具虽然与18世纪的法国家具极为相似，但它们并不属于同一种风格。两者都有精美的细节装饰，但新艺术风格的家具得益于工匠精心制作的装饰和各式纹理丰富的轻质木材，其曲线造型更夸张，线条更流畅，整体轻巧而精致。这种风格的每一件家具在设计时都考虑到了美观和实用，有时后者次之。椅子和长靠椅样式极为丰富，整体也是曲线造型；座椅的木框雕刻精美，甚至胜过了精致的软垫。

橱柜有各种款式和尺寸，上面的雕刻极不对称，因此哪怕是熟悉的款式也会令人耳目一新。有的柜门上有着复杂的嵌饰，有的带开放式且不均匀分布的玻璃搁板，展示着新艺术风格高水准的瓷器和玻璃制品。家具用的木材为桃花心木、黑黄檀木这类色调温暖、花纹丰富的木材，此外还有紫心木这样的进口木材。和法国家具一样，新艺术风格的家具上也有镀金嵌饰，不过用的是源于自然的不对称图案。圆形或方形圆角的休闲桌、嵌套式托盘桌[1]和写字桌都有着这一风格独特的曲线造型和装饰细节。虽然新艺术风格的设计具有很强的个性色彩，但其实当时的很多家具都不是单个制作，而是批量生产的。

右页：维克多·霍塔故居的客厅。该故居位于比利时的布鲁塞尔，如今是霍塔博物馆。这栋建筑本身和室内的家具都是新艺术风格，诠释着当时的设计师们所追求的“整体艺术作品”。

1 嵌套式托盘桌（nesting tray table）：可以重叠放置的小桌子。

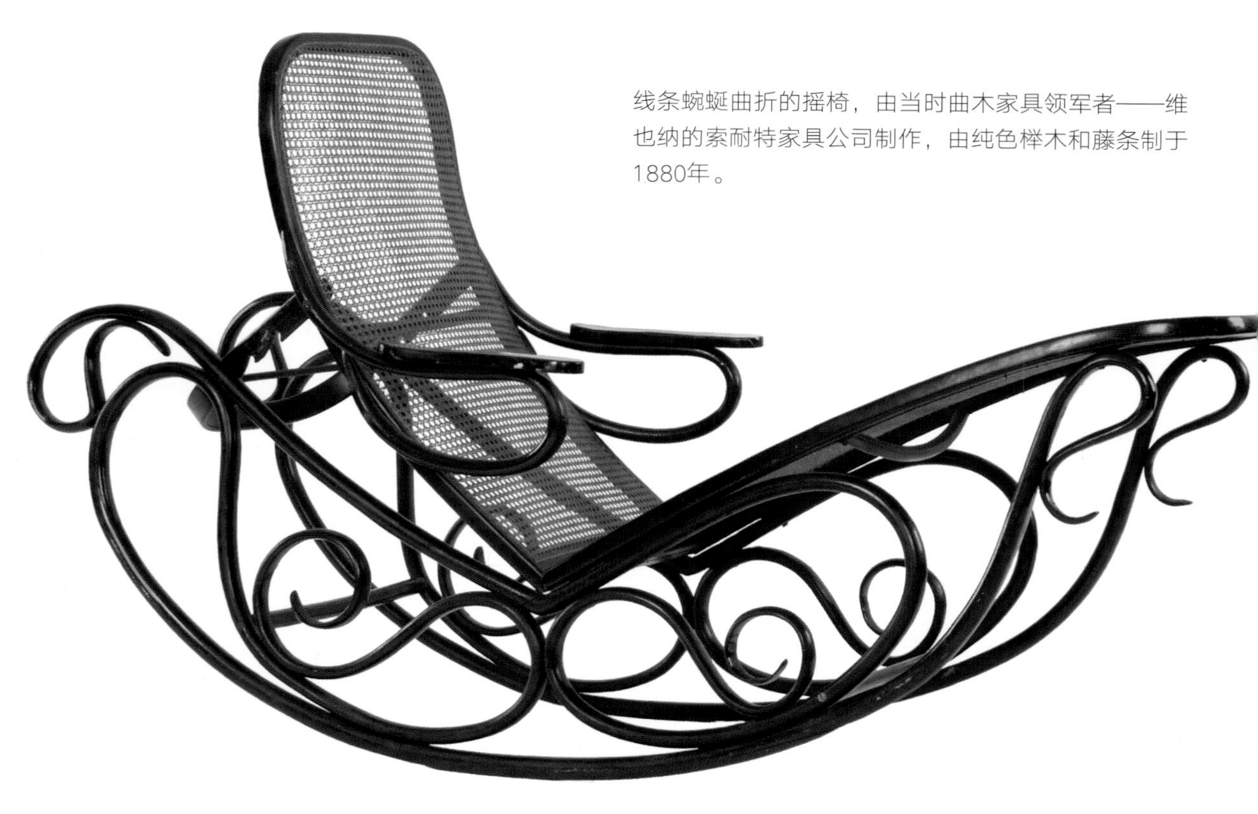

线条蜿蜒曲折的摇椅，由当时曲木家具领军者——维也纳的索耐特家具公司制作，由纯色榉木和藤条制于1880年。

餐具柜，法国新艺术风格，由桃花心木和胡桃木制成，由保罗・贝克设计，制于1900年。这件餐具柜的特色在于两扇带有花饰的含铅玻璃门，上面的图案为叶子和花朵。

■ 路易斯·康福特·蒂芙尼

路易斯·康福特·蒂芙尼(1848—1933)是一位多才多艺的艺术家、设计师、发明家，美国新艺术风格唯一的重量级代表人物，也是美国第一位享有国际声誉的设计师。他从小接受绘画训练，将自己的大部分时间都花在了设计彩绘玻璃及窗户和灯具、花瓶等装饰性物件上，而且他有自己独创的一套创作流程。

蒂芙尼的室内设计风格横跨唯美主义和新艺术风格。1879年，他与织物设计师坎迪斯·惠勒和家具设计师洛克伍德·德·福雷斯特一起成立了路易斯·康福特·蒂芙尼装饰公司。这家公司运营时间不长，为镀金时代的客户们设计唯美主义风格的房屋和室内装饰，不过其后期设计的彩色玻璃制品都展现出现代主义风格。

蒂芙尼台灯，彩色含铅玻璃，铸铜底座，色彩缤纷，形制多样，是20世纪早期广受欢迎的装饰品。这件紫藤台灯制于1900年。

1881年，蒂芙尼为一项生产彩色窗玻璃的技术申请了专利，这种方法生产出来的玻璃是乳白色的，而不是完全透明的，而且玻璃本身混合了各种颜色，无须制成后再彩绘。1883年，蒂芙尼开始将自己的主要精力投入玻璃设计中，惠勒接管公司，不过仅到1907年，公司就倒闭了。此后，蒂芙尼继续从事室内设计，但他最卓越的成就在于玻璃工艺和他所创作的玻璃制品。蒂芙尼还将这种材料用在了含铅玻璃窗上，光影变幻，十分瑰丽。当然，也有偏好单色玻璃的人并不喜欢这样的设计。此外，蒂芙尼还用做窗花玻璃剩的边角料做了台灯和其他灯具，这些产品一直到1919年都大获畅销。客户可以根据自己的喜好，选择不同的彩色玻璃和铸铜底座。至于更精美的产品，因为需求较少，客户则需要下单定制。

蒂芙尼的另一重大发明则是“法夫赖尔”玻璃。这种彩虹色玻璃如梦似幻，广受好评。当时的花瓶和其他装饰品大量采用这种玻璃制成。蒂芙尼在巴黎的新艺术画廊、1900年巴黎世博会和1902年都灵的现代装饰艺术展（格拉斯哥四人组和维也纳分离派也在）上展出了自己设计的窗户和吹制玻璃。此外，蒂芙尼也会设计珐琅制品、珠宝等各式装饰品。不过，他最负盛名的还是装饰性玻璃制品。

路易斯·康福特·蒂芙尼的公司靠制作彩色玻璃窗发家。这件五光十色的三格玻璃窗带木兰图案，制于1910年。

左图： 圆筒形玻璃橱窗，由法国新艺术大师路易·马若雷勒制于1900年。

下图： 陈列架，形制和装饰图案均由艾米勒·葛莱设计，1900年制于法国。其整体造型源于植物，镶嵌部分模仿的是芦苇和兰花，腿部是枝干，搁板则是睡莲。

左图： 水仙边几，法国新艺术风格，由带雕刻的胡桃木和带镶嵌的果木制成，由艾米勒·葛莱制于1900年。

下图： 造型优美的雕饰桃花心木长靠椅，与之配套的还有两件扶手椅，由路易·马若雷勒设计于1900年。

右图：布鲁门伍尔夫椅，由比利时著名的新艺术风格设计师亨利·范·德费尔德为其住宅设计。这件由榆木制成，皮革座垫，黄铜钉。1905年，德费尔德在德国魏玛开办了一所艺术与工艺学校，也就是包豪斯大学的前身。

下图：新艺术运动中涌现了不少风格独特的设计师，比如卡洛·布加蒂，其于1900—1910年的设计风格带有东方和摩尔色彩。这件长靠椅和他的大多数设计作品一样，由黑檀质感的木材和羊皮纸制成，带混合金属镶嵌和流苏。

风格指南

氛围
生机勃勃

规模
宏伟

色彩
宝石色调

装饰
镶嵌细工、不对称性

图案
一头波浪般秀发的宁芙、藤蔓和叶饰

家具
夸张的曲线造型、装饰繁多

木材
桃花心木、黑檀木、紫心木

织物
花纹繁复

倾向
鞭索曲线、蒂芙尼灯

银灰色羽毛图案壁纸，哈瓦那壁纸[1]的一种，新艺术风格。

典型的源于自然的图案设计，带马蹄莲和波浪般的曲线。

1 哈瓦那壁纸（Havana wallpaper）：19世纪初期流行的壁纸，风格可归于新艺术风格、现代主义风格。

■ 格拉斯哥风格

时期简介

格拉斯哥风格因为与苏格兰设计师查尔斯·马金托什关系密切，便以其出生地格拉斯哥命名。这种风格非常独特，很难划分类别，因为它兼具工艺美术运动风格和新艺术风格的特点，与维也纳分离派也渊源颇深。格拉斯哥风格由马金托什、玛格丽特·麦当娜(1864—1933)（后来成为马金托什的妻子）和妹妹弗朗西斯·麦当娜(1865—1902)以及弗朗西斯的丈夫赫伯特·麦克内尔(1868—1955)四人共同开创。他们同为艺术学院的学生，也因此被称为“格拉斯哥四人组”。其中，马金托什和玛格丽特为这一风格的奠基者，他们设计的家具形似工艺美术运动风格，而设计的曲线装饰品又与后来的新艺术风格不谋而合。

格拉斯哥风格除了与工艺美术运动、新艺术运动这两场设计改良运动较为相关之外，也算得上是现代主义的先驱。格拉斯哥四人组著名的设计作品“玫瑰屋”在1902年的都灵现代装饰艺术展上展出后，大受维也纳分离派赞誉，他们很欣赏四人组齐心协力反抗既定的艺术风格的举动。马金托什善用直线和交错的平面，空间布局新颖，虚实交错，这是当时很前卫的美学设想。

马金托什设计建筑作品时将苏格兰当地的设计与现代元素相结合，比如不对称性、铸铁装饰品、平板玻璃窗。不过马金托什的作品虽然在欧洲各国大受欢迎，但在英国却反响平平，马金托什参与的建筑和室内设计项目也仅限于格拉斯哥地区，其中较为著名的有格拉斯哥艺术学院(1897年)、希尔住宅(1902年)、凯特·克兰斯顿的四间茶室（其中建于1904年的杨柳茶室最受欢迎）。

查尔斯·马金托什和玛格丽特·麦当娜的作品形制硬朗，装饰柔美，体现出男性的阳刚与女性的阴柔。也正因如此，格拉斯哥风格得以从以往设计中寻找灵感，并形成自己独特的风格。马金托什虽然设计生涯相对短暂，成就也时断时续，但他仍旧是参与早期现代主义运动的重要人物之一。

风格简介

格拉斯哥风格的室内设计自成一派：家具整体纤细，呈明显的几何形，室内明暗对比显著。而马金托什的室内设计与众不同则是因为：当时流行图案堆簇的设计，马金托什却偏好极致的简约，他设计的空间优雅朴素，仅在空余处点缀复杂的图案。

房间四壁为白墙，家具纤细，或白或黑，整体营造出精致、淡雅的感觉。在卧室或客厅里，地面会铺上地毯，规整地摆放着瘦削的椅子和箱柜，偶有装饰性色彩。而其他的房间因为用了深色木材，会显得更加阳刚。当时的工业城市“乌烟瘴气”，马金托什所设计的白色室内环境，尤其是茶室这样的公共空间，倒像是一股清流，出人意料，清新隽永。

马金托什设计的房间并没有特定的形状，而是按照嵌入式家具的摆放、工艺美术运动风格的炉边、小型壁龛进行规划设计。建筑外墙的设计也同样别出心裁：窗户的位置很随意，还有曲线形的飘窗，类似苏格兰男爵风格[1]建筑的小楼。墙上还有石膏或镀银的镶板，上面有玛格丽特绘制的奇幻浪漫的人物形象、枝蔓丛生的花朵、固定的玫瑰图案。

格拉斯哥风格的室内设计善用光影，简约精致，因适当的留白而更加迷人。窗帘轻盈飘逸，除了家具与墙壁间的反差，几乎没有更多的装饰。室内整体为黑白色调，偶有亮色点缀。马金托什除了会设计家具，也会设计织物。他所设计的织物精致而朴素，与室内的简约风格相得益彰。

1 苏格兰男爵风格（Scottish Baronial architecture/ Baronial style）：16世纪的建筑风格，灵感主要源于中世纪的城堡，整体宏大而高贵。

家具简介

马金托什家具设计独特，制作工艺次之。其形制大胆，装饰精美，不过整体十分简约，构造也很普通；多为直线形，接头处不加掩饰，直腿，表面也不做加工。储物家具的形制平平无奇，反而是上面的装饰大放异彩：镂空的几何图案虚实相间，家具上内嵌珍珠母，柜门上彩色玻璃镶嵌，内外两侧均有装饰图案，开合别有一番风味。所有的家具都由橡木制成，表面涂白漆或黑漆，或做黑檀处理，或镀银，以达到装饰效果。

马金托什椅子常为直线形，装饰图案包括心形、新月、维也纳手工银作坊常用的透雕图案。其中有一些棱角分明，带高背和独特透雕花纹的款式，成为后来早期现代主义的标志性家具。

右页：希尔住宅中的男主人卧室。该建筑位于苏格兰海伦斯堡，于1902—1904年间为沃尔特·布莱基设计。整体纯白的室内环境、柜门上抽象的玫瑰图案和梯形高背椅都是典型的马金托什风格。

上图： 桶形椅，为格拉斯哥茶室设计的椅子，是马金托什较为著名的设计作品之一。这把椅子放在杨柳茶室，制于1904年。

右图： 这把椅子是马金托什早期的作品，为格拉斯哥的亚皆老街茶室设计，其异常高耸的椅背为就餐者营造出一种私密感。这把椅子由橡木和草编制于1897年。

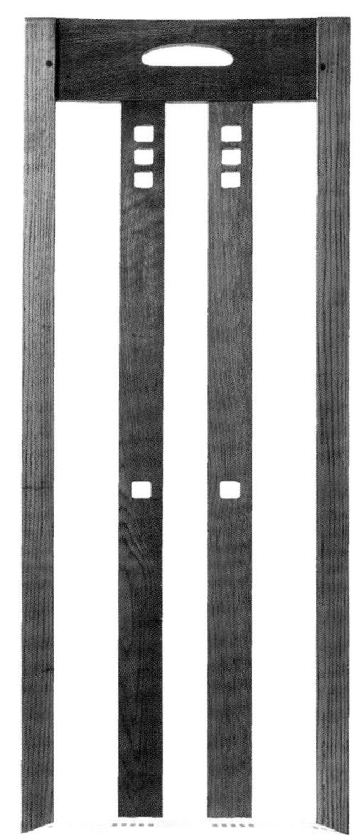

上图： 这件橡木橱柜具有典型的直线外形，镶嵌的方形珍珠母是唯一的装饰。

右图： 格拉斯哥茶室的室内装饰各有不同，马金托什则会因地制宜，设计不同的家具。这件高背椅属于英格拉姆街茶室的怀特餐厅，制于1900年。

风格指南

氛围
平静

规模
适中

色彩
黑白相间，宝石色调做点缀

装饰
类似工艺美术运动风格和新艺术风格

图案
固定的玫瑰图案、方形图案

家具
生硬的直线形，形制很独特

织物
低调、朴素的花纹和材质

倾向
在白色的房间中摆放黑白相间的家具、涂漆镶板

马金托什设计的织物颜色艳丽，常用花卉图案。这件采用的是当时流行的玫瑰图案，这样的图案也可见于家具和室内装饰。

第4章

20世纪：
现代主义及此后的风格

第19节

早期欧洲现代主义风格：维也纳工作坊和前卫风格（1900—1930）

时期简介

19世纪的改革者们开启了艺术改良的先河，但其实他们并未做到与旧传统完全割裂。真正见证了历史变革的，是20世纪早期。这一时期，分离主义运动试图将艺术设计与传统彻底割裂，寻求全新的现代主义美学规范，以期消除美术与工艺间的隔阂，并提升大众审美。最著名的分离主义者要数1897年成立的维也纳分离派[1]，柏林和慕尼黑也有类似的群体。他们与英国的改良运动者有很多相同的诉求，不过分离派的艺术设计是第一批最接近现代主义的作品。

分离主义者和其他的前卫设计师们深知，工业化已经彻底改变了设计的流程，他们认可机器制作代替手工的做法，也坚信前者并不能完全取代后者。如此一来，如何平衡机器与手工的关系，就成为20世纪初期及以后的无数设计师和理论家们需要面对的挑战。

1908年，建筑师、理论家阿道夫·路斯(1870—1933)发表了一系列文章，申明新现代主义的美学诉求。他最强调的一点是“装饰即罪恶”，认为装饰并非现代社会的自然产物，与这个时代不相匹配。现代主义者便以此为自己反对装饰的行为正名。虽然没有正式规定，但“形式服从于功能”和“少即是多”成为现代主义运动的口号。现代主义运动是一系列相互独立而又紧密相关的艺术运动。

在提倡现代主义的众多团体中，影响颇深的有1907年成立于德国的德意志制造联盟。该联盟集合了所有与设计相关的人员，包括画家、设计师、工匠、厂商，来共同应对工业化所带来的新挑战。当时德意志制造联盟还资助办展，展出很多创新的设计。不过一战爆发后，德国被西方大多数国家排挤，该联盟也在劫难逃。

荷兰的风格派也是早期颇具影响力的现代主义群体，他们认为设计应当是客观而抽象的，就像彼埃·蒙德里安(1872—1944)的画作和格雷特·里特维尔德(1888—1964)设计的建筑和家具一样。此外，各国的现代主义还包括：俄国的构成主义，以平面设计解构抽象艺术；意大利的未来主义，崇尚机器美学和速度，得益于此，安东尼奥·圣·伊里亚(1888—1916)创造出了带有玻璃大厦的现代都市。

---

1 维也纳分离派（德语Wiener Secession，英语Vienna Secession）：也有译为“新艺术派”，是19世纪后期至20世纪初期新艺术运动在奥地利的支流。该流派反对当时相对保守的维也纳学院派，并与之决裂。

所有的现代主义群体中，只有维也纳工作坊发展出了一套成熟的风格。这个工作坊于1903年由设计师约瑟夫·霍夫曼、克罗门·莫塞(1868—1918)和他们的雇主弗里茨·华恩多夫共同创立，其主要成员也从属于维也纳分离派。维也纳分离派效仿查尔斯·罗伯特·阿什比在工艺美术运动时期建立的手工艺行会(1888—1907)，开办了一系列实用艺术工作坊。维也纳工作坊坚持设计实用主义，其作品呈直线形。而且他们有自己的装饰风格，几乎全用几何形图案，到后期则更为生动，装饰性也更强。他们致力于提升各个领域设计作品的品质，也就是进行现代化设计。不过跟此前很多设计改良一样，这样设计出的产品价格非常昂贵，只有富裕人家才能消费，但毫无疑问的是，他们的设计在现代美学中占据了举足轻重的位置。

风格简介

对于维也纳工作坊的设计师而言，所有设计元素都是整体的一部分，也就是“整体艺术作品”这一理念。虽然分离派的设计常常会有新艺术风格的元素，但霍夫曼和他的同伴几乎无一例外地都拒绝使用曲线形。工作坊风格的室内设计更是以直线形和简约闻名。

工作坊风格的室内空间纵横交错：白墙上有时会刷上垂直的粗线条，从而形成矩形镶板的样式，再用程式化的花朵或几何图案做点缀。水平空间也有线条设计以可视化地连接各扇窗户。虽然客户需求不尽相同，但霍夫曼的设计风格总的来说比较奢华，还会使用大理石、玫瑰木、镶花木地板、马赛克、山羊皮、天鹅绒软垫等材料。

工作坊风格的设计师并不避讳使用图案，而是将图案拆解为最基本的元素，比如网格、方形或圆形。其中网格图案最受偏爱，地板、窗户、织物、镂空银饰上随处可见。最常见的配色是经典的黑白配色，也有红色、亮黄、深蓝或其他亮度较高的颜色。

织物和地毯上有着对称的小型几何图案或团簇的花卉，这由霍夫曼和莫塞设计，并在他们的工作坊里制作成型。室内的几何壁纸可能也是由霍夫曼设计的。

工作坊风格的代表作品是金属装饰品。精美的灯具、钟表、餐碗、盒子为银制或镀银，花瓶上装饰着锤制或穿孔的网格图案（查尔斯·马金托什也喜欢用这个图案）。工作坊制作的彩色玻璃、瓷器和珠宝也同样堪称精品。

家具简介

霍夫曼和同伴设计的家具风格与抽象派还原艺术家的美学诉求比较相似：家具棱角分明，有时内嵌反差鲜明的材料。尤其是莫塞，他能利用极简的材料和工艺营造出复杂的效果。他会使用的材料有稀有木材、珍珠母或半宝石[1]。维也纳工作坊为雅各布和约瑟夫·科恩公司[2]设计的曲木家具是他们最著名的作品，制作工艺由德国出生的迈克尔·索耐特(1796—1871)发明于50年前。他们还生产椅子、长靠椅、桌子，其中好多都是现代主义的象征。也只有这些设计实现了维也纳工作坊创立时的最初目标——为更广泛的大众提供现代家具。

右页：约瑟夫·霍夫曼在这栋房子里出生，房屋位于捷克共和国的布尔特尼采，现为博物馆，在室内可以看到霍夫曼设计的曲木家具。

---

1 半宝石（semiprecious stone）：在宝石学中，宝石一般分为贵重宝石和半宝石两类。贵重宝石主要有四种，即钻石、红宝石、蓝宝石和祖母绿，而其余的宝石，像水晶、玛瑙、红玉髓等属于半宝石。

2 雅各布和约瑟夫·科恩公司(J. & J. Kohn)：奥地利家具制作和室内设计公司，由雅各布·科恩与其子约瑟夫·科恩一起创立，与维也纳工作坊、霍夫曼合作紧密。

右图：这把椅子是为普克斯多夫疗养院一层的餐厅设计的，制于1905年。和霍夫曼当时的其他设计作品一样，椅子的装饰元素也兼具实用功能。这种带孔的几何装饰在霍夫曼设计的很多家具上都能看到。

下图：机械座椅[1]，由约瑟夫·霍夫曼设计于1902年，将直线与曲线相结合，椅背可调节，由染色榉木制成，座框和椅背为胶合板。

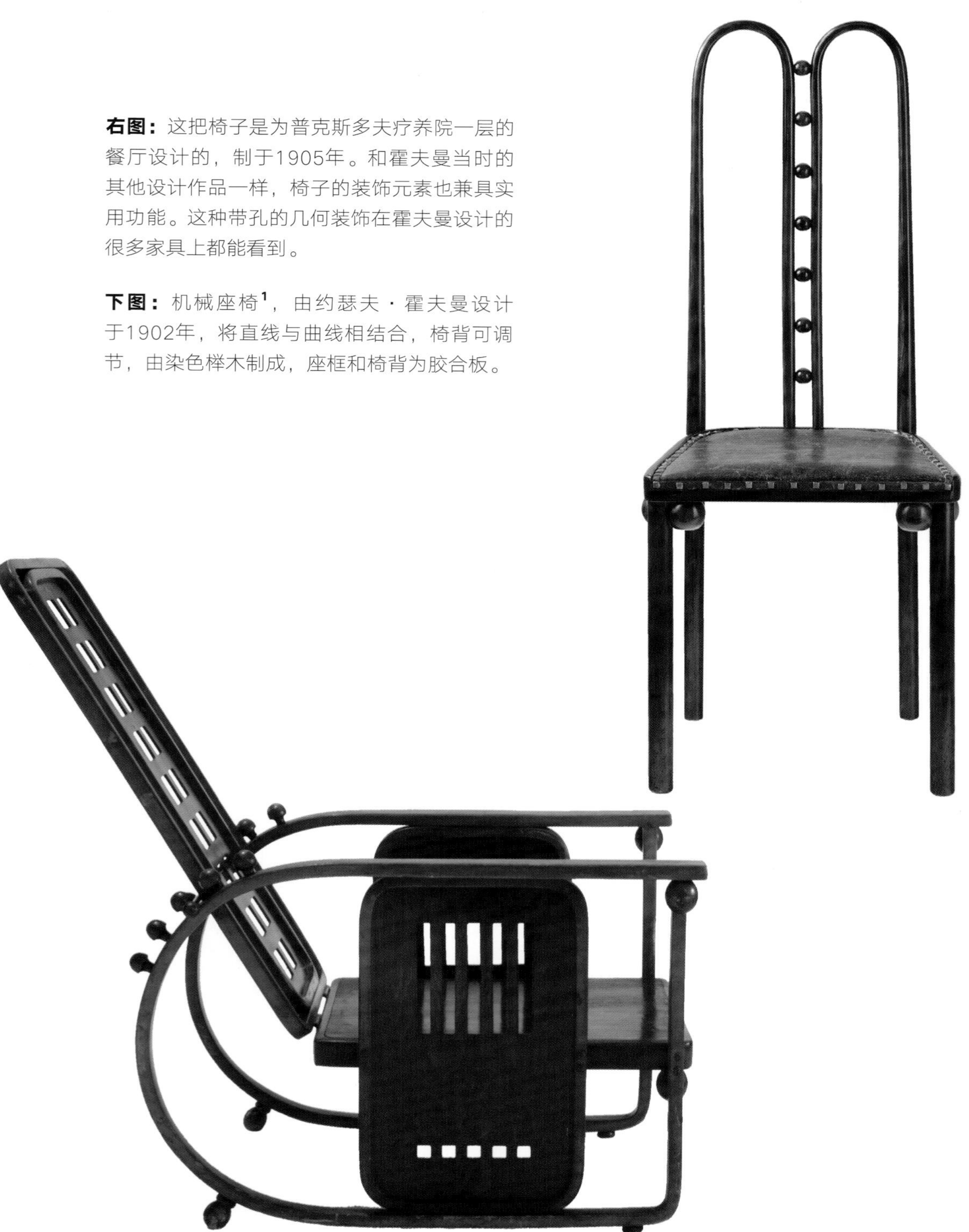

1 机械座椅（德语Sitzmachine，英语siting machine）：由霍夫曼为普克斯多夫疗养院设计。

这件橱柜由喷漆榉木制成，带镜面玻璃和黄铜饰品，由约瑟夫·霍夫曼设计于1905年，并由奥地利的雅各布和约瑟夫·科恩公司（索耐特的竞争对手）制作。

上图：榉木长靠椅，其框架上有圆形图案，而不是更为人所熟知的菱形图案，1908年由约瑟夫·霍夫曼为索耐特设计。

左图：扶手椅，1906年由奥托·瓦格纳为奥地利维也纳的邮政储蓄银行行长办公室设计。瓦格纳是维也纳分离派的创始人之一，其余创始人有约瑟夫·奥布里奇和维也纳工作坊的霍夫曼、莫塞、克里姆特。

左图： 甜点篮，带维也纳工作坊独特的棋盘图案，由银和青金石制成，由克罗门·莫塞设计于1906年。

下图： 桶形扶手椅，1905年由约瑟夫·霍夫曼为奥地利维也纳的蝙蝠卡巴莱餐厅设计，由黑漆处理的弯曲榉木制成，带黄铜装饰。

风格指南

氛围
严肃

规模
各异

色彩
鲜亮、大胆

装饰
极简、固定

图案
网格

家具
简单的线性结构、深色木材、无雕刻纹饰

织物
平织的织物、对称图案

倾向
黑白、网格、亮色点缀

天堂图案，当时独特的图案之一，常为小型几何图案，由约瑟夫·霍夫曼为维也纳工作坊设计。

圆形小雏菊图案，由维也纳工作坊创始人之一克罗门·莫塞设计。

第20节

国际风格（1930—1970）

国际风格（1930—1970）

时期简介

1932年，菲利普·约翰逊和亨利·罗素·希区柯克在纽约的现代艺术博物馆策划了一场名为“建筑：国际风格展”的展览。国际风格这一称呼见于那场展览附赠的手册，这种风格也被认为是20世纪现代主义最纯粹的表达。当时的建筑注重功能主义，展览附赠的手册上也据此列出了三条准则：① 建筑是立体的空间，而不是建筑元素的简单堆砌；② 造型要匀称；③ 不要使用附加装饰元素。建筑领域的国际风格其实最初并不是为了发展成一种特定的风格，而是为了反对“风格”这一理念[1]。不过它最终还是被设计师们尊为建筑法则，并由此逐渐失宠，被后现代主义取代。

国际风格著名的设计师有：包豪斯学校创始人瓦尔特·格罗皮乌斯(1883—1969)、密斯·凡·德·罗(1886—1969)、马塞尔·布劳耶(1902—1981)和勒·柯布西耶（原名查尔斯·爱德华·让纳雷·格里斯，1887—1965）。该风格偏好几何图案和现代材料，建筑外观常为带钢筋水泥、玻璃幕墙的摩天大楼或平顶小屋，丝毫没有装饰元素。建筑领域反对传统建筑风格，室内装饰风格也取得了新的突破：室内开阔，光线充足，装饰品均为功能主义风格。

第二次世界大战后的美国遍布国际风格建筑，它们整体呈直线造型，四面都是玻璃墙[2]，仿佛是现代主义无声的呐喊。这样的建筑经济而高效，室内空间得到了最大化利用，机器生产的模块化产品简单、实用，完美符合战后的需求。

国际风格注重结构和功能，轻视舒适度和温馨程度，因此更适用于办公建筑而非家庭住宅。密斯·凡·德·罗设计的位于纽约的西格拉姆大厦(1958年)，便是20世纪办公建筑的典范。不过也有例外，比如鲁道夫·辛德勒(1887—1953)和理查德·诺伊特拉(1892—1970)设计的加利福尼亚地区的独栋住宅。这两人都曾与勒·柯布西耶有过短暂的共事时光。

国际风格的室内和建筑一样，受到了现代主义风格的影响和限制。这一风格的室内设计华美，但也有批评者认为太过冷淡、严肃。到20世纪70年代，时尚潮流日新月异，国际风格因为要求过于苛刻而逐渐退出历史舞台。

---

1 所谓国际主义风格，就是没有风格。
2 可以参考约翰逊为自己设计的玻璃屋。

■包豪斯学院派（1919—1933）

1919年，瓦尔特·格罗皮乌斯在德国魏玛创立了包豪斯学院，旨在全面均衡地发展现代艺术教育,对美术和工艺一视同仁，其中“包豪斯”一词的意思是“建筑用房”。该学校的创举在于将艺术与工艺教学相结合，每一位学生入学后都会有基础实践课程，每一门学科都有独立的工作坊。学校的教学人员都是当时艺术设计领域的顶尖设计师——密斯·凡·德·罗、瓦西里·康定斯基、约瑟夫·亚伯斯、保罗·克利等。学校以设计出适用于工业生产的产品为目标，也因此成为第一个真正敞开胸怀拥抱工业化的现代主义团体。不过在学校的手工作坊里，人们更重视艺术而非功能，所以其设计能够真正生产出来的其实并不多。虽然包豪斯学校没能实现自己的建校目标，但它成功地开创了新的教学模式，奠定了现代主义的基础。

后来，包豪斯学校内忧不断，外又承受着政治压力，先是迁往德绍，后来又搬到柏林，最终迫于纳粹主义，于1933年倒闭。各位设计大师也都纷纷逃离德国，和其他有远见卓识的设计师、建筑师、艺术家一样，选择到美国避难，在顶级的建筑和设计学校当老师，比如瓦尔特·格罗皮乌斯和马塞尔·布劳耶去了哈佛大学，密斯·凡·德·罗去了伊利诺伊理工大学，等等。在那里，他们将现代主义理念传授给下一代年轻的设计师们。

瓦西里椅，以学校教师瓦西里·康定斯基的名字命名，马塞尔·布劳耶设计作品，是包豪斯学校较为著名的家具设计作品之一，由镀铬钢管和皮革制成。

包豪斯学校给设计行业留下了丰富的作品，包括密斯·凡·德·罗和马塞尔·布劳耶设计的家具、安妮·艾尔伯斯(1899—1994)和根塔·斯托兹(1897—1983)设计的织物、赫伯特· 拜耶(1900—1985) 和拉兹洛·莫霍利·纳吉(1895—1946)的平面设计。此外，包豪斯学校对教育领域也贡献巨大。到20世纪中期，包豪斯学校的基础课程成为设计学院课程的原型，同时还提升了实用艺术的地位。包豪斯学校与现代主义形成了密不可分的关系。虽然并没有一种特定的风格叫作“包豪斯风格”，但提到包豪斯，人们总会想到机器美学的设计和国际风格的建筑。

风格简介

国际风格的室内开阔而充满戏剧色彩，充足的光照更是不用赘言。室内布局并非传统的单独房间，而是整体拉通，用屏风或类似墙体的物品做隔断。个人空间则由合理摆放的家具划分出来，离墙体较远。房间的装饰遵循密斯·凡·德·罗提倡的“少即是多”这一理念，精选了少量工业时代的装饰品。由此产生的一个缺点是，室内装饰单一，毕竟其可供选择的范围本就十分有限。

光滑的白色墙体上没有嵌线等建筑元素，空间的流动性增强。顶棚很平，不是很高，借以强调空间的水平延伸。玻璃作为国际风格的建筑必不可少的材料，在室内大量被使用。房屋四面的玻璃幕墙消除了空间的隔离感和封闭感，室内空间由此延伸到室外，室外景观也能引入室内。室内就算有窗帘，也是十分低调的款式，或者干脆直接用百叶窗。

室内采用灰色、米色、黑色这样的中性色彩，点缀用的色彩较少，整体干净、明丽。织物或用天然纤维细密织就，或用色彩自然（一般为黑色或棕色）的光滑皮革。室内偶尔也会用奢华的织物营造戏剧性效果，但织物上一定不会有印制的图案，只有墙壁或家具上会有图案。家具的材料一般是大理石、玫瑰木、橡木，钢材和镀铬则以亮色呈现。

照明用具大多会被隐藏起来，避免干扰空间的线性结构，偶尔才会用到线条利落的灯具。空间里只有少量精挑细选的装饰品，如大幅抽象画和现代雕塑。空间在墙壁的映衬下愈发简洁、明亮。

国际风格（1930—1970）

家具简介

国际风格最杰出的家具大多由包豪斯学校的大师们制作，严格遵守现代主义美学原理。和此前风格的家具相比，国际风格家具就算是最贵的，也是工业化生产出来的。其中设计最奇特的便是密斯·凡·德·罗、马塞尔·布劳耶和勒·柯布西耶设计的椅子、长凳和躺椅，其框架由管状或平坦的钢材制成，软垫则由皮革、藤条或柳条制成。橱柜较矮，也是直线形，由抛光的玫瑰木或胡桃木制成，五金配件和腿部由钢材制成。储物空间都是内嵌式，以保证空间的整洁。桌子也都是钢材底座，桌面为玻璃或大理石。最纯粹的国际风格的室内空间里，所有的装饰都是现代主义风格，偶尔会有两件风格较久远的装饰品，以形成有趣的反差。

右页： 菲利普·约翰逊的玻璃屋于1948年在康涅狄格州的迦南建成，是典型的国际风格建筑，其开放式格局源于密斯·凡·德·罗的创意，屋内家具为包豪斯家具。

上图：悬臂椅的椅腿与传统设计不同，用钢管制成流畅的造型。这件西斯卡椅是当时最受欢迎的悬臂椅，于1928年由马塞尔·布劳耶为索耐特设计。扶手为上色的榉木，座椅为藤条编织。

下图：瑞士建筑师勒·柯布西耶，原名查尔斯·爱德华·让纳雷·格里斯，怀揣着与包豪斯设计师同样的美学追求。这件沙发设计于1928年，细细的镀铬钢管架上塞着厚厚的皮垫。

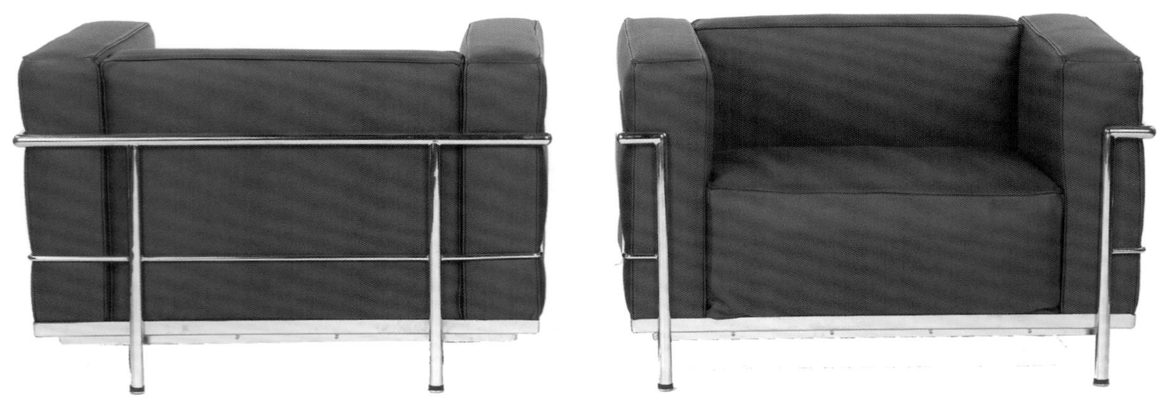

左图：索耐特公司最出名的是曲木家具，此外他们也会生产其他材质的家具。这件椅子由索耐特公司制于1932年，形制较少见，设计师为沃尔特·诺尔（Walter Knoll，也有译作“万德诺”）。

下图：国际风格的经典躺椅，由勒·柯布西耶、皮埃尔·让纳雷和夏洛特·贝里安设计于1928年，由镀铬钢管、兽皮、橡胶底座制成，上半部分可调节。

X形桌，又叫“巴塞罗那桌”，由密斯·凡·德·罗为1929年巴塞罗那世博会德国馆设计，由抛光钢材和平板玻璃制成，与之配套的还有X形椅。

巴塞罗那椅（X形椅），由密斯·凡·德·罗设计，由抛光钢材、皮革和马鬃制成。

风格指南

氛围
严肃、理智

规模
各异

色彩
黑白相间、中性色彩

装饰
极少

织物
皮革、平织

家具
外表光滑，由工业材料制成

倾向
开放式、玻璃幕墙、包豪斯家具

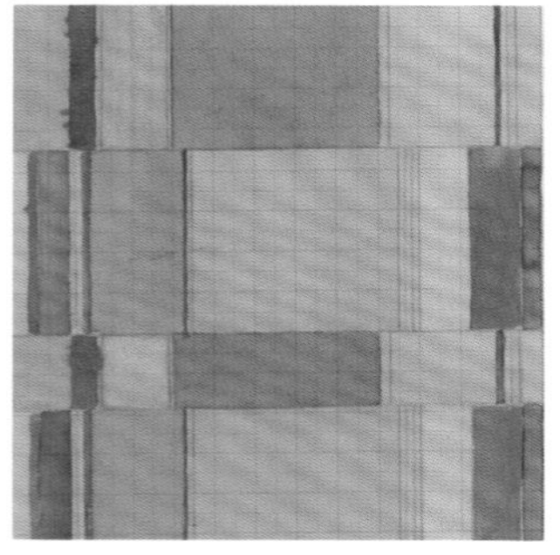

包豪斯工坊引进了新的编织技术，从而革新了织物设计。这件织物图案由女设计师根塔·斯托兹设计。

鲜明醒目的花卉图案，由包豪斯工坊设计。

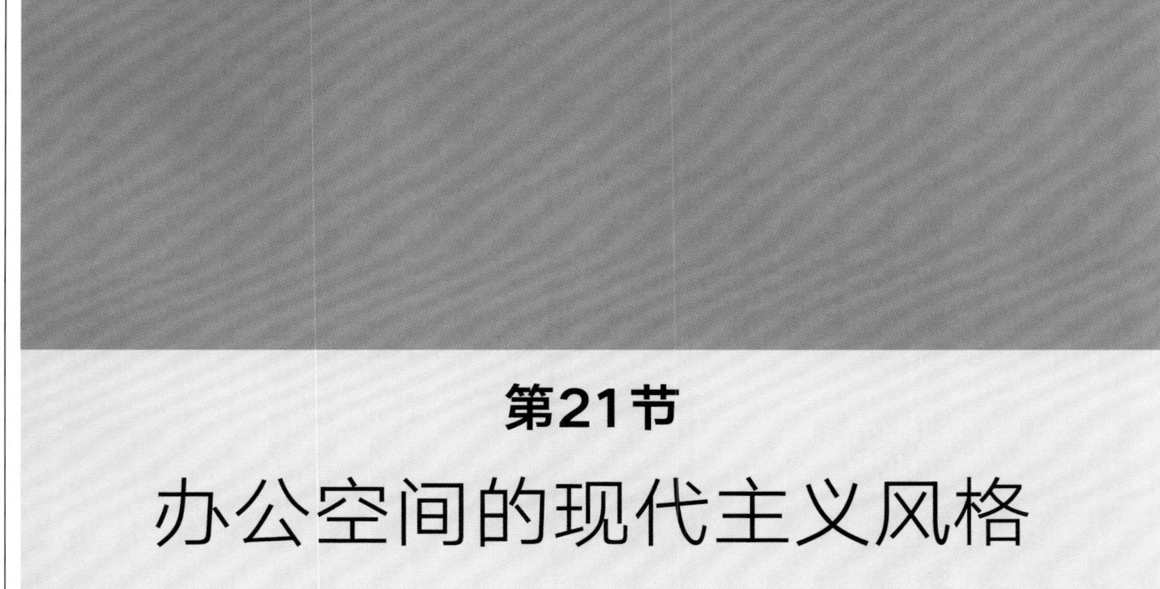

第21节

办公空间的现代主义风格

第二次世界大战后，美国开始大范围流行国际风格的建筑。SOM建筑设计事务所等将密斯·凡·德·罗的设计美学进行改良，以适应美国的各个城市和各种天气。他们不仅开创了新的建筑形式，也开创了新的室内设计风格。在这样时尚的建筑中，传统的办公家具显得太过普通，哪怕再精美，也会有些格格不入。在老旧办公楼里的办公室，也需要新的家具和装饰，因为战后的美国一派繁荣，新兴的贸易为富裕而有需求的客户提供了商品和服务。

第一个从这个新兴的市场获益的是弗洛伦斯·诺尔(1917—)。她于1943年成立了诺尔设计事务所。该事务所是第一批专营空间规划和商业建筑设计（与住宅设计相对立）的公司之一。诺尔、赫尔曼·米勒和其他的家具厂商也由此开始将注意力转向办公空间，设计出符合上班族需求的新型家具。这些上班族需要高效而舒服地工作，公司管理者的办公室里也需要更时尚的家具。

20世纪早期，工程师弗雷德里克·泰勒做了大量关于办公室如何才能高效运作的研究。于是，后来的办公室布局中，员工被安排在开放式空间的中央，四周则是管理者的独立办公室。到20世纪50年代，德国发明了一种更民主的办公室空间布局：整个办公空间都呈开放式，墙壁和门的数量尽量减少，营造出人人平等的氛围。后来，这样的布局时而流行、时而过时，持续了好些年。

现代建筑中，空调和暖气系统的存在使得自然光照和通风系统不再那么重要。玻璃墙为室内提供了足够甚至有时过多的光线。室内还有不同类型的隔断。办公空间的隔断数量可能会相对减少，不过出于隐私和让员工专注于工作的考虑，隔断的存在仍是必要的。

办公室内出现了一种叫作“办公系统”的新型家具：办公桌、储物空间、电话线、灯具和电子设备都可放置在可移动的平板上。这样一来，设计师就可以根据使用者和办公环境的具体需求，重新布局整个办公空间。这样的办公系统称为“行动办公室”，由罗伯特·普罗布斯特设计于1964年。随后国内外厂商，比如美国的金属家具[1]、霍沃斯[2]等，纷纷效仿，都想在这个领域分一杯羹。一个家庭或许只需要一套沙发、几把椅子，但一间办公室需要的家具可远不止这些。

1 Steelcase，中国官网：https://www.steelcase.com/asia-zh/

2 Haworth，官网：http://www.haworth.com

人体工程学研究的是工作环境中的效率问题，同时也会研究不同姿势、动作所带来的生理学影响，从而为设计出更实用、舒适、有利于使用者身体健康的家具提供科学依据。到20世纪中期，人体工程学开始影响办公家具的设计。工业设计师亨利·德雷福斯(1904—1972)于1960年发表了《人体测量》，记录了普通男性和女性的各项数据，为设计师提供座椅尺寸方面的设计指导。当时人体工程学的研究重心是如何让椅子满足不同人的需求，帮助他们度过一个舒适的工作日。其研究成果日后也用于家装和商务领域。

20世纪中期的办公空间趋于两种风格：一是质朴的包豪斯风格，采用中性色调；二是采用当时的现代家具和办公系统，以原木色为主，点缀明亮而饱和的三原色。前者常见于接待处和大堂，后者则更常见于办公区域。照明常用日光灯，光源大多数被顶棚的吊顶掩藏；地板上一般都铺着织物——耐用的低绒地毯或结实的平织面料（尤其是在人流量大、使用频繁的区域）。

除了办公空间，酒店和餐厅这样的商业区域也需要专门的产品。因此，在家用产品之外，厂商们还提供了一系列商用产品。不过在20世纪末，专门的商用产品逐渐减少，同时适用于居家和办公室的家具开始流行起来。

上图： 20世纪中期，许多室内设计师开始将注意力转向办公室的设计。如图所示的开放式设计是当时的常见式样。

左图： 弗洛伦斯·诺尔开设的诺尔设计事务所是当时领先的办公空间设计公司。这件直线形沙发是为宾夕法尼亚州匹兹堡的美国铝业公司大厦设计的。

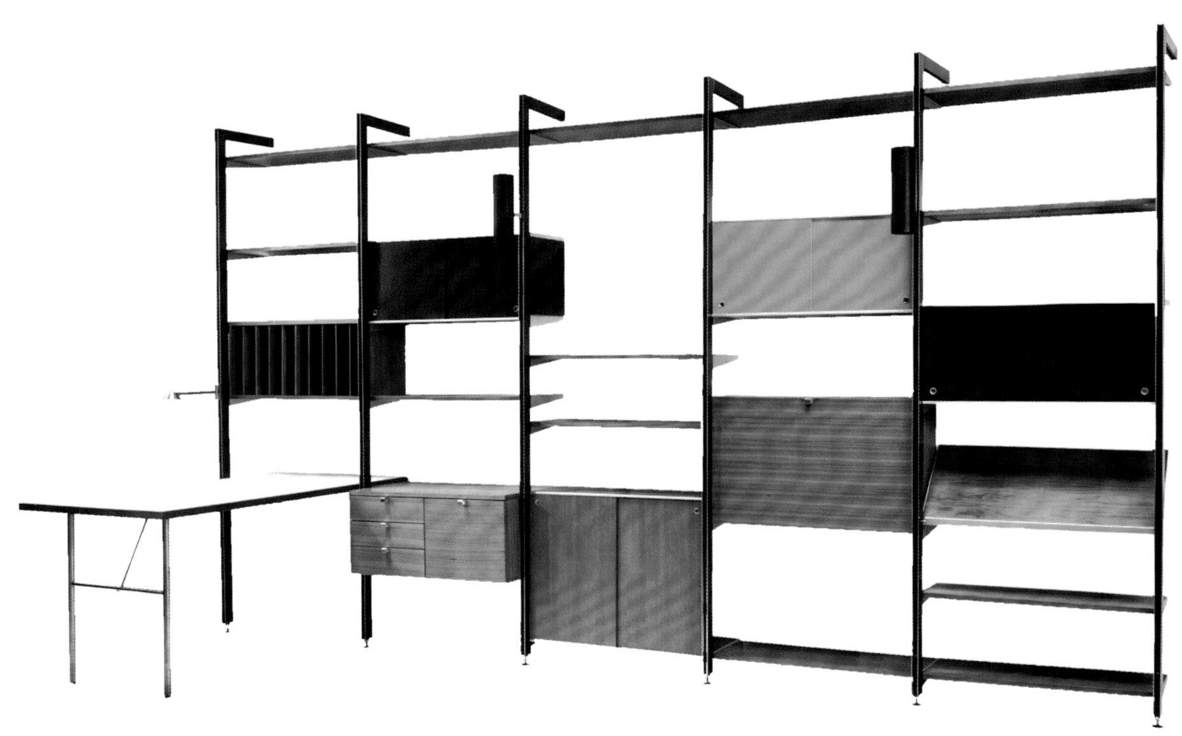

灵活的架子为现代办公室提供了高效的储物空间和展示空间。这件五排综合置物架是为赫尔曼·米勒公司设计的，整合了办公桌和置物空间。

右图：办公室转椅，由丹麦设计师汉斯·瓦格纳设计，并由约翰尼斯·汉森制于1955年。制作材料有柚木、皮革、镀铬钢材、电木。

下图：罗伯特·普罗布斯特1968年为赫尔曼·米勒公司设计的“行动办公室”。这是第一款开放式办公系统，各部分可以依据个人需求重新组建。

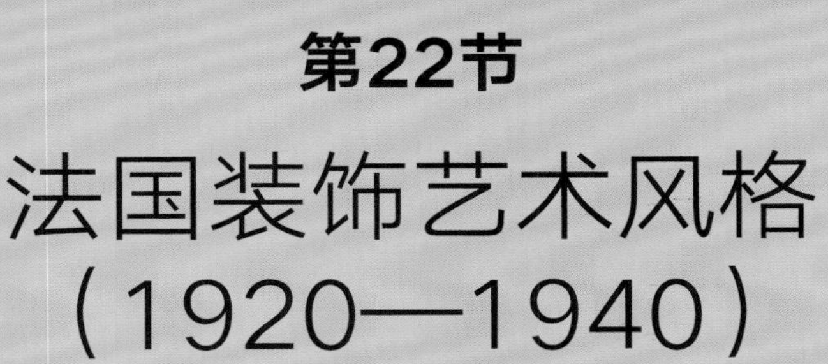

第22节

法国装饰艺术风格（1920—1940）

法国装饰艺术风格（1920—1940）

时期简介

20世纪最初十年，法国巴黎兴起了一场装饰艺术运动，反对新艺术风格的过分奢华。装饰艺术风格最初被称为“现代风格”[1]，与格拉斯哥风格和维也纳工作坊设计风格一脉相承，其灵感源于当时最前卫的设计——立体主义的造型、野兽派的色彩及莱昂·巴克斯特为俄罗斯芭蕾舞团设计的场景和服装，也会参考古埃及、非洲和爵士时代的风格。

“装饰艺术风格”这一称呼源于1925年的巴黎装饰艺术与现代工业博览会。当时德国的现代设计风行一时，该博览会想要借此重塑法国的时尚领导者形象。不过，它所崇尚的奢华而繁复的风格，其实早就已经过时了。

装饰艺术风格试图发展现代化的设计，反对使用装饰元素，但也遵循着18世纪法国设计界流行的行会制度。当时潮流一线的时装设计师捷克·杜塞、皮埃尔·波烈、让娜·朗雯，家装设计师埃米尔·雅克·尔曼(1879—1933)，还有一些设计事务所，他们都十分推崇精细、昂贵、高雅的装饰艺术风格。装饰艺术风格的室内设计奢华，家装耗工、费时，完全与工业时代的民主设计背道而驰。但也有一些设计师则另辟蹊径。1930年，现代艺术家联盟成立，当时那些前卫的艺术家，比如勒内·赫布斯特(1891—1982)、艾琳·格雷(1878—1976)和罗伯特·马莱·史提文斯(1886—1945)，都在努力为法国设计注入新的活力。

1929年，华尔街股市暴跌，经济危机随之而来，人们不再欣赏装饰艺术风格，也不再有能力过多消费。装饰艺术风格重视手工技艺，费时又昂贵，在经济大萧条中只得匆匆收场。装饰艺术风格也传到了其他国家，美国的装饰艺术风格更强调民主、平等。多年以后，哪怕这种风格已经不时兴了，人们也依旧可以在室内设计的波浪线条、广阔的公共空间和好莱坞电影中见到它的身影。

1 原文为法语“Le Style Moderne”。

风格简介

法国装饰艺术风格的室内设计精致繁复，讲求宏大的比例，用材丰富而具有异国情调。从当时的照片和褪色的画作上，人们仍旧可以感受到当年这些室内设计的风采。这些设计非常现代化，但极尽奢华，显然，只有当时高雅、富裕的上流阶层才有福消受。

宽阔的室内空间呈几何形，四周用经典的建筑元素做装饰。圆柱、嵌线、壁龛和层次分明的顶棚整体形成了戏剧性的背景空间。虽然装饰艺术风格反对新艺术风格的过度奢华，但其室内空间的每一个平面都有装饰，只是整体相对低调，不显过度奢华。

墙壁上装饰着天鹅绒或植绒的软垫，家具和窗户上也都有锦缎和天鹅绒的身影。高高的窗户上的窗帘要么垂直地挂着，要么收在一旁。

地板为深色抛光木地板，铺着色彩艳丽的大地毯，地毯上的花纹使空间显得更加富丽堂皇。织物、墙壁和地毯上的程式化的图案都是从大自然和古代汲取灵感，此外也有源于抽象画作的波浪线条。墙上的浮雕、壁画和马赛克也同样是高度程式化的图案，使得房间更加精致、立体。

房间的色彩充满了戏剧效果，常常将浓烈而对比强烈的色彩组合使用，有时也会使用传统配色，比如棕色、紫色、黑色。

室内灯具别有一番特色，常用的有令人眼花缭乱的水晶枝形吊灯、壁灯、高脚烛台、台灯。台灯的材质有亚光玻璃、蚀刻玻璃，也有经过复杂工艺处理的金属。艾德加 · 布兰特(1880—1960)和雷蒙德 · 苏比斯(1891—1970)的作品以铜制和铸铁闻名，此外，金属制品还作为装饰用在屏风、壁炉、家具上。这些装饰品包括让 · 杜南(1877—1942)设计的珐琅铜碗或铜瓶、迪米特里 · 齐帕卢斯(1886—1947)设计的象牙青铜雕塑、让 · 普弗卡特设计的银制品和雷内 · 拉利克(1860—1945)设计的磨砂玻璃制品。

家具简介

当时的家具工艺精美，形制保守，采用的是路易十五、路易十六和帝国风格的样式，著名的家具设计师有尔曼、路易斯·休(1875—1968)、安德烈·马雷(1887—1932)、安德烈·克鲁尔(1884—1966)、皮埃尔·查里奥(1883—1950)。椅子、长椅和双人沙发为洛可可风格或新古典主义风格，去除了额外的装饰元素和生硬的几何造型，只用抛光的木材做成。

柜式家具都是直线型，橱柜和大衣橱带平台式底座，办公桌的桌腿造型优美，带金属脚，其他的桌子则有柱子或支架做支承。很多家具都沿用经典的形制，刻意使用的对称直线造型是为了与新艺术风格的不对称曲线造型相区分。法国设计师认为直线型更现代化，会使用大量的表面装饰，而不仅限于附加性装饰或镶嵌细工。家具的木材可能是青龙木、望加锡黑檀、紫心木、斑马木这样的进口木材，再用镜面抛光漆、鲨皮、银箔、羊皮纸进行装饰。当时的家具因为崇尚传统法国设计中繁复的装饰细节，所以会镶嵌象牙或镀金青铜。这些装饰细节都比较精巧，大件家具上的也是如此。受非洲雕塑启发，装饰艺术时期诞生了一大批非同寻常的办公桌、梳妆台、咖啡桌、桌案、休闲桌。

右页：法国殖民部[1]部长保罗·雷诺的办公室，典型的装饰艺术风格。

1 Ministry of the Colonies，1946年改名为法国海外部（Ministry of Overseas France）。

望加锡黑檀梳妆台，桌面为鲨皮，带象牙镶嵌，由法国工艺协会最后一代细木工匠埃米尔·雅克·尔曼设计于1925年。

上图：一对扶手椅，框架为桃花心木，由安德烈·克鲁尔设计于1920年，形制受18世纪法国风格的影响。

右图：箱柜，由埃米尔·雅克·尔曼设计于1920年，用紫心木、象牙、黑檀制成，其顶部的象牙嵌饰造型非常别致，腿部由上至下逐渐变细（尔曼设计的很多家具都是这样）。

右图： 让·杜南以设计精致的涂漆铜制或其他金属材质的手工装饰品而闻名，他也设计家具。这件花瓶用古黄铜制成，带镀银纹饰。

下图： 凤尾船形躺椅，制于1925年，仿制经典的法国躺椅造型，用橡木制成，带玫瑰木贴片，由埃米尔·雅克·尔曼设计。

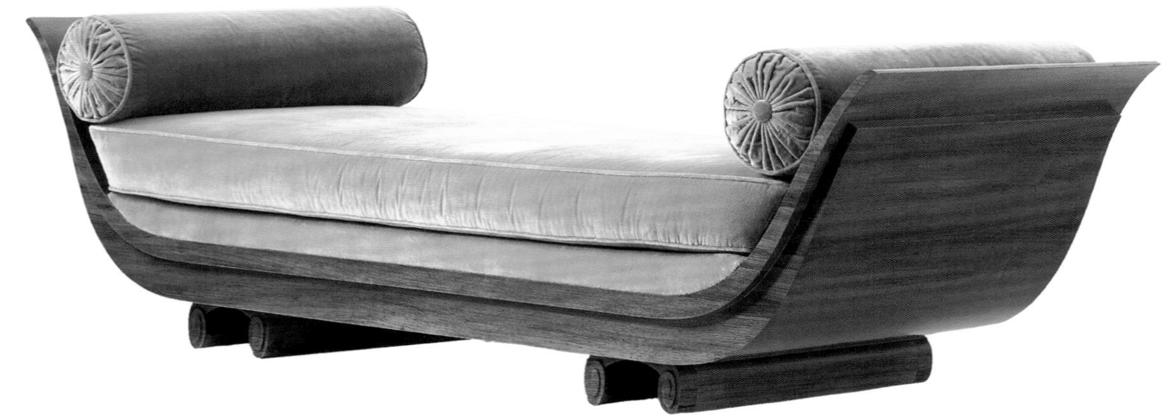

箱柜，用伯尔胡桃木和古旧金属制成，装饰艺术运动时期，由法国设计师皮埃尔·查里奥设计于1928年。

左图：装饰艺术风格非同寻常之处是将羊皮纸当作带图案的装饰材料用于家具表面。这件箱柜用西卡摩木制成，表面为方块状羊皮纸，制于1930年。

下图：精美的咖啡桌，由马克西姆·奥尔德设计，为法国装饰艺术后期风格。

■ 法国现代主义者

一部分小有成就的法国设计师继续为少数客户提供精美、奢华的产品，而另一部分推崇现代美学的设计师组成了现代艺术家联盟（成立于1930年），欣然接受科学技术和新材料。他们使用现代材料和生产工艺来制作家具，将传统风格所追求的优雅与现代功能主义相结合，并常常因此而摩擦出创意的火花。

这些设计师设计的家具和室内装饰可谓是早期现代主义的优秀作品，在当时引起了众多的关注。其中被大众熟知的设计师有勒内・赫布斯特(1891—1982)、让・米歇尔・弗兰克(1895—1941)（也在美国承接设计工作）、夏洛特・贝里安(1903—1999)、让・普鲁韦(1901—1984)。装饰艺术风格逐渐消亡后，这些设计师成为了复兴法国设计风格的主力军。

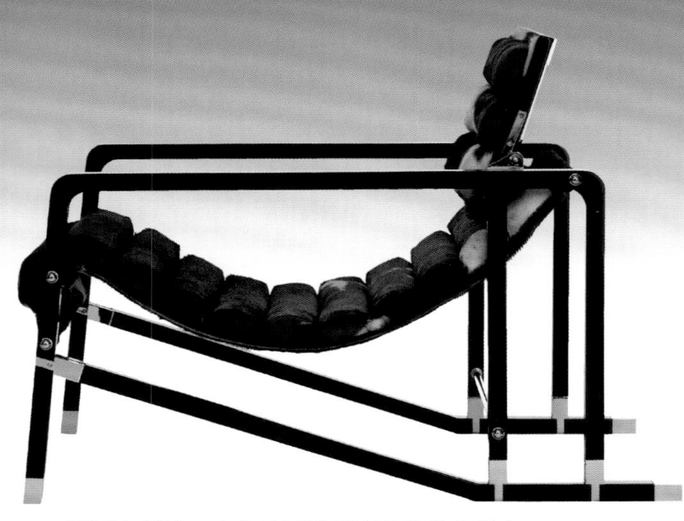

甲板大躺椅，由在法国发展事业的苏格兰女设计师艾琳・格雷制于1927年。

这件E1027可调节式边几[1]，由艾琳・格雷设计于1927年，是后人仿制极多的现代家具之一。最初的E1027可调节式边几由格雷亲手制作，所以数量有限。

1 E1027原本是艾琳・格雷为她自己与其助手、情人让・巴多维奇（Jean Badovici）修建的海边小屋的名字。E代表艾琳（Eileen），10代表J（让・巴多维奇的名字首字母J是字母表中的第10个字母），同理，2代表的是巴多维奇（Badovici）的首字母B，7代表的是格雷（Gray）的首字母G。

左图：这件边几来自法国现代主义设计师勒内·赫布斯特在巴黎的公寓，用镀镍金属管、黑檀处理的木材和玻璃制成，制于1930年。

下图：可调节式书架，用松木和涂漆铝材制成，是当时常见的家具形制，1953年由夏洛特·贝里安为巴黎的大学城设计，让·普鲁韦制作。

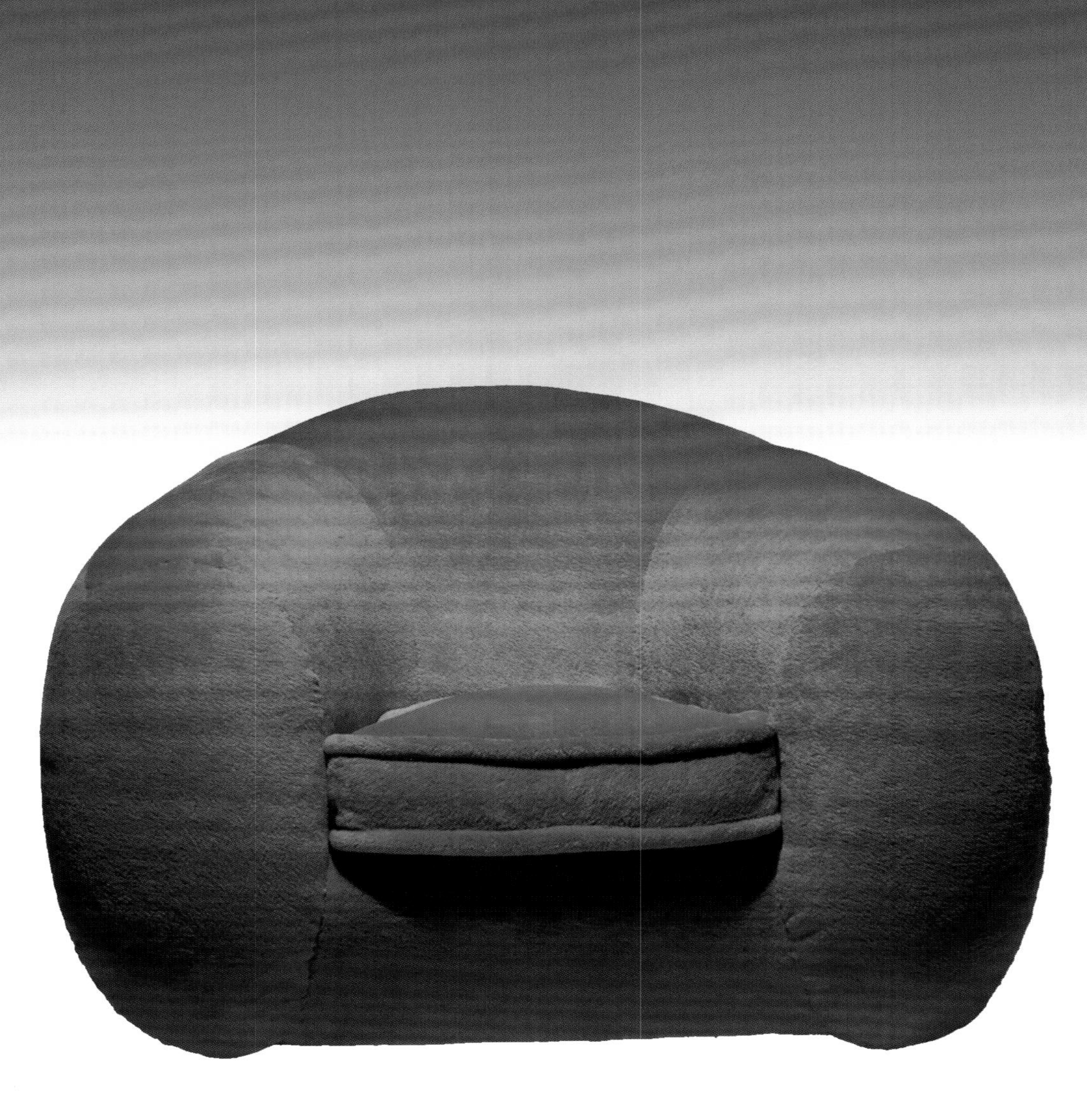

北极熊扶手椅，制作材料为天鹅绒，由偏好天然形态的现代主义设计师让·鲁瓦耶于1950年设计。

法国装饰艺术风格（1920—1940）

风格指南

氛围
精美，繁复

规模
宏大

色彩
深色，饱和度高

装饰
程式化，带古典主义色彩

图案
瀑布、程式化的花朵图案

家具
对称直线型

材料
进口木材、羊皮纸、鲨皮、漆料

织物
尽可能丰富

倾向
涂漆或异国材料装饰表面

班尼迪克特于1925年设计的图案，瀑布图案是法国当时常见的图案，后流传到美国。

“葡萄树”，法国设计师路易斯·休于1913年设计的锦缎图案。

“花篮上的鸽子”，亨利·斯特凡尼为埃米尔·雅克·尔曼在巴黎装饰艺术与现代工业博览会展馆“收藏家酒店”设计，展现出装饰艺术风格的优雅。

第23节

美国流线形和现代主义风格（1930—1939）

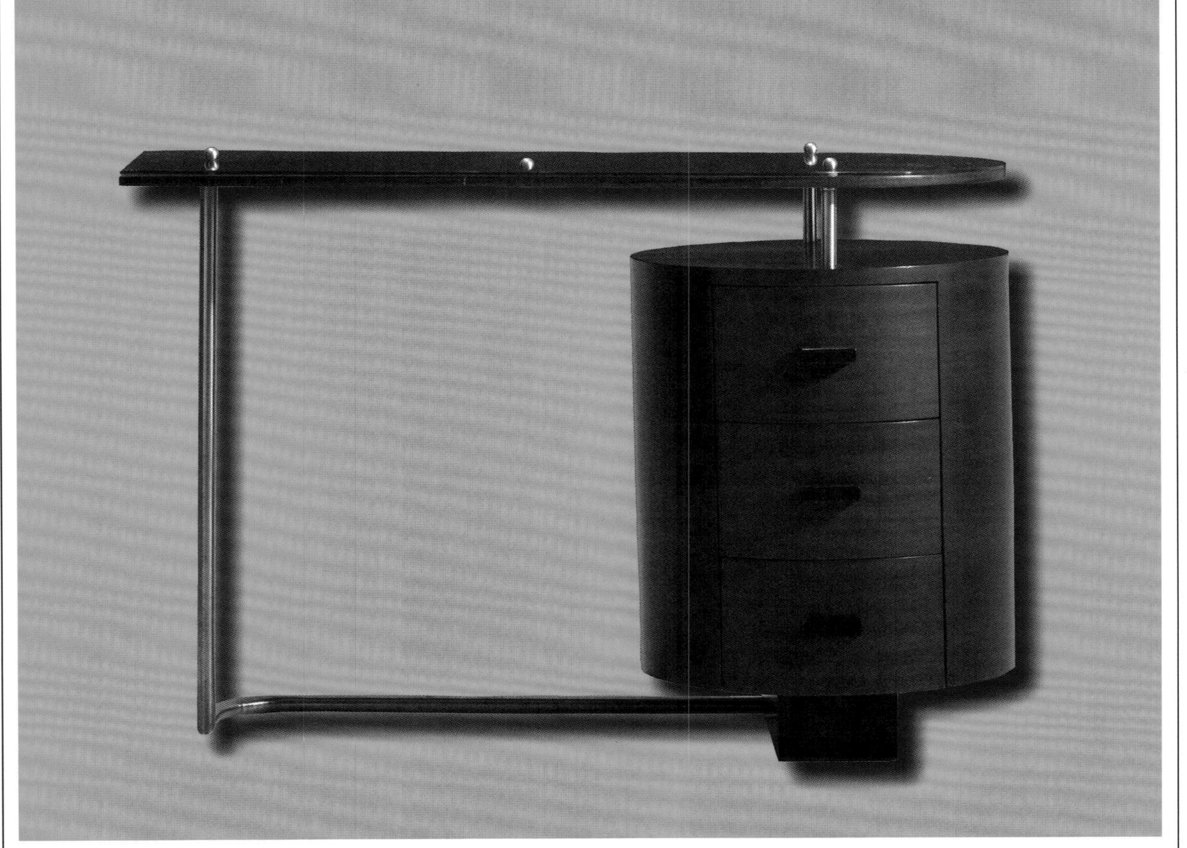

美国流线形和现代主义风格（1930—1939）

时期简介

装饰艺术风格流传到美国，与这个国家对速度、交通和机器时代的痴迷相结合，形成了现代主义、爵士时代、摩天大厦这些风格。这些风格彰显着积极、正面的形象和乐观的态度，有助于将美国人民从经济大萧条的阴霾中解救出来。当时设计的各种作品以吸引消费者购买为目标，因此这一时期诞生了工业设计行业。

1925年的巴黎展览会上，美国以自己没有太多优秀的工业设计作品为由，拒绝出席，世界哗然。商务部部长赫伯特·胡佛做出这样的决断其实是明智的，只是难免有失国体。这场展览和它所推崇的装饰艺术风格促使美国开始发生转变，现代主义运动萌芽，博物馆和百货商店里也都开始展出上述新风格的作品。

美国的装饰艺术风格不如法国的奢华，多了几分克制和民主，比如家具采用的就是更加平民化的法国样式。这一新风格在美国催生了众多批量生产的平价商品，如餐具、调酒用具、小家电、装饰品等。这些商品有的恰如其分地反映出当时的流行文化，而有的却廉价又粗劣。

美国装饰艺术风格发展得最成功的领域是建筑业。这些建筑上有象征着机器制造、大众交通、爵士时代的几何图案，它们共同形成了新的设计风格，随后风靡至织物、平面设计、装饰品领域。当时具有代表性的建筑有克莱斯勒大厦、帝国大厦、洛克菲勒中心、迈阿密南部海滩上色彩缤纷的酒店，还有剧场和酒店的室内装饰、大城市里的火车站。

在芬兰出生的埃利尔·沙里宁(1873—1950)在位于密歇根布隆菲尔德山的克兰布鲁克艺术学院执教期间，将北欧风情与美国装饰艺术风格相结合，向学生们传授现代主义设计的理念。他的学生包括查尔斯·伊姆斯、蕾·伊姆斯、埃罗·沙里宁和哈里·贝尔托亚，这些人后来成为美国第一批本土设计师。同时，因为当时的厂商希望自己的产品能更受消费者青睐，所以唐纳德·德斯基(1894—1989)、雷蒙德·洛伊(1893—1986)、诺曼·贝尔·盖迪斯(1893—1958)这些早期的工业设计师们设计出了独具美国特色的现代主义作品。

这些设计师的巨大贡献在于刺激了经济大萧条时期的国民消费。值得一提的是，他们在设计批量生产的装饰品和家具时选用了新形制，引进了层压塑料、管状金属这样的新材料。在1939年的纽约世博会上，装饰艺术风格最后一次展现在大众面前。这种风格的作品接受度不高，设计感也很差，导致了这种风格的衰落。也同样是在纽约世博会上，另一种风格悄然崛起，并在第二次世界大战之后大放异彩。

风格简介

美国现代主义风格室内设计从本质上来说就是法国现代主义风格的简版，但也有着自己的精彩之处。这种风格生动迷人，欣然迎接（而不是抗拒）机器时代的到来。室内背景通常比较轻盈：墙壁洁白，偶有玻璃砖，光影变幻，趣味盎然。这一时期美国室内设计的原型是电影场景一般的屋顶公寓，屋内地上铺着白瓷砖或地毯，窗帘是厚重的丝绸，屋里还有舒适的椅子和沙发。

灯具由黄铜或水晶制成，颜色绚丽，尺寸较大，样式偏程式化，与法国现代风格比较相似。

这一时期室内装饰物品激增，有钟表、镜子、台灯、调酒用具等，连烤箱这样的厨房用具和熨斗都呈现出过度的流线形。

家具简介

来自奥地利的设计师保罗·弗兰克尔(1886—1958)引进了一款新型家具，其形制完全不受历史风格的影响，开启了一种全新的风格。不过来自欧洲的弗兰克尔·麦克阿瑟和沃伦·麦克阿瑟(1885—1961)设计的作品丝毫没有法国装饰艺术风格的优雅。

美国流线形和现代主义风格（1930—1939）

美国装饰艺术风格的家具倒是与法国的一样，偏好抛光深色木材，边角磨圆，形制模仿远洋游轮和飞机的流线形。当时的设计师，如吉尔伯特·罗德(1894—1944)、欧仁·舍思(1880—1957)，会将过于浮华的法国风格简化，以适应机器制造的需求（对称、装饰少）。昂贵的木材会和电木、拉丝铝这样的现代化新型材料一起使用，装饰品用材也是如此，以便和传统风格区分开来。

德斯基、洛伊、贝尔·盖迪斯这些工业设计师也设计家具和装饰品，将法国装饰艺术风格改造成独具美国特色的风格，精致而大众化。为了适应经济大萧条时期的需求，他们用镀铬管状金属制作椅子，用涂漆金属制作箱柜，也正因如此，他们的设计作品成为第一批能被大众接受的现代主义家具。

右页：唐纳德·德斯基为经理人罗克西·罗萨菲尔设计的套间，位于纽约的无线电城音乐厅，是典型的美国装饰艺术风格，采用流线形和现代材料，设计于1930年。

金字塔形带储物功能的书桌，由保罗·弗兰克尔设计，被称为“摩天大厦家具”，是当时第一批美国制造的现代主义设计作品。这件家具由桃花心木制成，高约1.26米（49.5英寸），产于1928年。

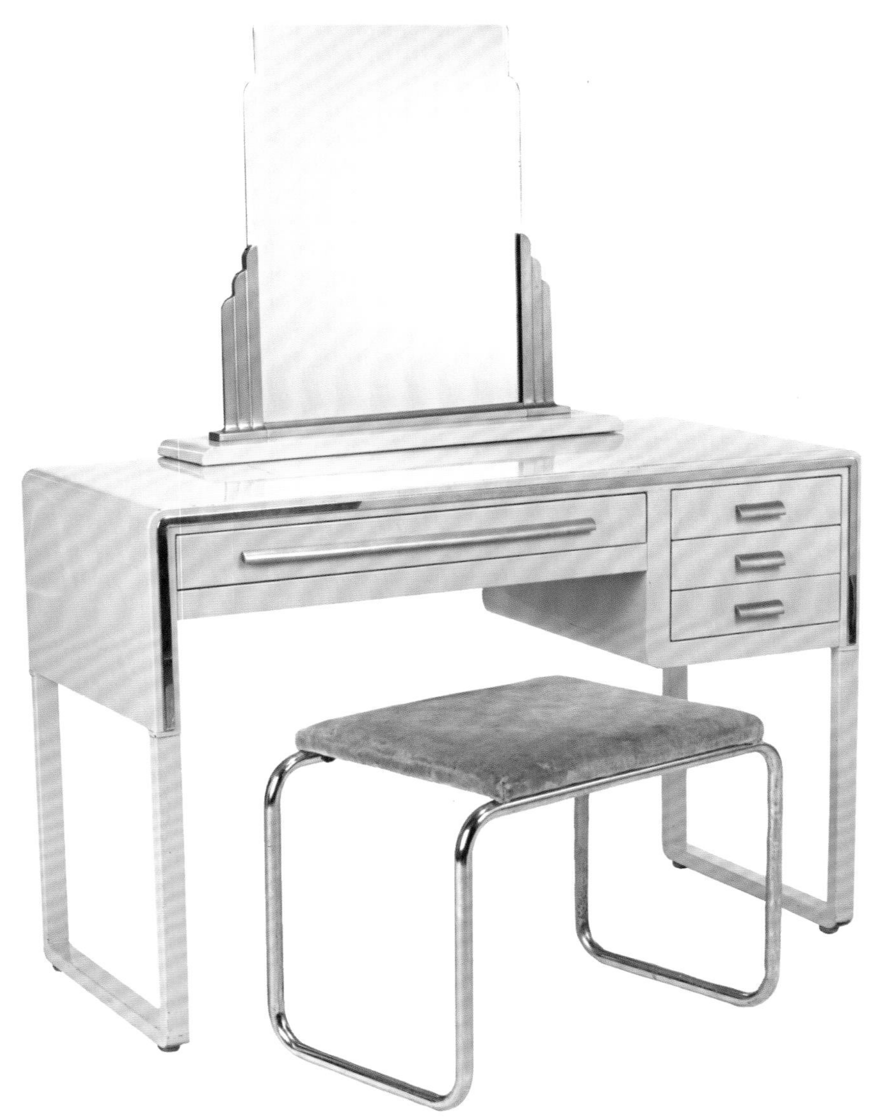

经济大萧条时期，家具厂商试图利用流线形现代主义设计改良批量生产的家具。这件梳妆台由铝和涂漆木材制成，是1935年诺曼·贝尔·盖迪斯为西蒙斯设计的。

上图： 书桌的圆形式样源于法国现代主义风格。这件家具由望加锡黑檀、枫木、镀铬钢铁制成，于1934年由吉尔伯特·罗德为赫曼·米勒设计。

左图： 休闲桌，由桃花心木和涂漆木材制成，于1936年由唐纳德·德斯基为科罗拉多丹佛的布朗宫廷酒店设计。

上图：速度椅，由保罗·弗兰克尔设计于1934年，当时的家具名称常与飞机、飞行有关。

左图：橱柜，由层压塑料、上漆铝材制成，由第一批工业设计师中非常著名的雷蒙德·洛伊设计。洛伊用流线形和亮色为家具添彩，而且他善用廉价材料。

风格指南

氛围
精致

规模
适中

色彩
鲜活

装饰
尽可能少

图案
旭日、齿轮和其他的机器零件图案

家具
对称的流线形

材料
深色木材、层压制件、拉丝铝

织物
平织、天鹅绒、程式化的图案

倾向
流线形、表面光滑

该设计源于当时建筑领域的金字塔和机器时代的图案。

图案中有棕榈树、迈阿密或洛杉矶的建筑轮廓，迈阿密和洛杉矶这两个地方当时盛行装饰艺术风格。

第24节

美国世纪中期现代主义风格（1945—1965）

美国世纪中期现代主义风格（1945—1965）

时期简介

虽然美国设计师通过德国的设计出版物在很早之前就了解到欧洲风格的发展，但美国仍是最后一个加入现代主义风格的西方大国。20世纪30年代，现代主义在美国萌芽。彼时，美国设计界处于一个左右为难的境地：一边是包豪斯学院派和偏建筑风格的设计师们，他们喜欢简洁、功能化的设计；另一边是思想传统的大众和偏好法国风格的设计师，他们认为美观才是第一要义，功能主义的设计太过简朴，也不够人性化。就在二者争论不休的时候，第二次世界大战爆发，这场争论就不了了之。

战争结束后，现代主义风格卷土重来。它吸取了包豪斯和装饰艺术风格的元素，并利用新型材料形成了自己的特色。那时发展起来的现代主义风格如今被称为“世纪中期现代主义风格”，它土生土长于美国，得益于石油制成的塑料、泡沫玻璃、玻璃纤维这些新材料和战时发展起来的新技术。领头的设计师有查尔斯·伊姆斯(1907—1978)和他的妻子蕾·伊姆斯(1912—1988)、埃罗·沙里宁(1910—1961)、乔治·尼尔森(1908—1986)。这种风格得到现代艺术博物馆和媒体的大力支持，同时受到享受着二战胜利果实的思想开明的大众的热烈欢迎，而该风格的作品售卖价格也很合适。这是第一个真正意义上的美国原创风格。

战后的繁荣推动了建筑业的发展，也催生了多种新型的生活空间——市内高楼和郊区的平房，从而满足了各阶层的住房需求。装配式建筑就诞生在这一时期。在郊区的廉价或定制的新房子里，年轻的一代过着休闲的生活，这就决定了室内设计的样式和布局也会相应发生改变。1945年起，《艺术与建筑》杂志资助了一大批建筑师，让他们为大众设计平价而高效的住宅建筑。这批房屋大多建在洛杉矶，又名“案例住宅”，旨在取代当时的成片住宅建筑，向大众表明普通人也能享受得起优质的现代化住宅。

随着设计行业的逐渐成熟，家具和产品设计师与室内设计师之间的差异开始明晰起来。室内设计开始发展壮大，从20世纪末艾尔西·德·沃尔夫(1860—1950)的设计开始，室内设计发展成一门正式而收入颇丰的职业，并真实地反映出美国家具行业的蓬勃发展。

世纪中期现代主义风格与很多历史主义风格并存，在室内设计领域也与国际风格有着时间上的重合。虽然世纪中期现代主义风格是美国的原创，但在当时它并没有成为主流风格，而是在半个世纪之后，在它已经发展成熟的时候，得以复兴，并风靡于21世纪早期。

风格简介

世纪中期现代主义风格的室内清爽怡人、简洁明快。当时正值第二次世界大战结束，美国一派乐观，因此室内风格也十分舒适、随意，适合居家或休闲娱乐。

“流动的开放式空间”是世纪中期现代主义室内设计的显著特点，也是国际风格所追求的。这一概念由弗兰克·劳埃德·赖特首次提出，密斯·凡·德·罗将其发展至全盛。空间常为简单的立方体，修建起来很容易，然后通体刷白，常用暖色调的木质镶板做点缀。室内不会有装饰性嵌线，因为它不属于现代主义的设计。室内空间彼此之间用墙体隔开，但并非完全分离，因此哪怕空间本身并不是很宽敞，也会显得更加流畅、开阔。在这样舒适而随意的室内环境中，只有卧室和浴室比较强调私密性，其他的空间则更注重整体的感觉。室内外的界限也不再明显，因为门是滑动玻璃门，窗户从地板延伸到顶棚上，室内用的也是自然的色彩和材料。（早在20年前，辛德勒和诺伊特拉就在加利福尼亚州设计了类似的室内外一体化住宅）

厨房、用餐区、生活区都是开放式的，尤其是厨房，已经成了家庭生活的中心。厨房里还配备了最新的家用电器，省时又省力，对于没有仆人的时代，这些东西很有必要。

地板上几乎铺满了地毯，使空间呈现出一种连续性；气候暖和的时候，天然木材、石材、油毡也能起到同样的效果。家具离墙较远，位置随意而不对称。有时家具也会围着一小块彩色地毯放置，或放在这样的地毯上，这时屋里就不会再铺上一整块大地毯。

窗户的装饰也同房间整体格调一样清爽、干净。与顶棚同高的帐幔收到一旁，露出内层款式简单的窗帘；假如窗户没有窗帘，人们便能看到透进室内的变幻的光影。室内选用的色彩主要是自然色，也有其他轻快、干净的颜色。装饰用的图案相对简单，有抽象的几何图案和其他程式化的图案，但不会有具体的图案。编织的百叶帘、印花天鹅绒和亚麻布、天然纤维做的方块软垫为有些过于简约的房间提供了一丝变化。

室内的光照源于隐藏的光源或小型灯具，比如从地板一直延伸到顶棚上的柱灯或带纹理的陶瓷灯。装饰品有色彩缤纷的陶瓷、墙上的挂饰、抽象的画作或印刷品。

家具简介

这一时期的现代主义家具完全抛弃了传统的风格，采用全新的形制和材料。现代艺术博物馆在1950—1955年间举办的展览上，着力推崇“优良设计”这一理念。所谓的“优良设计”，是使用新材料和新科技，满足顾客切实的需求，避免使用不必要的装饰元素，是普通大众也能消费得起的设计。当时的家具尺寸都不会太大，以与房间的大小相配。

室内最流行的家具是无扶手沙发和组合软垫沙发，它们让室内座椅组合更加多样化。“组合家具”是这一时期的新创意，有限数量的单个家具互相组合，便是无限的可能。橱柜则更注重功能性而非美观性：外形强调线性，设计时尚，金属也可用作家具材料，完全去除了装饰性配件。可灵活搭配的成套家具、开架式家具、多功能的家具（比如折叠式或积木式桌子、手推餐车）越来越受欢迎。此时，也仍有另一派设计师不愿抛弃传统风格，致力于设计复古风格的作品。

20世纪中期现代主义风格的椅子形制各异，依照人体工程学对人体比例和舒适度的研究成果进行设计。许多创意十足而又颇为经典的家具都是这一时期的美国第一代本土设计师设计的。他们的很多设计作品，如伊姆斯的曲木休闲椅和埃罗·沙里宁的郁金香椅，造型相当简单，但使用的新材料和新科技却相当不凡。当时的家具厂商有著名的赫尔曼·米勒公司和全新的诺尔公司，二者都卓有远见，致力于生产现代主义风格的家具。

左图：彻纳椅，由叠层胶合板制成，各处厚度不一，椅腿很瘦，由诺尔曼·彻纳设计于1958年，在乔治·尼尔森设计师事务所的约翰·派尔设计的普雷策椅基础上进行了改良。

下图：薄边柜，常见于20世纪中期现代主义风格的卧室或办公室，这件由玫瑰木制成，金属腿，于1955年由乔治·尼尔森为赫尔曼·米勒公司设计。

左页：开放式餐厨区，位于佛罗里达州棕榈泉的一所住宅内。这种开放式布局、鲜活的色彩、小型现代主义家具营造出了世纪中期现代主义风格。

右图： 伊姆斯储物组合柜（Eames Storage Unit，简称“ESU”），提供多种自由组合的储物架与储物柜。这件家具由查尔斯·伊姆斯和蕾·伊姆斯于1950年为诺尔公司设计，由叠层夹板或纤维板、锌、铝制成。

下图： 模压玻璃纤维是第二次世界大战时期研发的用于制作飞行器的材料，经查尔斯·伊姆斯和蕾·伊姆斯改良后用来制作座椅。他们夫妻二人算得上是美国第一代本土现代主义设计师里较为出名的。这个系列的椅子设计于1948年，有扶手椅、边椅和摇椅三款。

下图： 三段式躺椅，由模压玫瑰木制成，带皮革软垫和拉丝铝转椅底座，由查尔斯·伊姆斯和蕾·伊姆斯于1957年为诺尔公司设计。

右图： 子宫椅，由埃罗·沙里宁设计于1948年。玻璃纤维外壳上包有软垫，坐框和椅腿为涂漆钢材。埃罗·沙里宁与查尔斯·伊姆斯为克兰布鲁克艺术学院的同班同学，二人经常合作。

上图：木底平板玻璃桌，日裔美国雕塑家、设计师野口勇设计于1948年。他偏好自然形态，不喜欢直线形设计。

下图：鸟椅,1952年由雕塑家哈里·贝尔托亚为诺尔公司设计，由带塑料涂层的焊接钢条制成。贝尔托亚当时设计了一系列栅网状的家具。

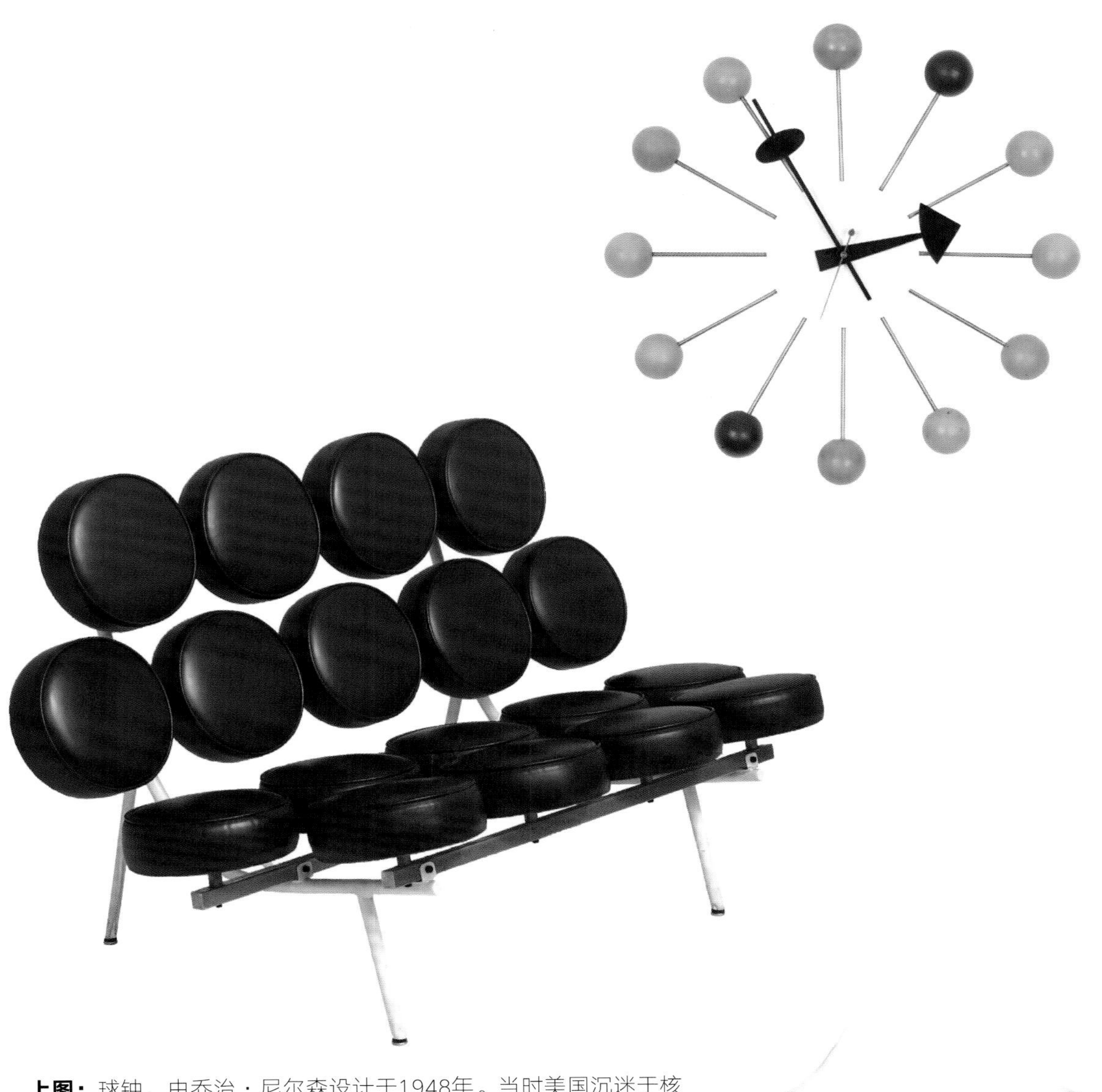

上图：球钟，由乔治·尼尔森设计于1948年。当时美国沉迷于核能，设计师们也从中汲取灵感。

中图：向日葵沙发，用酒吧高脚凳的零部件组装而成，所用材料为乙烯基和涂漆金属，由乔治·尼尔森于1956年为赫尔曼·米勒公司设计。

下图：基座椅同悬臂椅一样，旨在尝试不同于四条腿的椅子的款式。这件家具为郁金香椅，由模压塑料、铸铝和涂漆的底座制成，由埃罗·沙里宁于1957年为诺尔公司设计。

上图： 晚餐桌，其底座由弯曲的带塑料涂层的焊接钢条制成，由瓦伦·帕拉纳于1966年为诺尔公司设计。这件作品原本为一套，还包括其他的座椅和休闲桌。

左图： 经典的伊姆斯椅，产于1946年，由叠层模压胶合板制成，造型符合人体曲线。其设计源于查尔斯·伊姆斯和蕾·伊姆斯在弯曲薄木技术方面的成就，当时他们正在为美国海军研制夹板。赫尔曼·米勒公司后来还制作了相同款式的餐椅和躺椅，其底座和椅腿的材料为金属条或模压木材。这样的款式现在还在流行。

■ 历史现代主义风格（1950—1970，仍在持续）

20世纪中期现代主义大受欢迎时，另一派设计师仍不肯断然舍弃传统风格。美国的首批现代主义设计正如日中天时，历史现代主义设计师爱德华·沃姆利(1907—1995)、特伦斯·哈罗德·罗宾逊(1905—1976)和哈维·普罗布(1922—2003)却试图将传统与现代相结合。他们的作品有着工业化的外形，毫无疑问是20世纪的设计，但设计灵感源于传统形制，通常也不会使用塑料，而是选用更为精致的材料和抛光的表面。弗拉基米尔·卡根（1927—2016）也是其中之一，他设计的家具造型天然，别有一番风味。还有一群设计师更偏好异域风情，常用光亮的漆面、附加装饰或羊皮纸等材料装饰家具表面，让人不禁想起法国装饰艺术风格或是电影里的奢华空间。

上图：面对面沙发，现代化的维多利亚座椅，由爱德华·沃姆利于1960年为邓巴设计。

右图：梅萨咖啡桌，由特伦斯·哈罗德·罗宾逊为韦迪康姆家具公司设计，由层压桦木制成，表面为枫木，制于1950年。

餐具柜，由爱德华·沃姆利设计于1956年。其表面的木条编织使得整体的直线形更为柔和，由漂白处理和未经漂白处理的桃花心木、黄铜制成。

摆放这些家具的室内倒不一定有传统风格室内的建筑装饰细节。此时的室内呈线性的现代主义风格，柔和的色彩和带纹理的表面中和了这种风格带来的肃穆感。墙上或涂漆、或镶板、或软包、或贴壁纸，为室内陈设提供背景。室内的织物常为带光泽的天鹅绒或丝绸材质。这样的室内设计和其他“温和的现代主义”室内设计被统称为“当代主义风格”，比现代主义风格更为中庸。

当时历史现代主义风格的室内设计师有桃乐茜·德雷帕(1889—1969)、威廉·法尔曼(1900—1987)、比利·鲍德温(1903—1983)、安吉洛·多尼亚(1935—1985)、马克·汉普顿(1940—1998)等。直到21世纪，这一风格依然流行。

右图：胡桃木躺椅，由现代主义设计师弗拉基米尔·卡根于20世纪50年代设计，有着卡根作品最具代表性的雕塑外形。

上图： 橱柜，由哈维·普罗布于1960年设计，其色彩和图案能有效柔化直线造型。这件家具的木材和铜均上漆，还有黄铜装饰。普罗布与当时的历史现代主义设计师的不同之处在于，他既能设计，又会制作。

下图： 扶手椅，由爱德华·沃姆利于1954年设计，椅腿向后倾斜，椅背呈曲线造型，由桃花心木和藤条制成，为仿古设计。

■ 手工现代主义制品（1950年，仍在持续）

美国第二次世界大战结束后掀起了一场工作室手工运动，旨在反思家居设计中不近人情的部分，其源头可追溯到20世纪30年代，与之同时兴起的还有世纪中期现代主义风格。该运动由小型工作室里按件计活的个体工匠发起，后来发展得越来越复杂、精细，而且高度职业化。它提倡手工制作家具和装饰品，综合了多项手工技艺，将工艺与本地设计相结合。手工现代主义制品虽然并不从属于任何一种风格，但仍是当代设计的重要分支。

有的设计师遵从工艺美术运动的美学原理，有的设计师从历史设计中寻求灵感，更多的设计师是追求比包豪斯学院派更为柔和的设计美学——他们设计的作品重视手工制作、雕塑般的形制和与北欧家具类似的质感。

当时领衔的设计师有沃顿·埃谢瑞克(1887—1970)、中岛乔治(1905—1990)等人，随后一大批青年艺术家纷纷迷上了手工家具制作。当时还有一些培养木工的机构，比如来自丹麦的塔格·弗里德(1915—2004)创办的阿尔弗雷德大学（位于纽约上州）和罗德岛设计学院（位于普罗维登斯），这些机构有效地推动了工匠的职业化。全国各地的职业学校聘请技艺精湛的工匠来传授工业化以来被人们遗忘的传统手工技能。此外，通过行业协会、工艺展示、画廊宣传和推广，制作木材、织物、金属、陶瓷、玻璃制品的工匠们赢得了和画家、雕塑家同等的

木工中岛乔治于1943年在宾夕法尼亚州的纽霍普开办工作室。该工作室从木材中寻求造型灵感制作家具，常会保留木桩不规则的边缘、节孔和纹理。这张桌子制于20世纪60年代，是典型的中岛乔治作品。如今这间工作室由他的女儿米拉接管。

声誉。到20世纪后期，工作室的工艺已经不再是一项艺术运动，而是发展成了设计领域的一个分支，并开始致力于打破工艺与艺术间的壁垒。早期的工匠如文德尔·卡斯特尔(1932—)如今成了艺术家，当代的工匠们也能够自由地进行艺术创作，而不用受限于作品的实用性。

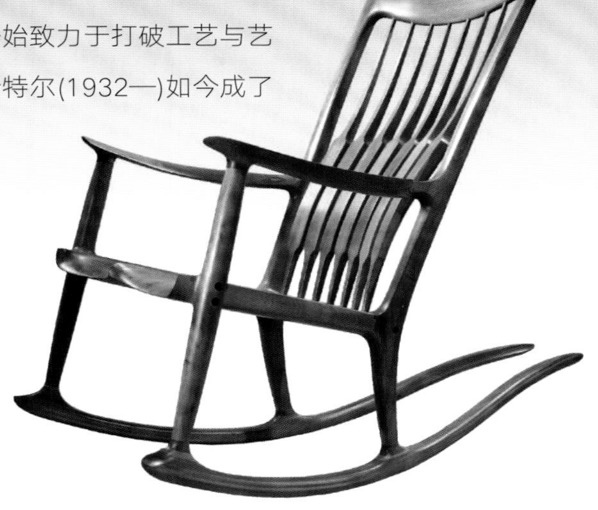

萨姆·马鲁夫是加利福尼亚州的一名工匠，于20世纪中期成名。他最著名的作品是20世纪60年代制作的第一把摇椅，此后他也一直在制作这样的椅子。这件摇椅由黑胡桃木制成，产于20世纪70年代。

手工家具又名“艺术家具”，常常见于当代室内设计中。在这样现代化的环境里，手工家具与机器制作的家具和谐并存，为以功能主义设计为主的室内增添了一丝人情味。

放置艺术家具的室内空间和其他空间一样，都是现代主义风格，只是空间里充满着对这些家具的肃然敬意。家具的形制很多样：有直线形的、抽象的、生物形的，偶尔也有拟人的设计；或实用，或似雕塑，或诙谐幽默。制作这样的家具主要靠的是手工，只有层压或最后装饰时可能会用到现代科技。一般来说，制作家具的材料为木材，但工匠们也在尝试用金属甚至是塑料来进行创作。手工家具是短暂的艺术，也是永恒的艺术，过去和未来在这里交汇。

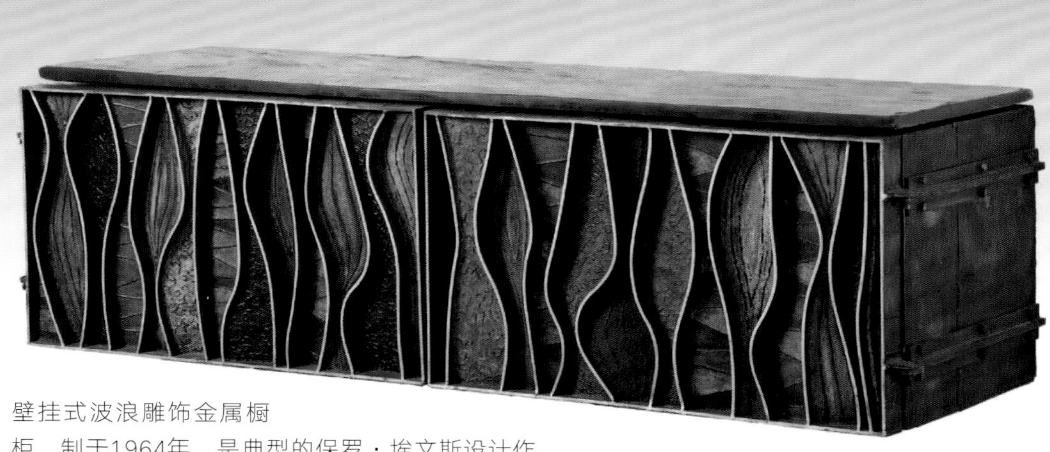

壁挂式波浪雕饰金属橱柜，制于1964年，是典型的保罗·埃文斯设计作品。埃文斯是宾夕法尼亚州巴克斯县的一名雕塑家、家具设计师，既设计工作室家具，也设计工业化家具。

文德尔·卡斯特尔，原为雕塑家，有自己的一套家具制作方法，能堆叠并层压多层木材，然后雕刻成型。这张桌子由胡桃木制成，制于20世纪70年代。他还会将这种技术运用在其他家具的制作上。

沃顿·埃谢瑞克的设计作品重新激发了人们对工作室制作手工家具的兴趣。这件家具由胡桃木和樱桃木制于1952年。

马车车轮扶手椅，沃顿·埃谢瑞克早期的设计作品。这把椅子由山核桃木和皮革制于1933年。

氛围
宜居

规模
较小

色彩
中性或鲜活

装饰
少有、简单

图案
尺寸较小，形制多为机器制造

家具
大气，在基础形制上各有变化

织物
图案鲜活、材质寻常

倾向
伊姆斯椅和沙里宁椅、非正式房间

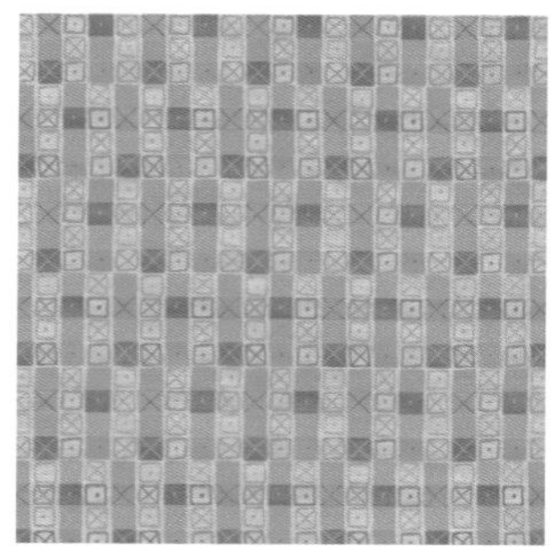

拼接碎块，查尔斯·伊姆斯和蕾·伊姆斯为1947年当代艺术博物馆举办的印花织物比赛所设计的图案。

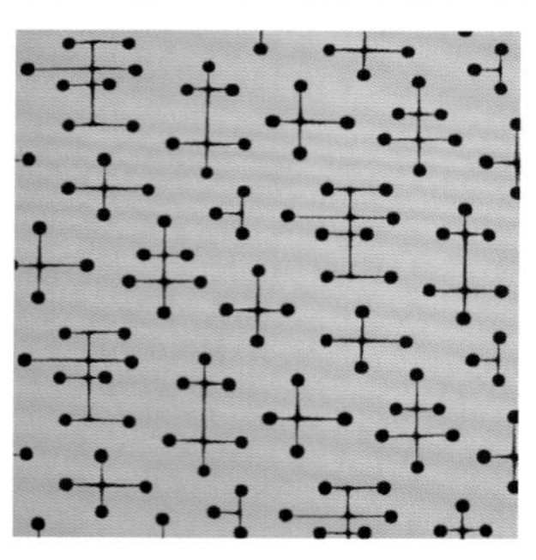

圆点，1947年查尔斯·伊姆斯和蕾·伊姆斯设计的小型抽象图案。

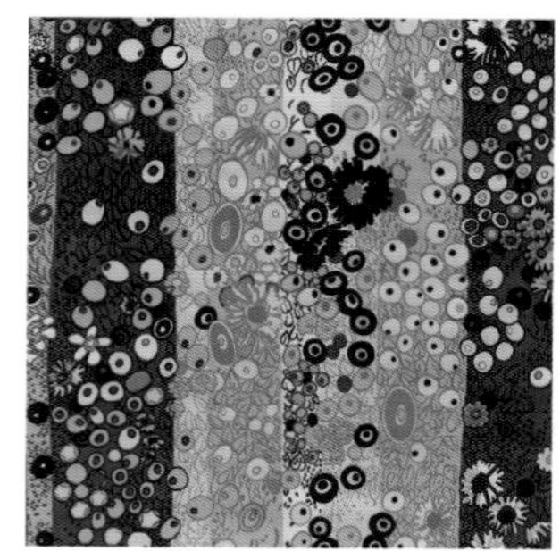

普里马韦拉，印花天鹅绒，1960年由当时极富创意的织物设计师杰克·兰诺·拉森设计。

第25节

北欧现代主义风格[1]（1950—1970）

1 北欧现代主义风格（Scandinavian Modern Style）：直译为“斯堪的纳维亚现代风格”。

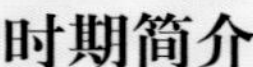

北欧现代主义风格（1950—1970）

时期简介

第二次世界大战之后，偏好钢铁和玻璃的国际风格蔚然成风。与此同时，北欧大陆兴起了一种更为人性化的现代主义风格——北欧风格。这一风格以“北欧”命名，有时会令人误解，因为其实它主要指的是斯堪的纳维亚半岛上（挪威、瑞典、丹麦的北部）流行的风格，而北欧国家还包括芬兰和冰岛[1]。

直至20世纪早期，北欧风格都与欧洲其他国家流行的风格比较类似。但随着半岛上的这些国家逐渐独立（挪威于1905年独立，芬兰于1918年独立，冰岛于1944年独立），它们形成了一套共通的美学理念。早在20世纪30年代，芬兰的阿尔瓦·阿尔托(1898—1976)和瑞典的布鲁诺·马斯森(1907—1988)，后来还有丹麦的汉斯·瓦格纳(1914—2007)和芬·居尔(1912—1989)，都是出于对天然材料的热爱、对手工制品的崇敬并依据长久以来的工匠技艺来设计室内和家具的。

一如著名的瑞典批评家乔治·保尔逊所提倡的“更美好的日常设计”，北欧国家的人们认为享受优质的设计作品是公民的基本权利，而不是少数权贵的特权。人们推崇具有社会责任感的设计，强调实用与美观同等重要，甚至有时更重视前者。由此诞生的设计作品和摆放这些作品的室内环境更加平静，是严肃的欧洲现代主义风格之外，更平易近人的一种风格。

北欧风格的作品参与了众多的展览，如1925年巴黎世博会、1939年纽约世博会、20世纪50年代的米兰三年展[2]。由此，瑞典玻璃、瑞典现代主义家装、丹麦现代主义家装先后在国际上大获好评，这些国家的出口业也因此得到了发展。北欧风格的家具尺寸与大多数北欧家庭的规模相匹配，也同样非常适用于第二次世界大战后美国的公寓式住宅和郊区农场住宅，因此，北欧家具在美国十分畅销。

将近一个世纪以来，各国设计师都在手工制作与机器生产之间难以抉择，而北欧设计师们终于找到了相对完美的解决办法——一些在小型手工作坊里制作，一些在中型工厂里生产，不

---

1 欧洲人会严格区分斯堪的纳维亚（Scandinavian）和北欧（ Nordic）两个概念。现在一般认为斯堪的纳维亚风格等同于北欧风格。

2 米兰三年展（Triennale）：其主办者是非营利的同名文化基金会，成立于1923年，专门举办展览和其他有关建筑、设计、装饰艺术、时尚、新媒体和城市设计的活动。三年展最初举办地位于邻近米兰的蒙扎市，1933年正式迁移至米兰，其后一直举办了20届，至1996年暂停。

过后者生产的物件也偏手工质感。也有设计师另辟蹊径：建筑师阿纳·雅各布森(1902—1971)的设计与国际风格类似；20世纪60年代，北欧设计师如艾洛·阿尼奥(1932—)和维奈·潘顿(1926—1998)则与传统决裂，采用现代化的材料、模塑造型和鲜艳的颜色，他们这种大胆的尝试与大多数更为传统的北欧风格截然相反。北欧风格盛行20年之后，人们开始更加关注能够永恒流传而非一时兴起的设计，这也使得北欧风格开始逐渐失宠。直到后来，北欧风格被意大利兴起的一波创新设计彻底打败。

20世纪后期，瑞典的家装巨头宜家为迎合大众市场的需求，推出经济实惠且能够现购自提的北欧风格家具，让人们重新燃起了对北欧风格的喜爱之情。

风格简介

北欧风格的室内似乎不是刻意设计出来的，而是随着时间的流逝，顺应人们的需求慢慢发展起来的。因为北欧国家不喜欢太过张扬的设计，所以哪怕是最引人注目的房间规模也不会太大，而是其开放式布局让人觉得空间很大。北欧人民热爱自然，他们生活的环境气候严酷，夏日很短，所以北欧风格的室内偏好天然材料，最大限度地采纳室外光照，以期将室外空间引入室内，或者至少让人觉得身处室外空间。

北欧风格的空间和所有现代主义的空间一样，建筑架构很简单，没有嵌线、线脚及传统风格的装饰元素。墙壁或通体刷白，或镶上轻质木材。墙上有着大大的窗户，光线和室外的景色透过窗户映入室内。

地板通常为浅色木材，用长条简单地拼接而不做镶花处理。地板上铺着（仿）手工织就的羊毛地毯，要么是带着民族图案的平织地毯，要么是表面蓬松的里亚毯。里亚毯源于18世纪的芬兰，最初为手工制作，到19世纪时改用机器生产，常用于北欧风格中。

窗户上厚重的帐幔换成了轻盈的窗帘、遮帘或是木质百叶帘。软垫上的织物很朴素，通常都没有花纹，材质可能是竹编、粗花呢或天然皮革。

室内常有壁炉，内嵌进墙壁，构造为传统的独立式，四周贴有瓷砖，或用上漆的金属装饰成现代的样式。

室内配色偏好干净、自然的色彩，比如天蓝色、水蓝色、叶绿色、黄色，还有各种米色和大地色。

除了自然光线，室内还有陶瓷台灯和其他线条干净利落的灯具可以提供照明。此外，它们还具有一定的装饰功能，但并不抢眼，以便和北欧风格整体空间的简洁相匹配。其他的装饰品还包括瓷碗和瓷瓶、雕塑般的现代银器、人工吹制的玻璃器具。装饰品数量不会太多，力求使房间看起来舒适整洁。室内还有绿植和花卉，平添一抹自然元素。

家具简介

北欧风格的家具注重舒适度和实用性胜过美观性。当时的设计师们偏向在经典的设计基础上不断完善，于是这一时期诞生了很多后人所熟知的经典作品，如瓦格纳的“肯尼迪椅”[1]和芬·居尔的“酋长椅”。北欧风格的椅子形制都相当简单，选用楞木、桦木这样的轻质木材，或是颜色更深的柚木和玫瑰木。椅座上常带编织而不是软垫。椅背如雕塑一般，造型精美，兼具装饰与实用功能。沙发则为线性造型，没有厚厚的软垫，只有方形或是很紧实的垫子。

储物的箱柜和橱柜也都是直线形，整体呈现出纤细的感觉。因为家具整体线条十分简单，所以燕尾榫和卷帘门这样的细节就已经算得上是装饰了。当时还出现了新的壁挂式的置物架和其他家具，灵活而实用，能节省空间。北欧现代主义风格家具常由纹理丰富的进口玫瑰木和柚木制作，表面用天然亚光材料或油处理。橱柜上或许会装饰卷帘门，但五金部件很少，只有简单的把手或拉环。雕刻或其他的装饰元素没有被彻底摒弃，但也比较少见。

右页：阿尔瓦·阿尔托家的客厅，他的家同时也是他的工作室，位于芬兰的赫尔辛基。阿尔托是第一位享有国际声誉的北欧设计师。这间客厅由木材和天然织物打造，彰显了北欧风格所推崇的美学原理。

1 肯尼迪椅（The Chair）：瓦格纳最经典的椅子设计，直译为“椅”。1960年肯尼迪和尼克松总统竞选，电视辩论上肯尼迪坐的椅子吸引了大家的注意，并由此将瓦格纳推向了世界舞台。

上图：经典的丹麦现代风格边几，由玫瑰木、桦木和涂漆木材制成，由阿恩·沃戈尔设计于1956年。

下图：帕伊米奥椅，由层压桦木胶合板制成，是当时座椅设计的一大创举，于1932年由阿尔瓦·阿尔托为芬兰的帕伊米奥结核病疗养院设计。

右图：松果灯，由丹麦设计师保罗·汉宁森设计，自1958年问世后一直在不断生产。该灯由铜和钢铁制成，大小和样式各异，向四面八方发散出均匀的光线。

下图：酋长椅，有雕塑般的造型，由柚木和皮革制成，于1949年由丹麦建筑师、设计师芬·居尔依照古埃及的款式设计。

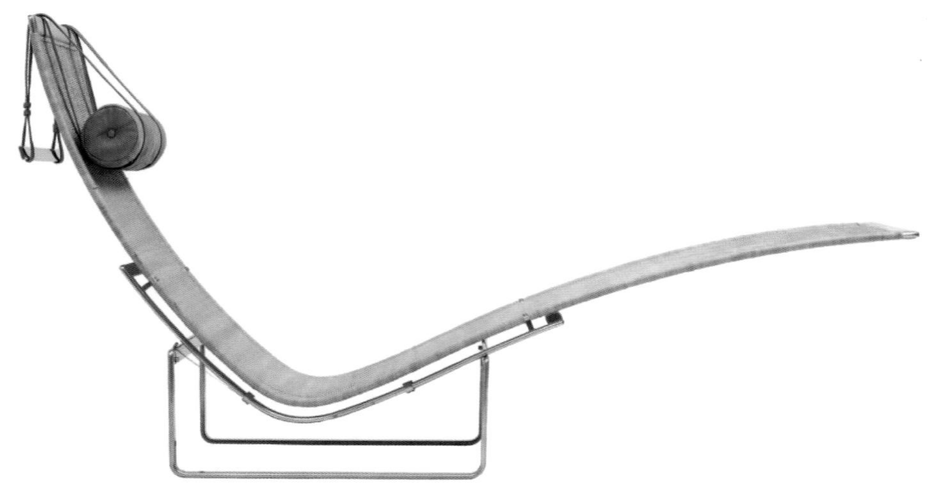

上图：保罗·克耶霍尔姆设计的家具更接近国际风格，而不像北欧风格那样偏爱使用木材。这把椅子于1965年由不锈钢、柳条、皮革等材料制成。座椅底座部分仅靠重力和摩擦力连接。

右图：蛋椅（旁边是与之相配的搁脚凳），由阿纳·雅各布森于1957年为哥本哈根的萨斯皇家酒店设计，其风格与一向朴素的北欧风格大相径庭。外壳用玻璃纤维制成，外层为柔软的织物，转椅底座由铝材制成。

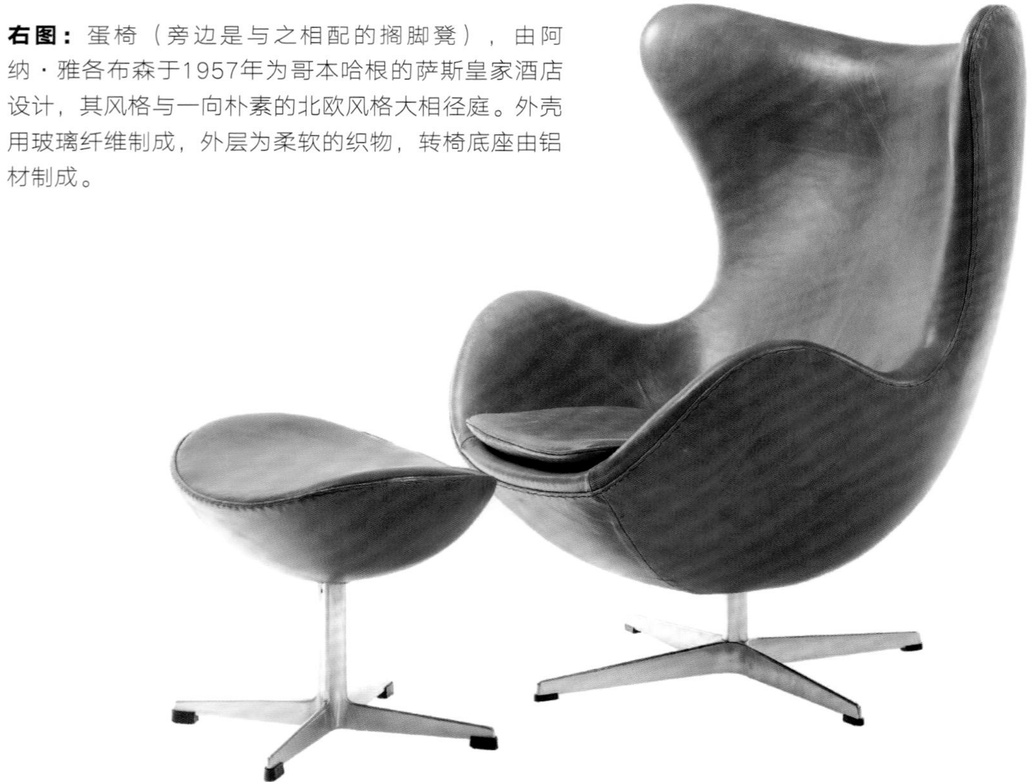

折叠餐桌，非常实用，由瑞典设计师布鲁诺·马松设计于1960年，其活动桌腿是在古代形制的基础上改造的。该餐桌由柚木、玫瑰木、桦木和胡桃木制成。

来自奥地利的设计师约瑟夫·弗兰克为瑞典公司斯芬司克·特恩设计造型优美的家具和色彩缤纷的织物。这件胡桃木带底座的玻璃橱窗产于1946年，其风格显示出弗兰克早期与维也纳工作坊合作时受到的影响。

上图： 弯刀休闲椅，由不锈钢和皮革制成，丹麦设计师普雷本·法布里修斯和约尔根·卡斯特曼在造型上做了大胆的尝试。他们同克耶霍尔姆、雅各布森一样，没有选用木材做雕塑般的造型，而是选择了极简抽象的风格。

右图： 圆椅，又名“肯尼迪椅”，是20世纪中期极负盛名的丹麦设计作品，1960年被印制在邮票上。这款椅子自1949年问世以来，一直有厂家在不断生产，最初是约翰尼斯·汉森，后来还有莫波勒公司。

风格指南

氛围
宁静

色彩
大部分都是自然色彩

图案
植物等任何与自然有关的图案

织物
手工织物、里亚毯

规模
适中

装饰
简单

家具
线条干净利落，上油处理的柚木、玫瑰木、桦木、榉木

倾向
柔和的现代主义设计

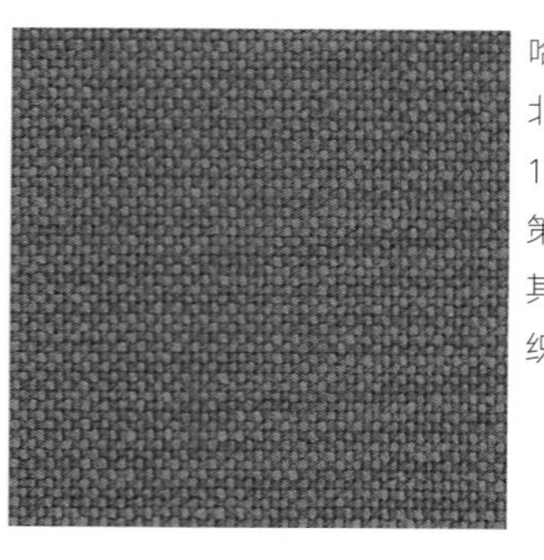

哈林达尔，经典的北欧风格织物，1965年由南娜·迪策尔设计于丹麦，其几何图案源于编织。

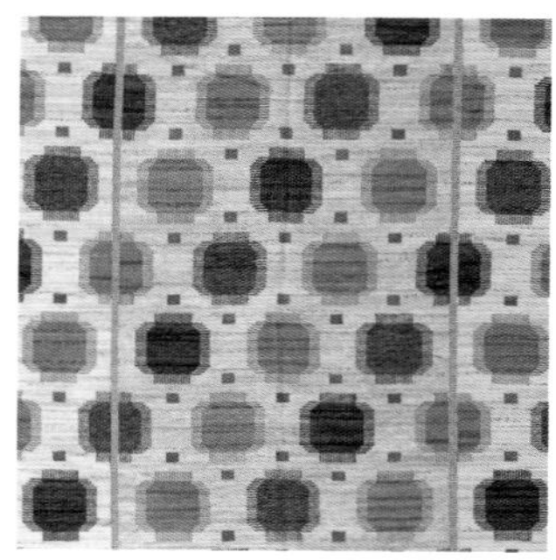

平织地毯，由玛尔塔·玛斯于1937年设计于瑞典，这样传统的手工图案是中世纪北欧设计中的典型图案。

第26节

生物形态和波普风格（20世纪60年代）

时期简介

20世纪60年代又被称为“摇摆的60年代”，这一时期，流行文化掀起了一场改革，并由此催生了一种新的艺术风格。这种风格虽然不一定能称得上是优秀的设计，但它刻画了整个时代的特征。波普风格反对严肃的现代主义风格，它并不是一种统一的风格，而是多种风格混合在一起，因此也没有一个明确的美学理念，只是有着同样的活力和视觉冲击力。

“青年大骚动”也发生在这一时期。当时的年轻人致力于推动整个社会的变革。推及到设计领域，变革就意味着要摒弃一切过于传统的东西。设计师们开始从历史中寻求灵感，以设计出新颖、独特的作品。他们会对经典款式进行改造，追求大胆的轮廓和图案，风格时而迷幻[1]，时而欧普[2]。那些令人着迷的图像、披头士音乐动感的节拍、卡纳比街[3]上的奇装异服，也同样反映在室内设计中。它们仿佛是在自嘲，甚至是嘲笑艺术本身。

第二次世界大战后，阶级间的界限逐渐模糊，由此新兴的资产阶级反对传统的精英式设计，偏好现代感十足的作品。此时在伦敦和纽约也有一群前卫的设计师，追求标新立异的色彩和离经叛道的形制。他们利用新型塑料、成型工艺和更具弹性的织物进行各种尝试。1956年伦敦和1957年美国的“未来之家”项目，受生物形态和太空时代的启发，追求更加前卫的设计。不过这些作品以吸引眼球为主要目的，而不是为了宜居。

在这个时期，各个领域百花齐放，设计风格也同样如此。除了上述风格之外，还有英国设计师大卫·希克斯(1929—1998)的轻奢风格[4]，其室内陈设奢华，充斥着醒目的几何图案；也有加利福尼亚设计师威廉·海恩斯设计的浮夸的好莱坞风格房间。

20世纪60年代的风格古怪又迷人，但注定了短暂易逝。随着时间流逝，人们对这一时代风格的痴迷退却，设计风格开始变得更为理性，少了一些疯狂，也少了一些娱乐性。

---

1 当时还流行迷幻风格的音乐和插画，披头士为迷幻音乐的先驱。

2 欧普艺术（Op-Art）追求视觉幻觉，使用明亮的色彩，以造成刺眼的颤动效果，达到视觉上的亢奋。

3 卡纳比街（Carnaby Street）：伦敦20世纪60年代以出售时装著名的街道。

4 轻奢风格（jet-set）由美国一名记者在《美国纽约日报》上创造，针对的是乘坐航空飞机四处游玩的富人阶层。英国海外航空公司于 1952 年 5 月 2 日向部分人开放商业航空业务，而这些人是世界上最有钱且愿意花钱的那群人，包括皇室成员、政客、富豪、明星等。

风格简介

这一时期典型的室内设计是鲜活多彩的，甚至有些过为已甚。跟同样过分夸张的巴洛克风格和洛可可风格一样，20世纪60年代的风格不过是为了引人注目，凭借的不是昂贵的价格，而是华丽的程度。

20世纪典型的房间为直线形，顶棚很平，没有建筑细节装饰，因此为室内绚丽而对比强烈的色彩提供了绝佳的背景。墙壁有时通体刷白，但更多的时候会点缀一些更为浓烈的色彩。墙上覆盖着银色（或金色的）麦拉膜，上面装饰着波普或欧普风格的几何图案。窗帘或软垫上的织物也会采用同样的图案，它们通常不会同时出现在同一个房间。极少数时候，墙壁上会有用模压塑料制成的立体装饰，其色泽绚丽，光彩熠熠。

曲线造型的组合座椅上，粗花呢软垫可能会编织着金线或银线。新型的弹力织物上印着色泽迷幻的超现实涡卷或线圈。自由之椅[1]和双人沙发就用到了这种材料，以彰显其流畅的曲线造型。

和此前一样，地上铺满了不带图案的地毯或表面柔软的乙烯基地板，部分区域则用彩色地毯做装饰。

20世纪中期现代主义风格偏好的大地色如今被明亮而饱和的色彩取代，如泡泡糖粉、活泼的宝石绿、渐变的青绿色等。

室内照明源于装饰性台灯或落地灯。这一时期人们频频探索太空，所以原子图案和火箭图案也常常出现在墙壁、织物、家具表面。装饰品的设计也受到了同样的影响。像迷人的熔岩灯或是五彩缤纷的塑料珠帘（用来装饰窗户或是作房间的隔断）这样的装饰，与这一时期的室内风格相得益彰，常常夸张、有趣，但一不小心就会变得艳俗。

1 自由之椅（freedom chair）：一种转椅。

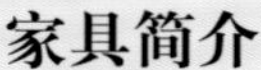

家具简介

这一时期诞生了很多前所未有的家具。阿尼奥、潘顿、皮埃尔·波林(1927—2009)、奥利维尔·穆尔固(1939—)设计的椅子线条流畅，造型优美，为椅子的造型和选材提供了新的可能。大约十年前，埃斯特尔·拉维恩(1915—1997)和欧文·拉维恩(1909—2003)引进了有机玻璃家具，由此兴起了各种透明的座椅。具有生物形态的家具，比如蛋形、云朵、变形虫，使用起来很舒服，只是跟更为传统的家具不太匹配。

客厅内新增了休息区，为客厅的区域划分提供了更多的选择。随着人们对家装布置更加随意多变，传统的沙发形式被形状各异、大小不一的组合座椅取代。这些座椅内部填充了大量海绵，外表由织物包裹，舒适而实用。“谈心角”[1]也是休息区的一种，不过通常不太实用。

这一时期的箱柜和桌子呈传统的几何形，表面材料常为塑料、层压板等新型材料，同时还会有鲜艳的颜色，以此与前卫的座椅相配。

右页：明镜出版集团的员工餐厅，位于德国汉堡，其绚丽的颜色和玫粉色的原点图案极具波普风格。

1 谈心角（conversation pit）：指房间内或附近低于楼层平面或呈壁龛式的一角，供主客促膝谈心。

右图：球椅，由闪亮的模压玻璃纤维和涂漆的铝制底座构成，内部填充软垫，由芬兰设计师艾洛·阿尼奥设计于1963年，是太空时代的典型家具。

下图：飞镖办公桌，由法国设计师马瑞斯·卡尔卡设计于1969年，用模压玻璃纤维制成。

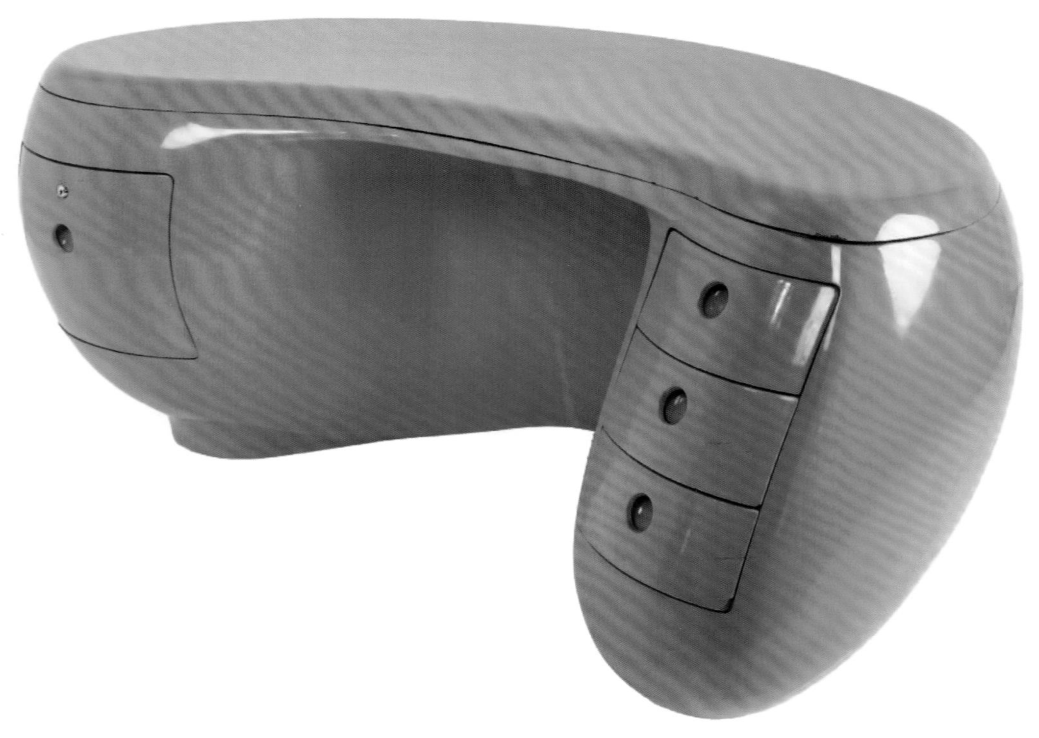

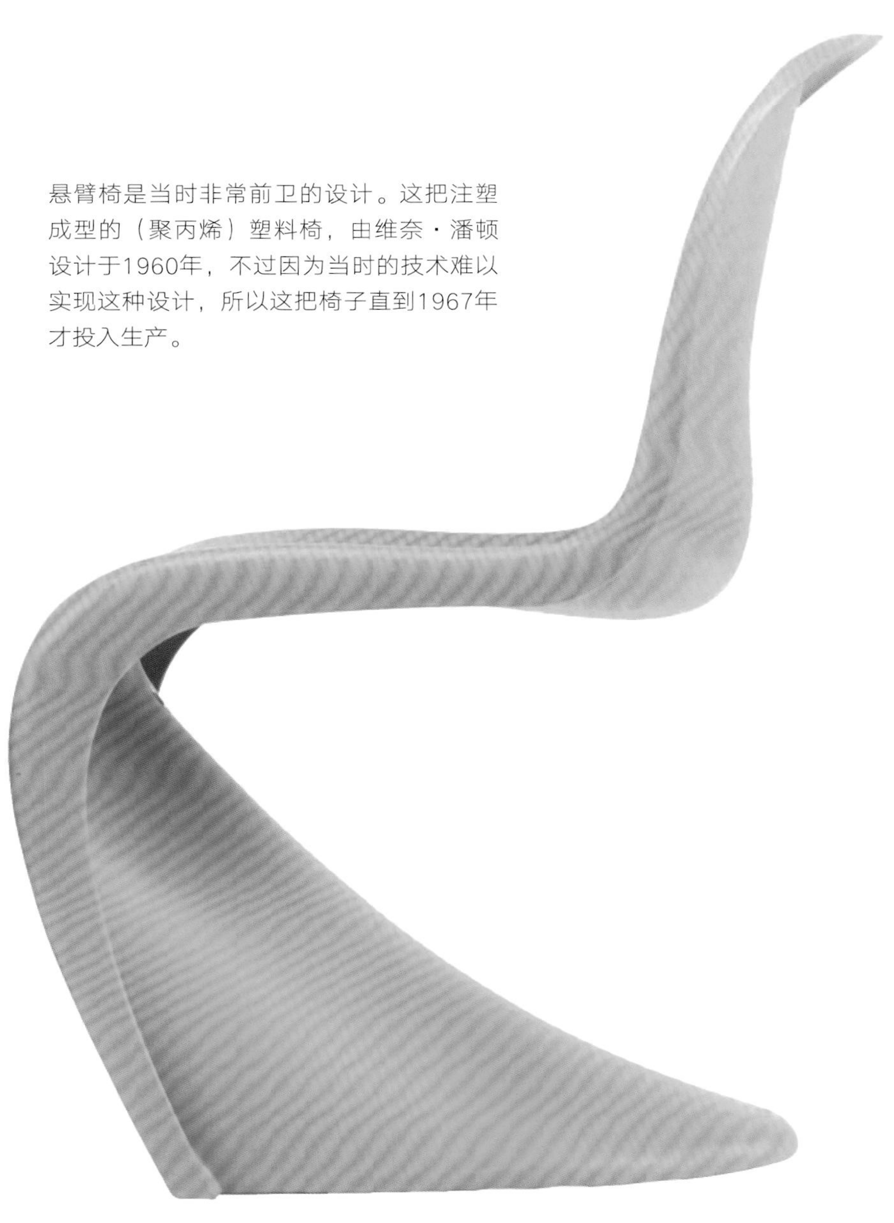

悬臂椅是当时非常前卫的设计。这把注塑成型的（聚丙烯）塑料椅，由维奈·潘顿设计于1960年，不过因为当时的技术难以实现这种设计，所以这把椅子直到1967年才投入生产。

左图：维奈·潘顿设计的一系列有趣的灯具，为各式球形或者圆形。这款灯由铝片制成于1964年。

下图：“看不见的椅子”系列，由埃斯特尔·拉维恩和欧文·拉维恩设计于1957年，诞生于一次用模压有机玻璃制造座椅的试验。

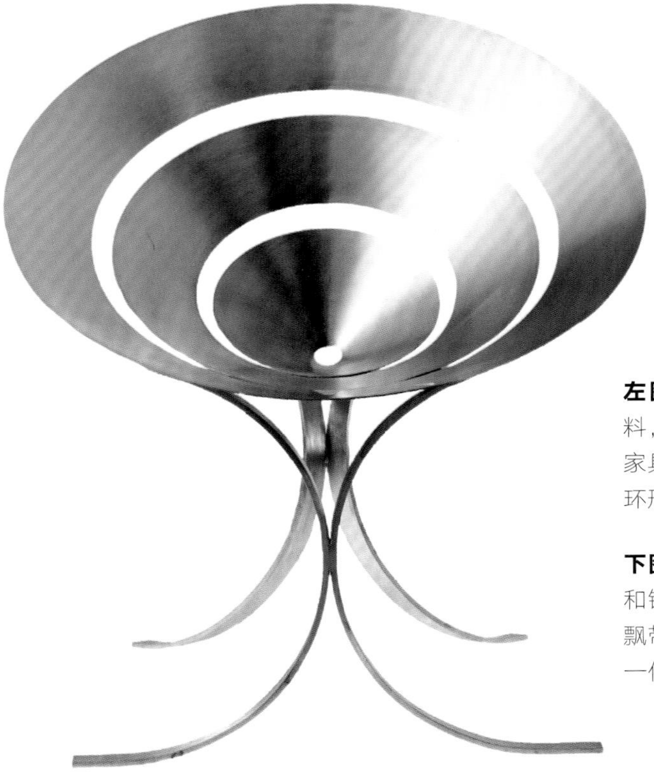

左图： 此前人们一直将不锈钢当作工业材料，但法国设计师玛丽亚·佩格用它来制作家具。她最有名的作品是这件制于1970年的环形椅。

下图： 法国设计师皮埃尔·波林用弹力织物和钢管设计出了许多曲线优美的座椅。这把飘带椅制于1966年，是这一系列椅子里的第一件作品。

埃斯特尔·拉维恩于1961年设计了这件古灵精怪的木头底座玻璃纤维花盆，非常符合20世纪60年代的时代精神。

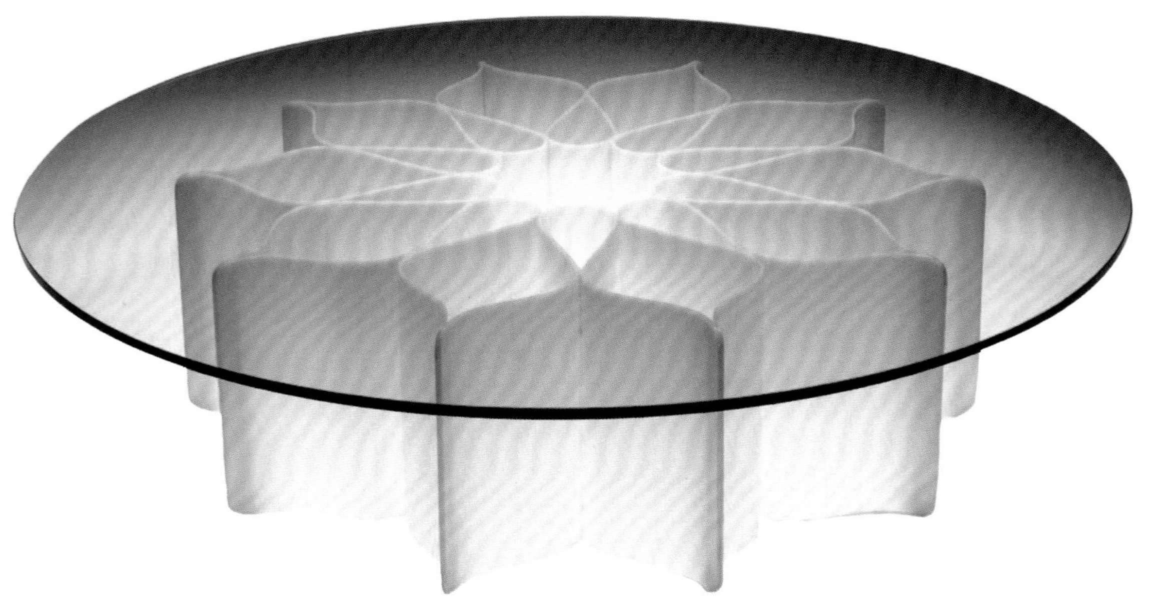

这张咖啡桌由波林设计于1970年，塑料底座仿照的是植物的样子，与波林设计的造型奇特的椅子相配。

风格指南

氛围
欢快

规模
可大可小

色彩
明丽、浓烈

装饰
超现实、冲击力强

图案
欧普、波普、太空时代的图案

家具
仿生物形态，模压塑料

织物
光滑或毛茸茸的，带鲜活的图案

倾向
奇幻、有趣的房间

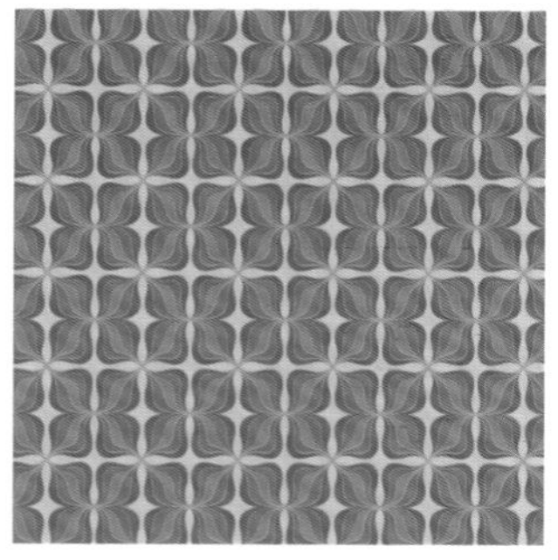

“心灵融合”，有活泼的色彩和扭动的图案，这样的壁纸充分呈现出欧普艺术风格。

欧普艺术风格的几何图案，由维奈·潘顿设计，这个另类的丹麦设计师试图打造更活泼的室内空间。

第27节

意大利现代主义风格（1965—1980）

时期简介

意大利现代主义风格发展于第二次世界大战之后，与北欧风格同时流行，甚至在北欧风格全盛之后亦有所发展，直到20世纪70年代风靡全球。其中，意大利建筑师、工业设计师吉奥·彭蒂(1891—1979)功不可没。他于1928年创办《多莫斯》[1]杂志，并长期担任总编辑；1923年，他还在蒙扎创办了米兰三年展，旨在促进工业艺术与实用艺术和谐共融。十年后，米兰三年展迁至米兰，逐渐发展成为国际化大型活动。意大利的大部分工业设施都被战争摧毁，所以这个国家必须重建其支离破碎的经济，重振国家形象。设计恰好能做到这两点。意大利的设计师们充满奇思妙想，而且他们敢于尝试，厂商也乐于合作。他们用塑料、金属设计出了精巧而有趣的作品，尝试使用各种制造方式，偶尔还能获得社会上的一致好评。由此，意大利现代主义风格改变了20世纪设计的焦点，并影响了其后的设计（尤其是家具和灯具）发展。

20世纪60年代，阿基佐姆事务所和超级工作坊这样的意大利工作室从科技角度入手进行设计。随后越来越多的设计师加入进来，百花齐放，百家争鸣。意式设计师认为，造型比功能更重要，由此诞生的（合理或不合理的）作品挑战着此前人们对于家具的态度。乔·科伦波(193—1971)、盖·奥伦蒂(1927—2012)、马可·扎努索(1916—2001)、盖特诺·佩斯(1939—)等设计师设计的作品造型比波普风格作品更为离奇古怪，它们可堆积、可折叠，可延展、可收缩，可以有棱有角，也可以像气球一样，可以是直线形，也可以塞满了软垫，有些作品的形状甚至难以用语言形容。

意式设计除了在室内和工业设计方面卓有成就之外，还革新了整个灯具设计领域，而这也是意式设计最杰出的成就。诸如阿希尔·卡斯蒂戈隆(1918—2002)这样的设计师在设计时，采用了新技术，在缩小灯泡尺寸的同时，还能最大限度地提升照度。他们设计的灯具是第一批能完美匹配现代主义家具的灯具，也是真正意义上的装饰品，而不仅仅是为了照明而存在。他们的创意为灯具未来的发展指明了新的道路。

---

1 《多莫斯》（*Domus*）：建筑及设计领域首屈一指的国际性权威杂志，1928年在现代设计发源地意大利米兰创刊，中文版于2006年在中国出版。

意式家具和灯具在米兰三年展上展出，也在各大媒体上广受好评。自文艺复兴之后，再也没有其他的风格能如此风靡全国。这一风格取代了北欧现代主义风格的地位，也排挤掉了前卫的包豪斯学院派。1972年纽约当代艺术博物馆举办了“意大利：新型国内景观”展览。这一举动在如今看来颇有意义，因为这等于是认可了意大利设计是当时最流行的设计，也引导了未来的发展趋势。

早在意式风格风靡室内设计和家装领域时，意大利的玻璃制造行业就已经重振雄风。意大利的工匠们发明了很多吹制玻璃和装饰的技术，由此诞生的玻璃制品与设计师设计的家具和灯具一样独特迷人。意大利的现代主义设计摒弃了传统方法，追求刺激的视觉效果，为后来的后现代主义打下基础。

风格简介

意大利现代主义风格的室内或设计作品的特点之一就是诙谐幽默，完全不把自己太当回事。这一风格和意大利人一样，开朗外向，随意而优雅，多彩却不纷乱。不论是喜欢还是嫌恶，人们都会对它产生强烈的感情。意大利现代主义风格的室内从不低调。

房间本身设计感并不强，房间的装饰才是意大利现代主义风格的核心。墙壁大多为白色，地板为天然色彩的原木地板。室内家具和装饰品的摆放看似随意，实则经过了周密的考量。

这一风格的家具缺少手工细节，转而采用更为华丽的造型。重叠椅和重叠桌由色彩亮丽的模压塑料制成，皮革躺椅形似棒球手套，压缩海绵制成的椅子打开后便能膨胀成型……这些家具样式奇特，摆放着这些家具的房间更是风格独特，让人一眼便能认出。

鲜活的色彩夸张地铺洒在所有的表面上。如果室内有图案装饰的话，这个图案也同样鲜活。图案的灵感来源于现代艺术或是设计师的想象，非常抽象。

意大利现代主义风格（1965—1980）

意大利现代主义风格的家具多由塑料制成，毕竟塑料是比较便宜、易得的家装材料。不过家具的软垫仍由皮革制成。桌子和储物柜多为直线形，或利用注塑成型[1]技术做成曲线形。由于战后的房屋空间较小，所以大多数家具尺寸都不大，唯一例外的是摆放在房间正中的呈方形或曲线形的成套座椅组合。

房间里最有特色的地方是灯具而不是装饰品。落地灯和高脚蜡烛台像铅笔一样细长，人工吹制的玻璃灯常为天然形态，塑料灯像蛇一样盘成一圈，许多小灯泡挂在绳上串成一串……这些灯具赋予了意大利现代主义风格个性，使之魅力无穷。

右页：四壁全白的现代化公寓里放着扎诺塔设计的彩色塑料软垫，显示出意式设计的轻快感。

1 注塑成型（injection-molding）：塑料在注塑机加热料筒中塑化后，由柱塞或往复螺杆注射到闭合模具的模腔中形成制品的塑料加工方法。此法能加工外形复杂、尺寸精确或带嵌件的制品，生产效率高。

这件柜子长约2米（79英寸），由意大利胡桃木制成，上层是开放式展示架，下层是底座，腿部由上到下逐渐变细，由吉奥·彭蒂设计于1951年。彭蒂是一名建筑师、工业设计师，但他最有影响力的举动是创办了《多莫斯》杂志。

左图：1957年，阿希尔·卡斯蒂戈隆和皮耶尔·卡斯蒂戈隆兄弟二人将一个普通的拖拉机驾驶座改造成了这件创意十足的现代作品，所用材料为钢铁和榉木。自1971年起，扎诺塔家居公司一直在生产、销售这款凳子。

下图：嘴唇沙发（在美国又叫“玛丽莲沙发”，以玛丽莲·梦露的名字命名），由包裹着聚氨酯泡沫塑料的弹性座套制成，由65工作室于1971年为夫洛玛公司设计，彰显出世纪中期意式风格的幽默感。

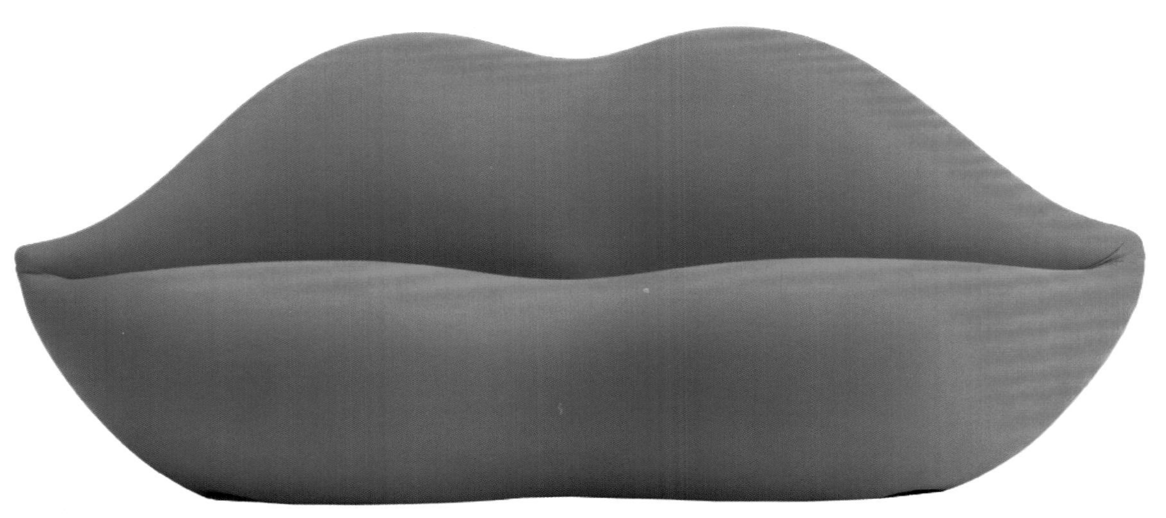

上图：管状椅，新颖而实用，由乔·科伦波设计于1969年。椅子由四根软包的塑料管制成，钢棍和橡胶起固定作用。各部分之间可以重新组合，以适应不同坐姿的需要；也可以套在一起，便于运输。

下图：躺椅，由涂漆模压胶合板制成，三个部分连接紧密，组装过程就像拼拼图一样，由乔·科伦波于1964年为卡特尔公司设计，预示着科伦波日后塑料设计作品的风格。

上图：这把躺椅的最大特点在于其铰接式的设计，是奥斯瓦尔多·柏桑尼于1955年为泰科诺公司设计，由涂漆的钢材、泡沫和软垫制成。

下图：“起来”椅[1]和配套的软垫搁脚凳，由盖特诺·佩斯设计于1969年，由弹性面料和泡沫制成。之所以命名为“起来”椅，是因为椅子平时塞在包装袋里，一旦拿出来就会鼓起来，恢复原形。

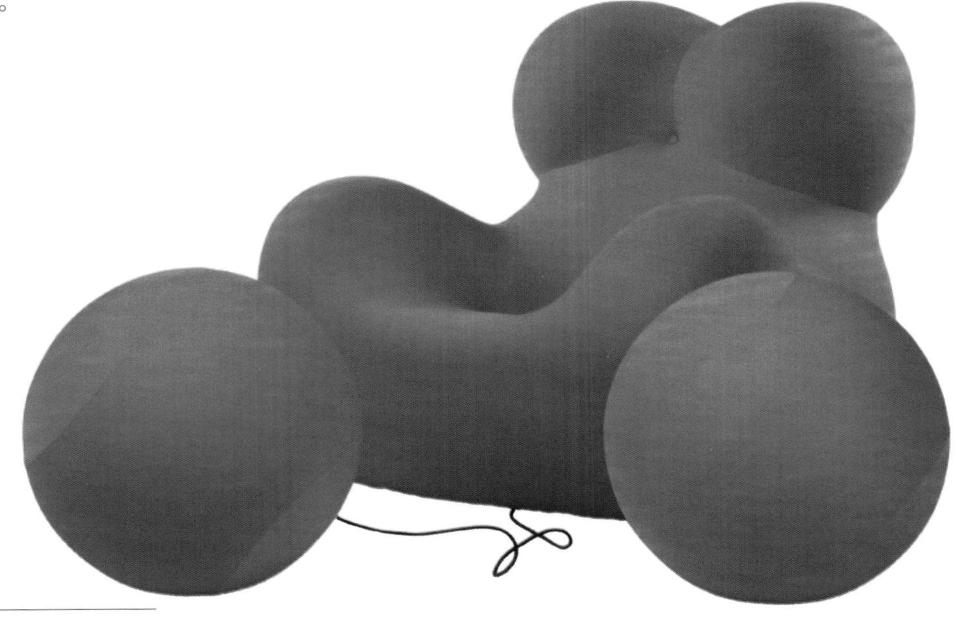

1 “起来”椅（Up chair）：系列椅子中的第五件，模拟女性的身体曲线，连接着球形软垫搁脚凳，象征着束缚女性的镣铐。这个系列的家具之所以名为“起来”，既指的是敞开后可以充气鼓起来，也表达了设计者的政治观点。

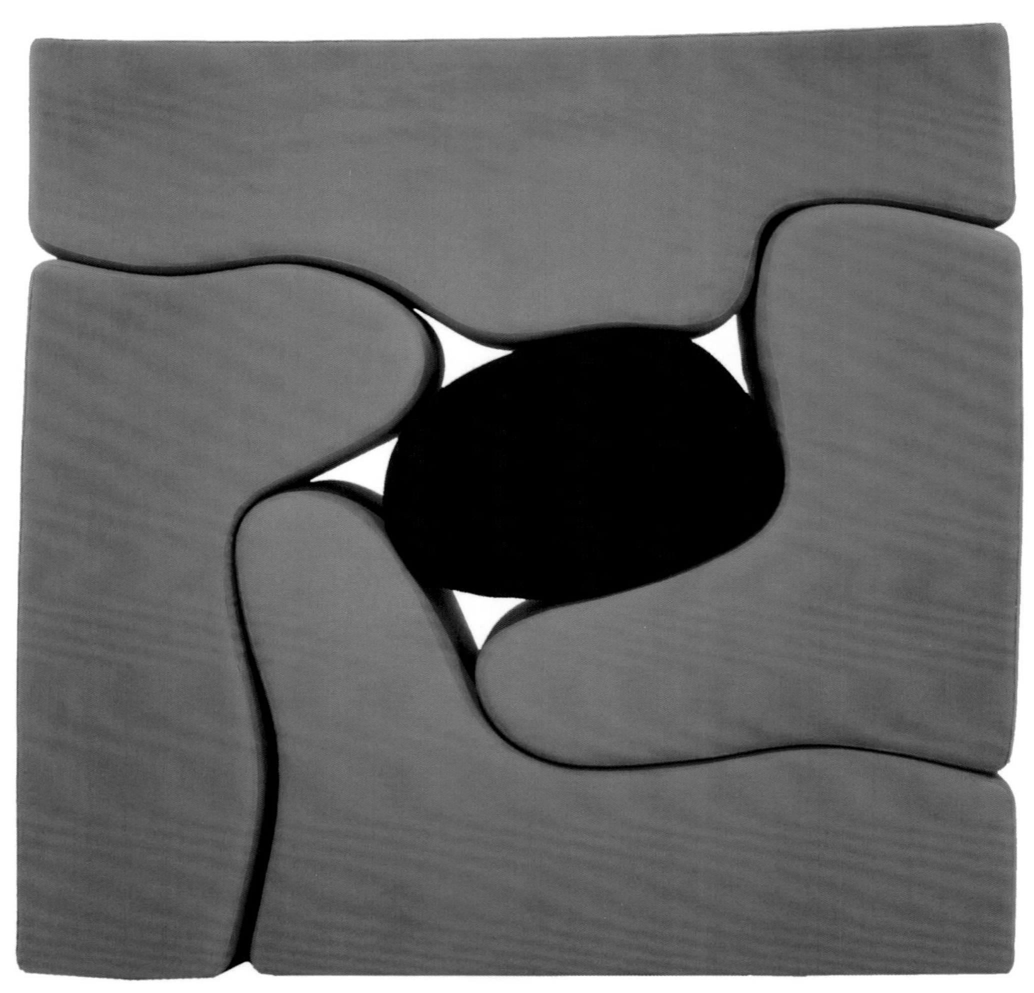

玛丽特座椅系列，由艺术家罗伯特·马塔设计于1966年，将五部分拼凑成了边长约1.63米（64英寸）的小立方体，由聚氨酯泡沫塑料和弹力毛料软垫制成，内部用木结构做支撑。

三臂式米兰三年展落地灯，由阿雷多卢杰公司生产，由吉诺·萨法蒂设计于1956年，是这一时期最具创意的意式灯具之一，如今已成为经典。

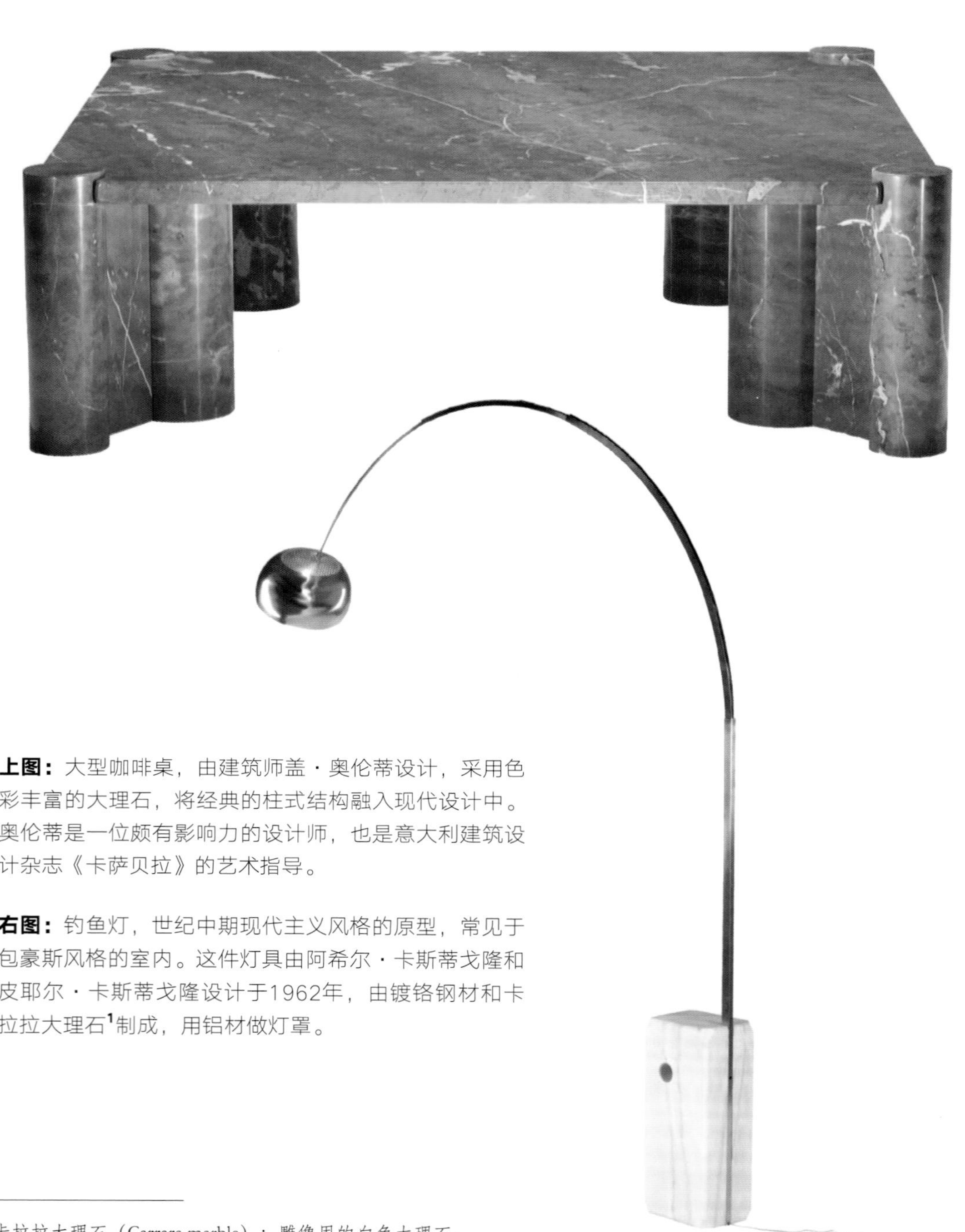

上图： 大型咖啡桌，由建筑师盖·奥伦蒂设计，采用色彩丰富的大理石，将经典的柱式结构融入现代设计中。奥伦蒂是一位颇有影响力的设计师，也是意大利建筑设计杂志《卡萨贝拉》的艺术指导。

右图： 钓鱼灯，世纪中期现代主义风格的原型，常见于包豪斯风格的室内。这件灯具由阿希尔·卡斯蒂戈隆和皮耶尔·卡斯蒂戈隆设计于1962年，由镀铬钢材和卡拉拉大理石[1]制成，用铝材做灯罩。

1 卡拉拉大理石（Carrara marble）：雕像用的白色大理石。

上图： 马鞍椅，外表由马鞍皮制成，内部有钢架支撑，由马里奥·贝里尼设计于1977年。

下图： 矮沙发，由松软的皮革制成，为独特的意式设计。这件矮沙发由阿法拉·斯卡帕和托比亚·斯卡帕夫妇设计于1970年，靠垫由外部金属结构支撑。

风格指南

氛围
有趣

规模
可大可小

色彩
鲜活、浓烈

装饰
极简

织物
皮革、平织

家具
用材和造型都十分大胆

倾向
异想天开的家具设计，灯具也是艺术品

“阿尔沃拉达番茄”，色彩对比强烈的壁纸图案，与大胆的意式设计相配。

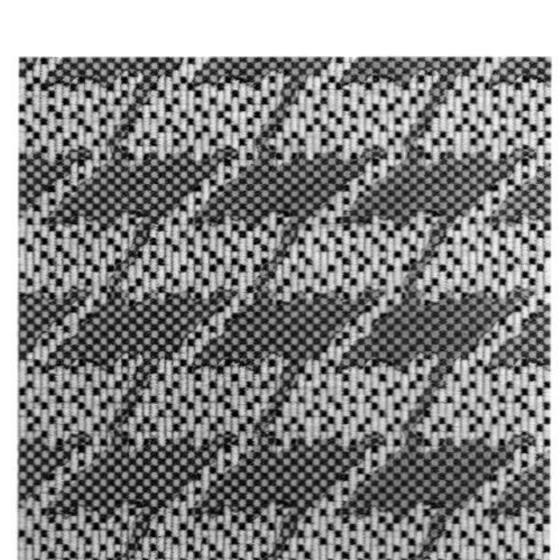

“重复经典”，色彩明丽的千鸟格花纹，由海拉·荣格里斯设计。

第28节

后现代主义风格（1975—1990）

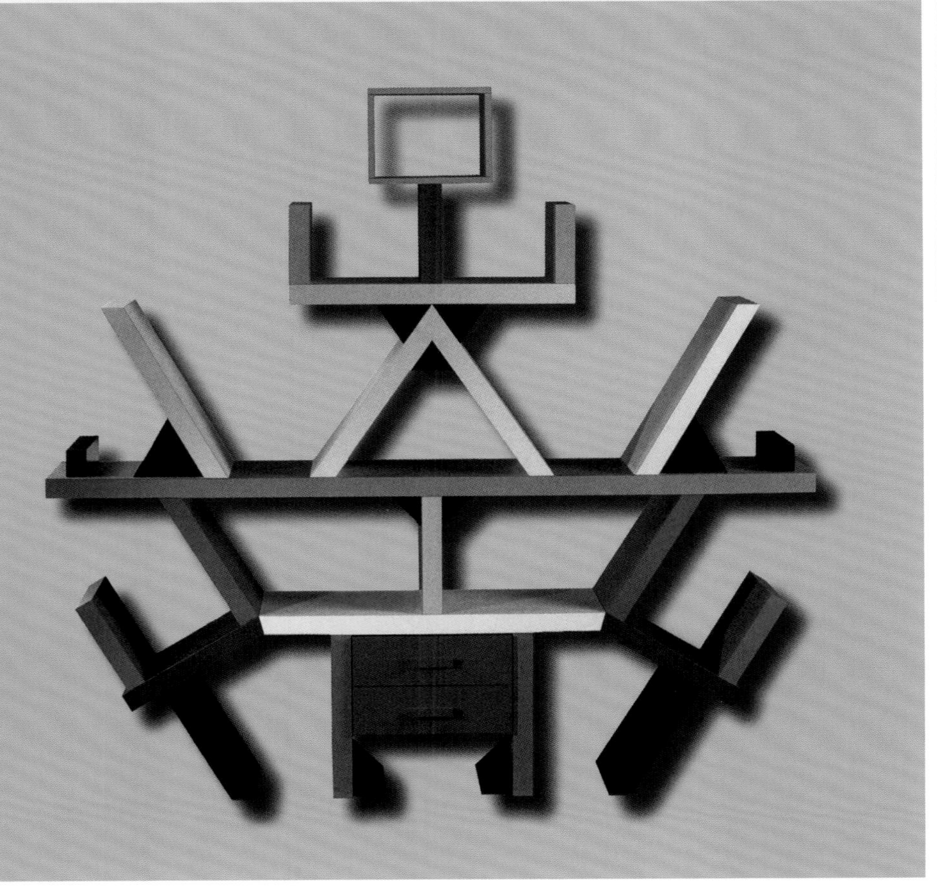

后现代主义风格（1975—1990）

时期简介

后现代主义这个词跟现代主义一样，令人费解。广义上，它指的是世纪中期现代主义之后的一切流派；狭义上，它专指20世纪后期影响了文学、诗歌、社会学、视觉艺术各个领域的哲学理念。在上述大多数领域中，后现代主义旨在消解高雅艺术和流行文化之间的隔阂。比如在建筑和设计领域，后现代主义运动致力于反对国际风格的千篇一律、平淡无奇。罗伯特·文图里在其1966年出版的《建筑的复杂性与矛盾性》一书中写到了后现代主义的种种理念，认为国际风格枯燥乏味。针对密斯·凡·德·罗常说的“少即是多”，文图里反驳道：“少即是乏。”

后现代主义认为包豪斯风格全盘否定历史主义的行为太过一根筋，而且认为现代建筑忽视了自己的一项重要功能，即服务大众，与大众交流。现有的现代主义太过高雅、理智，而它本应该包含更为多元的信息，能满足不同层次人们的需求。在《向拉斯维加斯学习》（1972年）一书中，文图里提出，本土的材料和造型能赋予建筑内涵，而设计有时候不需要实现更深远的意义，只需做到吸引和娱乐。后现代主义在建筑领域最为突出，设计师在设计中引入古典元素，连接过去与现在；他们充分发挥自己的机智和奇思妙想，将圆柱、壁柱、三角楣饰重新设计，有时设计出的作品不论放在室内还是室外都没有什么实用性。

此前流行的意大利式风格与传统大相径庭，预示着接下来的后现代主义也一定会不同凡响。果然，后现代主义受到了波普艺术、达达主义和嬉皮士文化的影响。与此同时，后现代主义保留着古典设计的元素，只是反对既定的思维模式和设计方式。虽然它致力于融合高雅艺术和流行文化，但由此诞生的设计有时却沦为了迎合大众市场的粗劣产品，令人匪夷所思。不过，对于那些在探索现代设计的过程中完全摒弃传统的流派而言，后现代主义倒是为它们敲响了警钟。同时，后现代主义幽默夸张，也提醒了人们：设计本不该太过严肃。

后现代主义虽然只是昙花一现，但对后世影响颇深。极简主义便是对后现代主义最直接的回应。就在人们对现代主义究竟应该从繁还是从简争论不休时，一种既认可传统设计，也崇尚前卫家装的兼容并包的风格出现了。于是，20世纪末期的室内装饰采用的是一种全新的折中主义设计。

风格简介

后现代主义风格的室内充满了现代色彩，不同寻常。这一风格采用了人们所熟悉的古典元素，却并不追求真实的还原，让人觉得这似乎是在嘲讽古典的设计。尽管态度有些调侃，但后现代主义其实是想要致敬那些不朽的古典设计。在宽敞的室内空间里，后现代主义风格会使用大量建筑装饰细节，另一方面又会追求极简的、程式化的设计，以呈现出现代化的模样。墙壁上会有柱子、拱形、壁龛和夸张的嵌线，这些装饰奠定了整个空间的基调，同时让线性的钢架结构变得更柔和。帕拉第奥风格的拱形结构和三角楣饰也出现在窗户和门廊上。生动的色彩和动人的家装大胆而富有装饰性。后现代主义风格的室内空间的设计目的在于让人眼前一亮，而不是为了使人安居乐业，因此，这样的空间更适用于偶尔参观，而不适合久居。

虽然有了这些建筑装饰细节，似乎没必要再有其他的图案装饰，但后现代主义风格并不是依照“需求”来进行设计的。墙壁通常粉刷为单色，软垫和地毯上则有着丰富的图案，如程式化的、抽象的、经典的、几何形的或是花卉图案的。

后现代主义选用的色彩源于色域绘画[1]和冰淇淋商贩：香草色、杏黄色、淡草绿色、黑树莓色。设计师不爱使用基色调，偏爱柔和而出人意料的对比色。这些色彩用在墙壁、地毯、软垫上，彰显了后现代主义风格的鲜活、幽默和调侃意味，使之成为空前绝后的艺术风格。

1 色域绘画（color-field painting）：出现在美国20世纪50年代，属于抽象表现艺术。画家试图将艺术从过多的形而上学中解放出来，使其成为纯粹的视觉体验，因此他们排斥空间深度的虚拟情形与动势的笔触，经常运用几乎覆盖整个画布的大片色彩。

后现代主义风格（1975—1990）

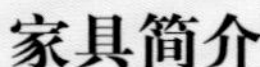

家具简介

后现代主义家具新颖动人，让人体会到设计的无限可能。这种风格的家具更多的是为了吸引眼球，而不注重实用性。家具设计大多数会从建筑造型中汲取灵感，更多时候则是源于设计师的灵光一闪。设计风格主要源于意大利式设计，其中最著名的是埃托·索特萨斯(1917—2007)和其他意大利设计师们在1981年共同成立的孟菲斯工作室，他们设计的家具全然不顾当时所有的设计准则。孟菲斯工作室迅速吸引了其他国家的设计师，他们创造了许多光怪陆离的作品，包括碗、花瓶、烛台，甚至是茶壶。这些作品色彩缤纷，由金属和塑料制成，造型前卫，没有附加装饰，与朴素的现代主义设计完全背道而驰。它们不用传统的装饰，而采用层叠的图案和大胆的色彩，显得生机勃勃。

后现代主义的设计虽然常常有些极端，而且并不实用，但它的优点在于让人们对它爱憎分明——喜欢这种风格的人会一眼爱上，而讨厌它的人也绝不会犹豫。迈克尔·格雷夫斯(1934—2015)、弗兰克·盖里(1929—)、菲利普·斯达克(1949—)等设计师对后现代主义风格卓有贡献。虽然他们的设计可能会让人感到不舒适，但都是现代设计中最抢眼的装饰。

后现代主义装饰品也从建筑中寻找造型灵感，但因为尺寸太小，所以只能做一些机智的改动。这些装饰品色彩斑斓，由玻璃、银、陶瓷、层压木材制成，反映了后现代主义设计最典型的特点之一——重构历史主义。这和人们诟病的后现代主义家具不同，后现代主义装饰品好看又实用，一直都特别讨人喜欢。

右页：纽约美仑大酒店里舒适的休息室，由菲利普·斯达克设计于1988年，是后现代主义室内风格装饰的早期公共建筑之一。

上图： 新型谢拉顿边椅，美国建筑师罗伯特·文图里1983年为诺尔公司设计的一系列椅子中的一把，由层压胶合板制成，是对传统座椅的一种“调侃”。

左图： 第一扶手椅，由涂漆钢管和木材制成，样式新奇，颜色鲜艳，由意大利设计师米凯莱·德·路奇于1983年为孟菲斯工作室设计。

普洛斯特安乐椅，对传统家具的又一调侃，1978年由亚历山德罗·门迪尼为阿基米亚工作室设计，模仿的是填充物过多的巴洛克风格的椅子，有手绘图案，带软垫，由雕饰木材制成。

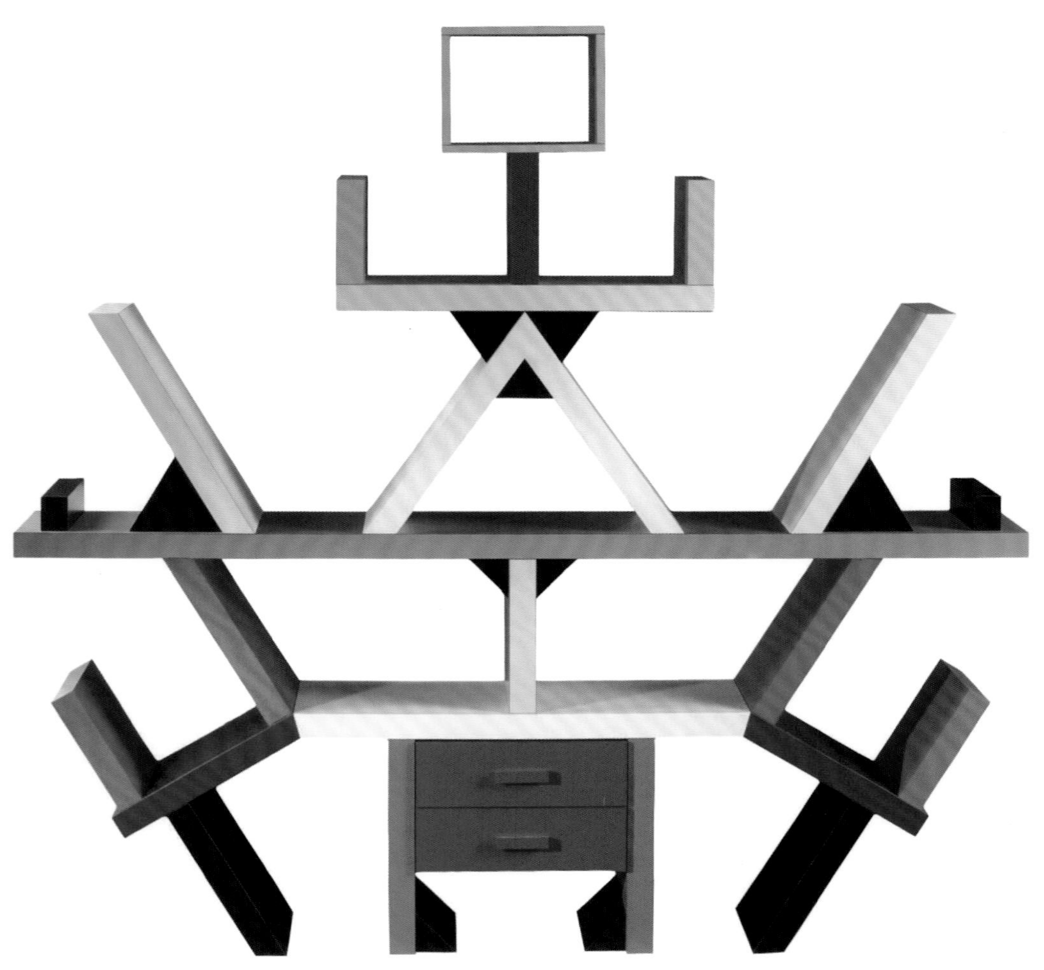

卡尔顿书架/隔断，是后现代主义风格的典型设计，由五颜六色的层压塑料制成，由孟菲斯工作室的创始人埃托·索特萨斯设计于1981年。

右图：虽然后现代主义风格的家具并不适用于大多数室内环境，但这一风格的配件却能与其他现代风格完美融合。这件茶壶的壶嘴是一只造型奇特的鸟，由美国设计师迈克尔·格雷夫斯于1985年为艾烈希公司设计。

下图：这把椅子由迈克尔·格雷夫斯设计于1980年，由枫木树瘤和层压木材制成，属于比较低调的后现代主义设计作品。

风格指南

氛围
有趣

规模
相对较大

色彩
冲突、柔和

装饰
极简

装饰
程式化、经典

家具
在经典形制上进行了机智的重构

织物
平织，有奇特的图案

倾向
圆柱、三角楣饰、奇怪的形状

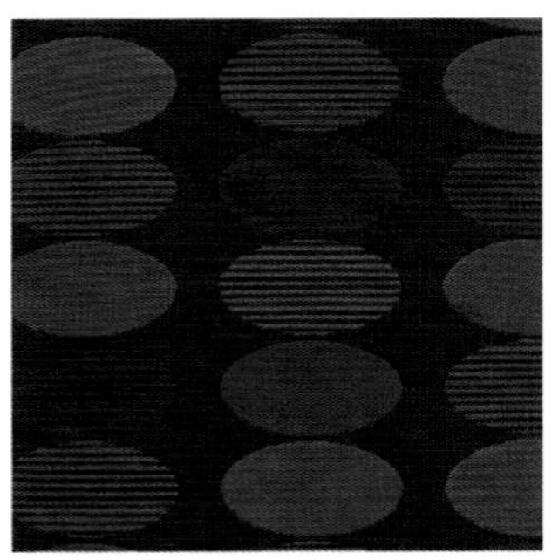

深色背景上平铺着椭圆图案，常见于后现代主义座椅的软垫上。

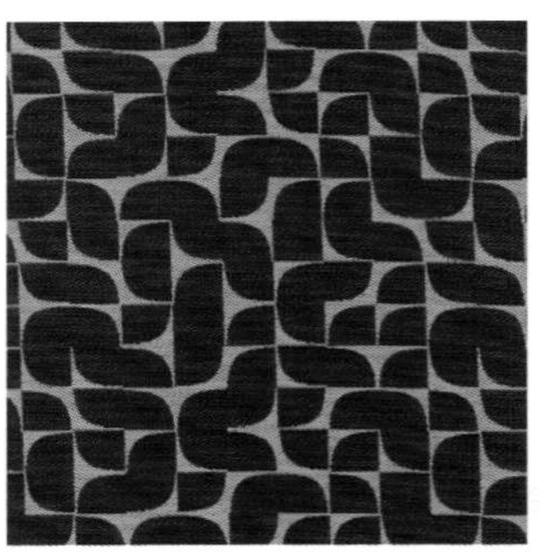

小型单色图案更为低调，但仍旧是后现代主义风格的典型图案。

第29节

高科技和极简主义风格（20世纪80—90年代）

高科技和极简主义风格（20世纪80—90年代）

时期简介

极简主义比大多数20世纪的风格更为难以捉摸。它诞生于20世纪60年代的艺术运动。当时运动的参与者有唐纳德·贾德 、罗伯特·雷曼、丹·弗莱文等，他们认为艺术品是物品，而不是艺术的表达。因此，艺术体验变得更为立体，而不再那么抽象。

极简主义将密斯·凡·德·罗的那句名言“少即是多”具体化。室内不再有任何非必需品，简朴的环境中只摆放着最少的物件。极简主义能有效地将混乱的现代生活归置整齐，这一点是批评者所诟病的，也是支持者所赞赏的。

20世纪70年代，美国设计师沃德·班尼特和高科技这种工业新潮（源于1978年的《高科技》一书）都是极简主义的奠基者。后来，得益于美国设计师乔·杜索(1943—)和伦敦建筑师约翰·帕森(1949—)，极简主义开始风靡一时。他们所设计的室内简洁、内敛，虽然有些太过简洁，但至少要比此前家居杂志和样板间展示的装饰繁复的室内清爽。极简主义大受媒体吹捧，不过事实上只有那些最具冒险精神的人才能在如此质朴的环境中安然自得。

到现代主义后期，建筑业还兴起了另一种风格——解构主义。这个词源于20世纪90年代，指的是那些形态各异，各部分支离破碎的建筑，它们独特、迷人，却常常很难建成。这一风格的代表建筑师有弗兰克·盖里、扎哈·哈迪德（1950—2016）、雷姆·库哈斯(1944—)和丹尼尔·李博斯金。

极简主义更追求理智的表达而非美学理念，所以真正接受它的人很少，它也因此流行了短短数十年。极简主义只是当时流行的众多风格中的一种，而且其他的风格比它更舒适、更人性化。不过那些追求纯粹的人倒是坚定不移地喜欢这种风格。

风格简介

极简主义风格的室内设计令人耳目一新，但有时也会过于朴素。这样的室内会给人一种“包络空间”[1]的感觉，因为四周都是精确的几何图案。室内绝不会有任何装饰，似乎显得毫无规划，甚至是尚未完工的样子，但其实这只是错觉：空间内的每一个元素都是精心设计、摆放的。极简主义可以看做是国际风格的延续，只在室内留下了少量的必需品。极简主义风格的室内更像是一件艺术品，室内的物品就是它的装饰。

墙壁呈直线形，通常整体刷白。墙角很尖锐，或用高光泽度的漆料涂色，或用抛光的钢材，甚至是水泥。房间内可以有织物，但织物上绝不能有任何图案。顶棚不论高低，都十分低调。

房间内可能会有大面积的窗户，但前提是室外景观十分纯朴。地板有时由光滑的水泥制成，有时铺上工业地毯、剑麻地毯或黄麻地毯。其他地方会加入一些对比元素，比如抛光的或是古旧的钢铁、透明的或是磨砂的玻璃、纹理丰富的石板、透明的塑料或是层压木材。室内灯具一般都隐藏起来，只提供背景灯光而不做装饰。

除了一两件精心摆放的装饰品之外，室内不会有其他装饰，以保护空间的线条感。室内不会杂乱地摆放着物品，也不会有任何图案，否则就会破坏这种诱人而内敛的感觉。同样，室内除了黑、白、灰之外不会有其他色彩。这三种颜色通过不同的质感、色调和灯具，营造出千万种变化。

极简主义的家具很好地融入室内环境中，如同雕塑一样起到了一定的隔断作用。常见的家具有低矮的组合沙发、玻璃或石板桌面的桌子、低矮的内嵌式橱柜。极简主义很重视水平线，以营造一种开放的感觉。

1 包络空间（enveloping space）：形象地说就是空间四周由直线或曲线交织，外观看起来像是包起来的。

高科技风格的阁楼内部，开放式厨房里，横梁直接暴露在外，室内还有一架现代化的亮红色铁管旋梯。

这间全白的房间体现的是极简主义。房间里没有任何多余色彩、图案和不必要的物品，仿佛只有最自律的人才能住在这样的房间里。

大型金属网面椅，名为“高高的月亮”，仅呈现出椅子的外形而没有任何支撑结构，由日本设计师仓俣史朗设计于1986年。这样通透的外观给人一种缥缈感。

“波澜不惊”，极简主义桌子，由约瑟夫·保罗·杜索设计于1980年，仅由不锈钢和玻璃制成。

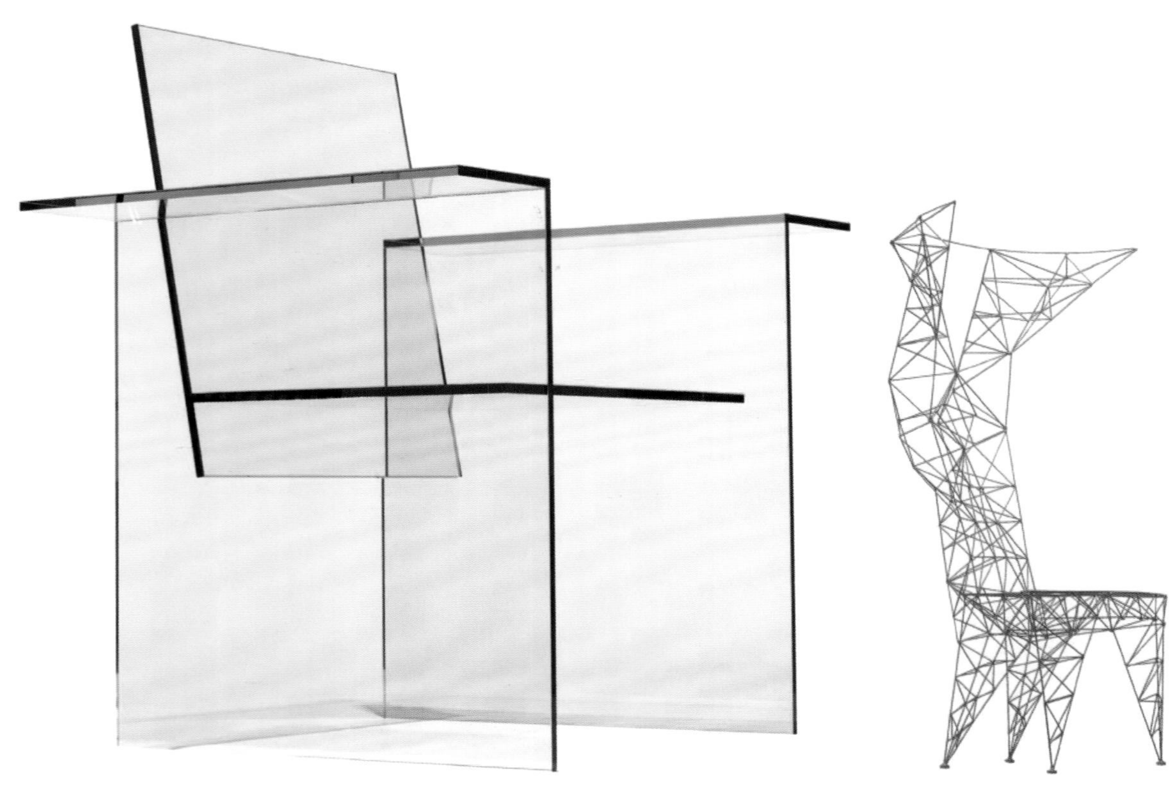

左上：仓俣史朗的极简主义作品常常追求透明的质感。这把椅子由层压玻璃制成，比看起来的样子更结实，制于1976年。

右上：塔架椅，看起来像是钢笔画，其实是由人工焊接的钢条制成，由英国设计师汤姆·迪克森于1992年为卡佩里尼公司设计。

上图：许多艺术家都曾设计过家具，尤其是极简主义风格的家具。这张松木床由唐纳德·贾德设计于1993年，与他的雕塑作品十分相似。

右图：美国艺术家、导演罗伯特·威尔逊于1996年设计了这把不锈钢居里椅。

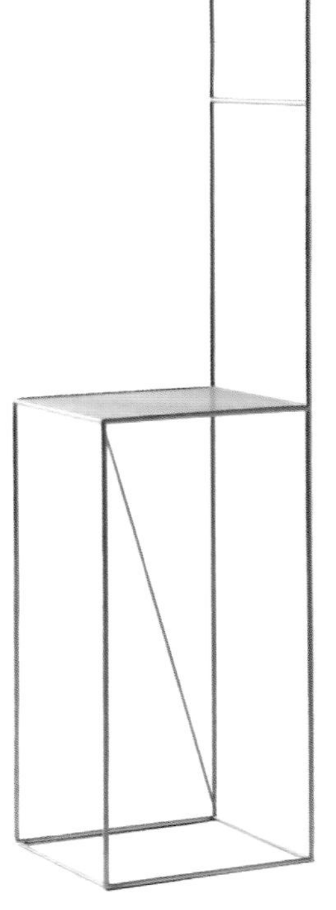

风格指南

氛围
冷淡

规模
适中

色彩
黑、白、灰

家具
严格的直线形

装饰
无

织物
平平的软垫、高科技材料营造透明感

倾向
工业风格、充满禅意的房间

极简主义风格的室内不需要任何装饰图案，像这样柔和的灰色人字形图案就已经足够。

织物上的卵石花纹缓解了深色背景所带来的沉重感。

第30节

晚期现代主义风格：过渡期的设计（1985—2000）

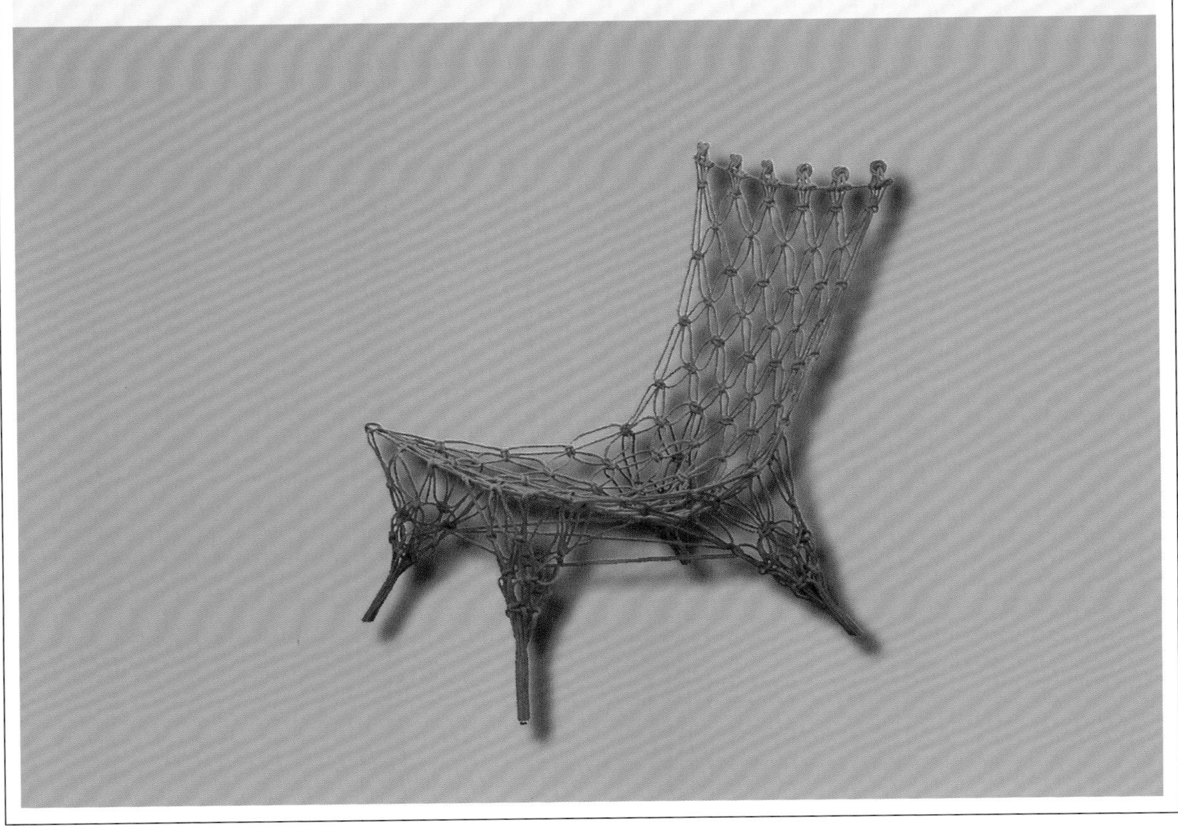

时期简介

20世纪90年代可谓是一个悲喜交加的年代：喜的是冷战结束，互联网兴起，全球化初见端倪；金融危机和种族大屠杀[1]让人们意识到，人类文明还有很长的路要走。随着20世纪逐渐接近尾声，设计陷入停滞不前的状态，不知道应该以怎样的风格来迎接即将到来的千禧年。有一股力量在推动着设计前进，也有一股力量在催促着它回顾历史，所以当时的设计要么呈现出谨慎的前卫风格，要么充满期许未来的怀旧情绪。虽然20世纪90年代的设计风格模棱两可，但正是在这一时期，现代主义风格第一次被普通大众完全接纳。哪怕不是全世界人民都接受，这对现代主义而言也意义重大。

设计师们不再采用反对传统的后现代主义和朴素的极简主义，转而采取了一种更为传统、保守的设计理念。当时人们开始流行穿便装，客厅也逐渐变成了家庭活动室，或者是郊区别墅里的大客厅——高高的顶棚，开放式空间，集娱乐区、就餐区、厨房为一体，家人和朋友都可以在此欢聚。由此，阁楼、公寓这种形式的住宅数量激增，哪怕是传统建筑也进行了相应改造，以吸引顾客购买。相比传统的封闭式房间，墙壁更少、更为开放的室内空间会更加灵活多变。同时，随着城市日益拥挤，建筑空间日渐减少，施工成本逐渐攀升，这样的空间还能无形地“扩大”建筑面积，无疑非常有用。

科技的进步让设计师们拥有了新的设计工具。计算机取代了圆规，设计师们便能设计出更复杂的曲线。虽然有些东西只能手工制成，但计算机能做的也是手工所不能及的。这样新鲜的尝试为设计师们开拓了许多全新的领域，就等他们去探索。

科技进步还带来了一个意想不到的收获——人们开始对厨房设计萌生了兴趣。装备齐全、“一触即发”的现代化厨房成了每一个房主的梦想。不论人们对烹饪有没有兴趣，像维京烤箱、零下[2]冰箱这样的工业化电器是每个人的梦想。几年后，浴室也受到人们同样的重视。厨

---

1 卢旺达大屠杀发生于1994年4月7日至1994年6月中旬，是胡图族对图西族及胡图族温和派有组织的种族灭绝大屠杀，共造成80万~100万人死亡。

2 零下公司（Sub-zero）：家用冰箱先导者，其产品被誉为“冰箱中的劳斯莱斯”。该公司1945年成立于美国威斯康辛州。当时，纽约古根汉美术馆设计师弗兰克·劳埃德·赖特厌倦一般市售冰箱毫无质感的设计，于是委托零下公司创始人维斯地·贝克（Westye Bakke）设计一款能完全嵌入橱柜，维持整体视觉规划，同时兼顾强大、稳定的冷藏功能的冰箱。

房和浴室都已然成了人们消费方式和经济实力的象征。

环保主义者日益直言不讳，大众也开始意识到全球变暖将会带来的危害，所以人们开始关注那些对环境损害最小的产品和建筑。随着“绿色设计”运动不断推行，设计师们也开始选用可持续利用的材料，并想方设法节约能源。

与此同时，设计师也开始将此前被忽略的几种人群纳入考虑范围，如老年人、残疾人、其他弱势群体。设计成为一门全新的学科，旨在不仅要创造出美好的事物，也要提升人们的生活质量。

现代通信使国与国之间交流更紧密，这时新一代的设计师也逐渐成熟起来，他们尊重世纪中期设计大师们的杰作，也会使用全新的设计理念，而不会受到国界或是传统设计方式的束缚。北欧地区以及意大利、美国、日本、法国、英国等国家的设计师们互相交换想法，甚至常常一起合作。

或许这一时代最新鲜的设计力量源于荷兰的埃因霍芬设计学院，其跨学科的课程设置强调创新，鼓励学生放飞想象，不被实用性束缚。该学院培养了一些国际知名的设计师，包括：楚格设计[1]团队、穆宜公司[2]联合创始人马塞尔·万德斯(1963—)、于尔根·贝(1965—)、海拉·容格里斯(1963—)、托德·布歇尔(1968—)（他的作品振奋了整个设计界，正如孟菲斯工作室在十多年前做到的那样）。这些荷兰设计师并没有反对现有的设计风格，而是在努力探索新的想法，也就是说，虽然他们的作品跟意大利式作品一样刺激、动人，但它们更适用于“真实的”室内环境。

1 楚格设计(Droog Design)：曾在荷兰获得家具设计和建筑设计大奖，由设计师海斯·贝克（Gijs Bakker）和艺术评论家芮妮·雷马克斯（Renny Ramakers）在1993年成立于阿姆斯特丹。同年在米兰设计展上一鸣惊人。

2 穆宜 (Moooi)：荷兰创立的设计品牌，名字源于荷兰语的“美丽”(mooi)，多加了一个字母o，意思是“比美更美”。

风格简介

晚期现代主义风格其实是一种停滞不前的现代主义风格。其最大的特点就是兼容并包，新设计与旧样式能和谐共存。从很多方面来看，这都具有积极的一面：新风格诞生时不会有太大的压力，设计师（和消费者）也能够有时间去消化和吸收建筑、室内设计、家装等各领域所发生的前所未有的变化。

如果有“20世纪后期典型的室内风格”这样的说法，那它应该是迷人而中庸的。座椅松软舒适，风格现代而不严肃。墙壁通体刷白，有时会挂上白色或柔和中性色彩的织物。抛光木地板上铺着有质感的地毯，要么是纯色的，要么带有经典图案。房间入口处、走廊或是装饰性墙面上会有仿制壁纸[1]，或是有质感的墙布。

家具都是现代风格的，不过偶尔会有一两件稍微古旧的。这一时期开始流行混搭风格，更注重个人风格和审美的表达，而不是墨守成规。

窗户的装饰一般很简单，比如垂直百叶窗、百叶帘、窗帘。如果有帐幔的话，就只是垂直地挂着，没有精美的垂饰、边缘或是线脚。

室内配色让人心生愉悦：之前流行的黑色、白色被温暖的中性色调取代。软垫坐起来十分舒服，各种装饰品和艺术品搭配起来，整个室内空间宜居而又怡人。

为了缅怀过往，当时的博物馆（如费城美术馆、蒙特利尔装饰博物馆、现代艺术博物馆）开始展出世纪中期的设计作品，越来越多的画廊摆出复古的家装，从而带动了一个健康的次级消费市场的兴起。21世纪早期，很多家具厂商，如万德诺、赫尔曼·米勒，都在推广、销售查尔斯·伊姆斯和蕾·伊姆斯夫妇、乔治·尼尔森等人在战后设计的经典家具。世纪中期设计的织物和北欧经典作品也迎来了同样的复苏，甚至连更古老的传统室内设计也被这一时期折中的设计风格包含在内。当然，主要的流派仍是现代主义。

---

1 仿制壁纸（faux painting）：仿大理石、木材或是石材质感的壁纸。

家具简介

晚期现代主义风格的家具与此前流行的家具样式很像，只是把尺寸改得更为实用，以搭配这种风格的其他家装。

不过也有一些设计师另辟蹊径，回收再利用工业制品，将原材料加工成全新的设计作品，如罗恩·阿拉德的罗孚椅就是一个很典型的例子。有的设计师在探索新型塑料制品的无限可能。以色列出生的阿拉德(1951—)和澳大利亚的马克·纽森(1963—) 等人设计的第一批限量版作品开始让人们觉得，工艺与美术不再那么泾渭分明。

左页：随着20世纪逐渐接近尾声，室内设计开始将现代主义风格与其他风格混搭。这间位于伦敦的客厅内，曲线造型的枝形吊灯有效地中和了家具的直线形。

上图：“你无法放下自己的回忆”，是由提欧·雷米在1991年为楚格团队设计的。他将回收的旧抽屉用帆布带子绑好，从而制成了这件限量版的作品。它打破了家具、工艺、艺术之间的界限。

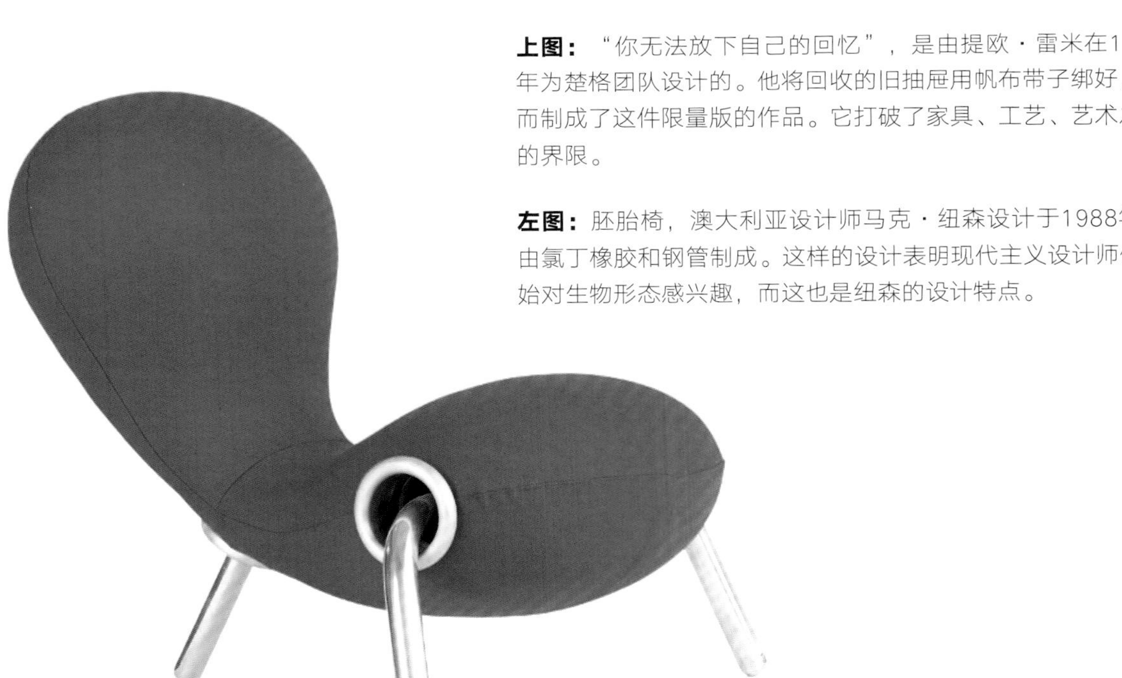

左图：胚胎椅，澳大利亚设计师马克·纽森设计于1988年，由氯丁橡胶和钢管制成。这样的设计表明现代主义设计师们开始对生物形态感兴趣，而这也是纽森的设计特点。

右图：设计师们开始利用意料之外的材料来设计家具。这件结绳椅由荷兰设计师马塞尔·万德斯为楚格团队设计于1995年。椅子比看起来的样子更舒适，用碳素纤维编成，再用环氧树脂胶合。

下图：伊拉克出生的建筑师扎哈·哈迪德不再使用解构主义[1]，而是依据生物形态设计了这件异形沙发。该沙发制于1986年。

1 扎哈·哈迪德大胆运用几何造型进行设计，被称为建筑界的“解构主义大师”。

建筑师弗兰克·盖里曾用瓦楞纸板设计家具，这次他受到苹果篮子的启发，用弯曲的层压枫木设计出“以多对少”系列座椅，这些椅子都是以冰上曲棍球的术语命名的。图片中的“阻碍”椅也是其中之一，是盖里于1990年为万诺德公司设计的。

左图：这件S形椅子与维奈·潘顿的模压塑料椅造型很像，由涂漆金属和麦秆制成，由汤姆·迪克森设计于1991年。

下图：罗迪·格劳曼是楚格团队的一员，其于1993年设计了这件有85个灯泡的枝形吊灯。这件吊灯仅用普通灯泡和塑料包裹的电线制成，却意义非凡。

菲尔茨椅，由意大利设计师盖特诺·佩斯于1987年设计，由松脂浸渍过的毛毡制成，两侧灵活的扶手使人们坐起来更舒服。

风格指南

氛围	**规模**
舒适	较大，却又不至于过大
色彩	**装饰**
米色、中性色彩	极简
装饰	**家具**
较少	边缘柔和的当代风格
织物	**倾向**
带纹理或有限的图案	保守的折中主义

色彩各异、大小不一的方块图案，这样的织物常见于这一时期。

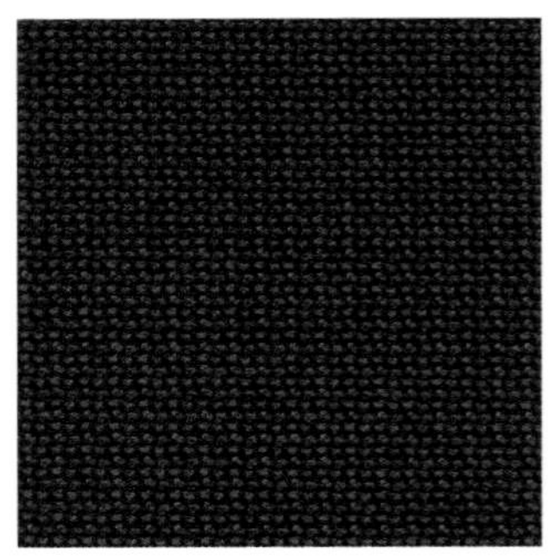

这件带纹理的织物十分简单、低调，适用于任何时期的任何风格。

第5章

21世纪：
未来就在这里

第31节

21世纪的风格：设计新天地

时期简介

20世纪流行的是现代主义，21世纪也同样如此，只不过内在含义不尽相同。21世纪的设计并没有采取传统的形制，所以毫无疑问它是现代的。21世纪的现代主义的特别之处在于它有着多种可能，没有主流风格。当时有许多因素影响了衡量设计的标准和设计的目标。

弗兰克·盖里1997年设计的位于西班牙的毕尔巴鄂古根海姆博物馆颠覆了传统的设计，荷兰的埃因霍芬设计学院的毕业生用计算机设计的家具令人耳目一新，这都预示着21世纪的风格一定会创意十足。21世纪的设计作品由计算机绘制，更注重创意、技术而非实用性，而且这一时期的设计开始关注社会问题。由此，设计的衡量标准不再局限于美学和功能，而具有更广阔、深远的含义。

21世纪最初十年发生了许多举世瞩目的大事件：美国9·11恐怖袭击，中东纷争不断。人们更多时候忙于思考生存问题，美学追求让步于人道主义，设计也显得不那么重要。

此时关于设计的各种讨论，不论是关于使用材料、能源消耗，还是循环利用，都围绕着“可持续发展”这一话题。建筑设计、室内设计、工业设计都需要考虑这些因素。设计师们谨慎地选择材料设计室内，以减小对环境的影响。

通用设计、就地养老这样的社会学问题使得室内设计和家装变得更为重要，老龄人口日益增多、现代家庭和居家环境的多样性都需要考虑进来。

从另一个方面来看，设计的内涵也在扩大。交通和通信促进了全球一体化，信息交流的时间从数周缩短到了短短数秒。国家和文化间的壁垒几乎完全被打破，不同国家的设计开始追求相似的美学。以国别来划分设计风格的做法不再可能，也不再合理。荷兰、德国、日本、英国、法国、西班牙等国同20世纪晚期的意大利、美国一样，为前沿设计贡献着自己的力量。文化多元主义主宰着当今的设计领域。

科技以势不可挡和振奋人心的姿态继续向前发展，仿佛又掀起了一场工业革命。因此，设计的发展比以往任何时候都要快，早期的工业时代此时看起来也不过是历史长河中的一朵浪花。由于更新节奏加快，每一个新想法和新作品都面临着早早被淘汰的可能，设计师们也就必须要不断创新，或者至少要做到不断接纳新鲜事物。

这一时期建筑设计也取得了一定的进展。这些建筑或外层包裹着金属线圈，或形似翱翔的双翼或是参差的碎片，或由纸管或是有机材料制成，或装饰着LED（发光二极管）灯具，或表面为太空时代质感的织物或是回收再利用的废弃物。风洞技术的诞生使得人们能够将条形建筑[1]建得更高，这样的建筑看起来摇摇欲坠，实则十分稳固。弗兰克·盖里、圣地亚哥·卡拉特拉瓦(1951—)、雷姆·库哈斯、扎哈·哈迪德、让·努维尔等建筑师打破了人们对建筑样式的固有期待，向人们展示了新的可能。

智能住宅在此时才刚刚起步。智能住宅能对照明和家电进行预设，电器均是触控式的。可以想象，未来的智能住宅或许还能做到：墙壁能根据天气和人的选择改变颜色或图案，照明能

1 条形建筑（sliver building）：纤细的高楼，其正面狭窄，一般为14米或更窄。从20世纪80年代中期开始，高楼变得越来越纤细。

根据人们的心情自行调节，家具能针对不同的住户改变自身样式。随着“信息”成为设计师的法宝，我们有理由相信，这样的科技进步和其他发展终将改变室内设计。

设计和语言一样，将会随着社会、文化、政治、科技的改变不断发展和进化。由此一来，我们更难把这个时代定义为某一种风格所统摄的时代；或许，我们将永远无法做到。

风格简介

21世纪的室内设计随着环境、材料和科技的改变而改变。当时并没有统一的美学诉求，只有两种不同观点：一种主张在现代主义中融入历史主义元素，一种则十分排斥历史主义。当代风格的房间或许会呈现出极简主义，墙面和窗帘都是透明的，所以空间的架构似乎消失了。设计师们想要利用人文元素来反对严苛的现代化，从而使房间呈现出大自然的形态。再或者，室内设计会混合着新创意和历史元素，别有自己的一番风韵。

墙壁颜色可深可浅，花纹可有可无，质感或带纹理或光滑，呈现出精致而折中的意味。空间的划分会用到树脂、挤制铝材、数码打印的玻璃、蜂窝状的纸或是聚丙烯织物。

织物的设计兼具科学性和创造性，由塑料、金属网、碳纤维、树脂通过编织、打褶、挤压、切割、压缩等方式制成。

而另一方面，人们也在追求天然材料：将纸或未经加工的木材做成灯具和织物，将薄木贴

片编成自然的造型。家具也可以用可回收利用的材料制成，常用的有竹子、混凝土，也有看上去不太可能使用的种子、蜘蛛网，甚至是垃圾袋。

随着人们开始使用天然材料，人们对手工也萌生了兴趣，开始崇敬那些会手工制作的工匠。毕竟之前人们的生活里充斥着各种机器制造的产品，所以大家会有这样的反应也可以理解。如今室内最引人注目的装饰品便是那些手工艺品。人们被其外观吸引，视之为艺术品。

当时新发明的照明技术让设计师们得以尝试设计此前从未有过的小巧而精致的灯饰。高强度灯具和LED灯可以照亮整面墙壁，还能变换颜色，简直是打开了新世界的大门。这样的灯具要么作为装饰，要么完全隐藏起来。此外，室内还有（或是仅有）裸露在外的电灯泡，水晶、纸、金属薄片、羽毛做成的枝形吊灯或是全息吊灯。你所能想象到的各种灯具，21世纪应有尽有。

家具设计也有好几个流派。设计师们要么利用现有材料设计新型家具，要么利用新材料和新科技重新创造，使用的科技有的源于汽车或航空领域。由此诞生的家具或许是在熟悉的造型上有一些改动，又或许是一副全新的模样。得益于与工程和科学领域的结合，家具制作有了许多新材料，如注射成型的聚丙烯、激光切割的聚丙烯、弹性聚丙烯和注塑成型的泡沫塑料，偶尔也会用切割铝材。出于可持续发展的考虑，设计师也会使用沙子、硅土、水泥、纸，或是从垃圾场回收的废弃材料。

上述这些新式设计作品大多不会采用传统的装饰，而是利用特定材料的质地、透明度或是其他特质来做装饰。甚至有些时候，设计师更多的是在大胆尝试，而不是努力设计出人性化的作品。当然也有一些设计师始终将舒适度置于美观之上。好在当时的媒体懂艺术，建筑、设计领域的明星设计师们的曝光度也在日益增大，所以大家都能接受，乃至欣赏这些出人意料甚至颠覆传统的设计。

有些家具设计师将功能排在次要地位，但其设计作品也还看得出家具的模样。这些家具设计师只是想探索一下不同的制作方法，不过大多数是想要表达一些人们只有理解了之后才能欣赏的想法或理念。也正因如此，他们所期待的理智或是情感上的回应其实与家具本身关系并不大。罗恩·阿拉德、扎哈·哈迪德、马克·纽森等设计师设计的作品给人以触觉体验，而帕特里克·乔安(1967—)、里斯·拉曼(1979—)和乔布工作室的乔布·史密兹（1971—）和妮科·塔娜杰（1977—）等人则是通过视觉来传达自己的理念。

右页：仅见于21世纪的室内设计，位于意大利罗马的当代艺术国家博物馆，由扎哈·哈迪德设计于2010年。

建筑决定的室内设计

有时，现代建筑本身便能决定室内设计。有的建筑使用大面积的玻璃，室内与室外的景观融为一体；有的建筑则因为空间构形要求过高，所以室内设计方案有限。在这样的环境中，建筑和室内设计有着紧密的联系。

右页： 两层高的客厅，位于加州马里布，由美国建筑师史蒂芬·坎纳设计于2003年，建筑夸张的构形决定了室内设计的风格。

SOL LEWITT A RETROSPECTIVE
DESIGN
MARK ROTHKO

上图：限量版躺椅，由德国设计师康斯坦丁·格里克于2008年设计，由碳素纤维制成。

下图：极简主义桌子，由以色列设计师艾瑞克·烈威于2007年设计，由抛光的不锈钢和光滑的青铜制成。

右图：桌灯，瑞典设计公司克莱松·卡尔维斯托·卢恩用新型的纸、塑料、铸铁制成于2010年。

下图：意大利设计师皮埃尔·里梭尼设计的这件具有当代风格的沙发很符合21世纪折中主义风格的审美。

折中主义设计

21世纪的室内设计呈现出现代主义风格，但其实并不是严格按照这种风格来设计的。这一时期的室内设计风格越来越多地会将各个时期的特点混合起来，利用对立和互补营造空间的个性化色彩。折中主义便是21世纪室内设计与众不同的地方。

右页：纽约地标维拉德别墅的客厅，其精致的水晶枝形吊灯、曲线形定制沙发、手工艺品等融合了多种风格，由室内设计师胡安·蒙托亚设计。

左图：动物聚会椅，由各种动物毛绒玩具和钢管框架制成，由巴西设计师费尔南多·坎帕纳和翁贝托·坎帕纳兄弟两人于2002年设计，当时他俩用不同的毛绒玩具设计了许多的版本[1]。

下图：钩花椅，由马塞尔·万德斯于2006年设计的限量版椅子。手工钩成的花朵图案模压成型后，用树脂定型，便制成了这把很矮的曲线形长椅。

下图：围垦地椅[2]，由荷兰设计师海拉·荣格里斯于2005年设计，由木框架和聚氨酯材料制成。这件家具看似传统，实则不然，扶手内填充的是沙，以便能更好地塑形。

1 比如有一版都是熊猫毛绒玩具，叫作“熊猫椅”。
2 围垦地椅（The polder sofa）：围垦地是人为用堤坝把沿江、滨湖和海边的滩地围起来开垦的区域，常见于荷兰。

上图：狂欢椅，椅背为曲线形，整体十分现代化，由埃及出生的设计师凯瑞姆·瑞席设计于2009年。

下图：“汇合”沙发，各部分看起来像是随意拼凑的，由法国设计师菲利普·尼格罗设计于2009年。

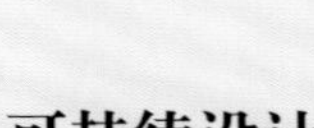

可持续设计

设计师将环保纳入考虑范围，由此设计出的室内空间十分节约能源。设计师会选择可再生、可回收利用、可生物降解的材料，或是尽可能有效地利用自然资源。

右页：美国布罗姆利·加达里建筑师协会依照可持续性的各项要求设计了这间度假小屋。室内光照达到最大化，空气循环良好，天然材料布置出怡人的室内环境。

上图：卷心菜椅，由日本设计师佐藤大设计于2008年，用打褶的再生纸卷成，使用时只需打开纸卷。

右图：裙衬椅，由西班牙设计师帕奇希娅·奥奇拉于2008年设计，由天然的青铜色线绳缠绕在涂漆的铝架上制成，既可用于室内，也可用于室外，美观又实用。

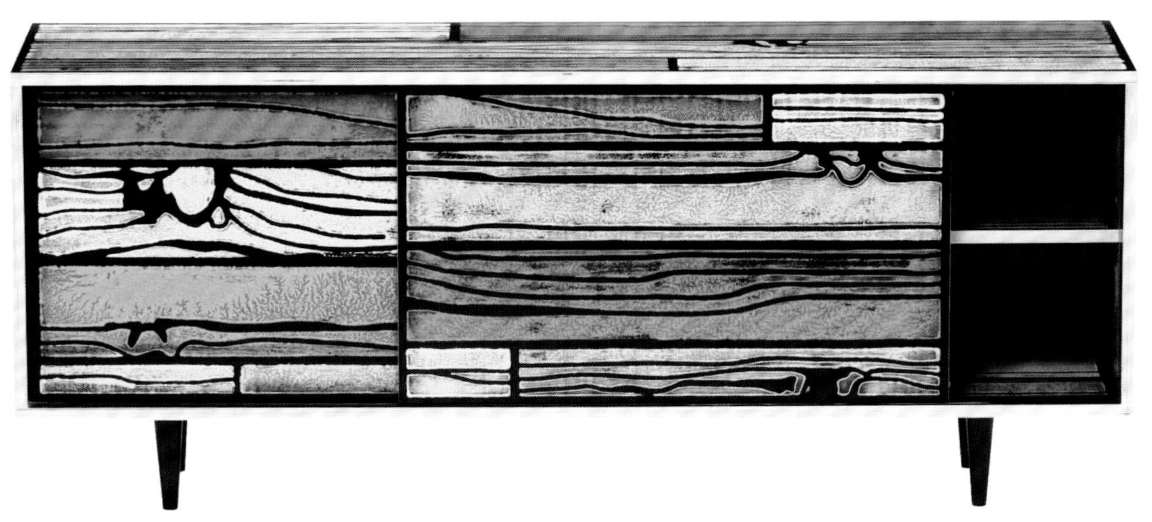

上图： 这件橱柜由色彩斑驳、长短不一的胶合板制成，表面有涂漆、彩绘和玻璃，由朗·伍德事务所（理查德·伍德和塞巴斯蒂安·朗创立）于2007年设计。

下图： 像素扶手椅，由木块制成，给人一种随意拼凑的错觉，由荷兰设计师于尔根·贝于2008年设计。

计算机设计

计算机可以完成不能通过绘画或模塑做成的设计，景观、室内、装饰品等也因此能够呈现出前所未有的样子。墙壁可以是蜿蜒曲折的，走廊也可以像雕塑一样盘旋、流动。计算机控制的激光切割机器能切出像纸一样的薄片，进而组装成全新的样式。动作捕捉技术让设计师能直接在空中作画，得到的数据经计算机识别后便可3D打印出来。添加式或还原式制造改变了物品的制作方式，使得人们可以依照自己的喜好进行定制。

右页： 这间现代公寓的厨房墙壁蜿蜒曲折，室内也有照明，但其实这一切都是米尔克建筑工作室于2004年在计算机上模拟出来的。设计师用直尺和丁字尺做不到的，计算机都可以实现。

上图：云朵书架，通过扭转聚乙烯材料制成，可以随意组装，由法国设计师罗南·布卢莱克和埃尔文·布卢莱克兄弟于2004年为卡佩里尼公司设计。

下图：薄片椅，由激光切割的铝片手工组装而成，由丹麦设计师马赛厄斯·本特松设计，这件是2000年的限量款。

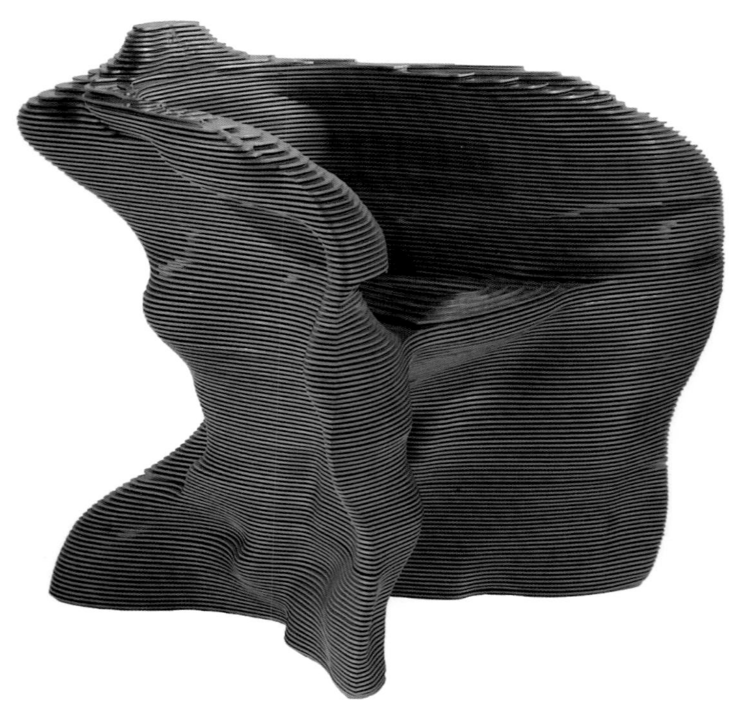

灰姑娘桌，将17世纪桌子的样式导入计算机制成，经人工组装和表面处理。这件家具由榉木和胶合板制成，由荷兰设计师杰罗恩·费尔霍芬设计，是2005年的限量款。

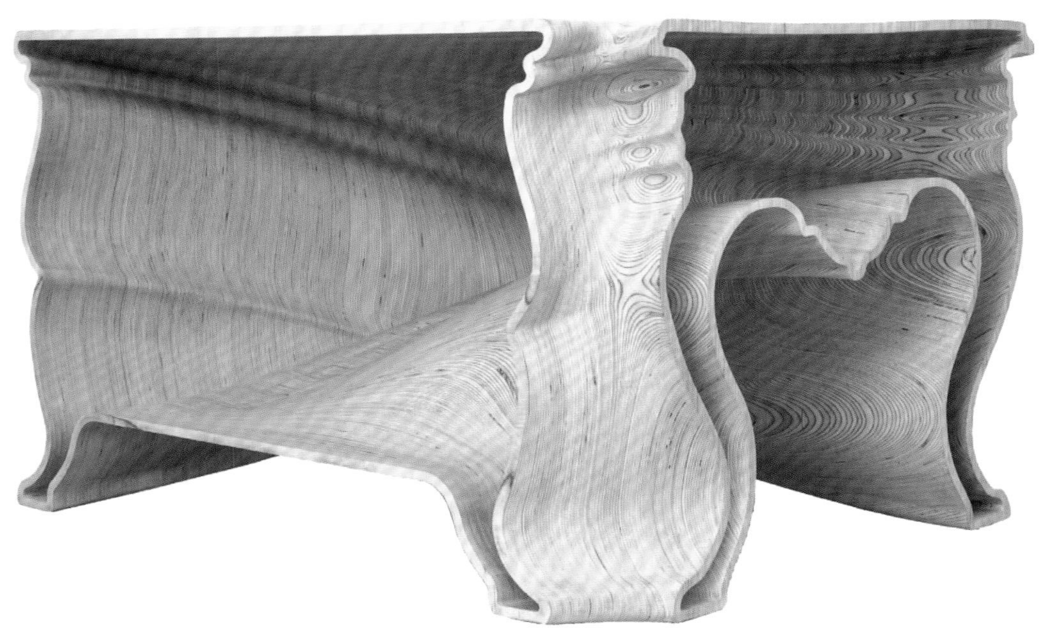

商业设计

21世纪的办公空间也有着自己的特点。这个多功能空间既是运动场也是工作区，也就是说私人区域和公共区域相互交织。最典型的办公空间会分很多层，中心为比较宽敞的中庭，四周有螺旋梯、扶梯或滑梯；室内颜色鲜活，因为这样能激发人们的创造力，当然有时也会不利于人们休息。

下图：在21世纪的办公室里，人们可以做到工作、娱乐两不误。这间办公室由罗桑·布施为乐高设计，并由安德斯·桑那贝格拍摄。

几乎所有的现代办公建筑里都会有中庭，以便最大限度地采光，同时这样的开放式空间易于人们交流。

左图： 艾伦椅，最符合人体工程学的办公椅，1994年由比尔·施通普夫和唐·查德威克为赫尔曼·米勒公司设计。这款椅子大多由再生材料制成，所以椅子本身也是可回收的。以这款椅子为原型，人们设计和制作出了无数舒适的椅子。

右图： 巴兰斯椅，由挪威设计师彼得·奥普斯威克在20世纪80年代设想出的一种全新的座椅。现在这种椅子发展出了多种变形，有工作椅，也有主管椅[1]。图示中的这款椅子小巧简洁。

1 常见于经理或主管人员的办公室，用料更高级。

新世界的家具

到目前为止，21世纪的家具并没有一种主导风格，但这一时期的家具有好几种发展趋势。

高科技家具

早在21世纪之前，高科技家具都还只是人们的空想。而现在，家具采用最新科技，或是将其他领域的新发明用到家具制作上，家具造型呈现出前所未有的模样。

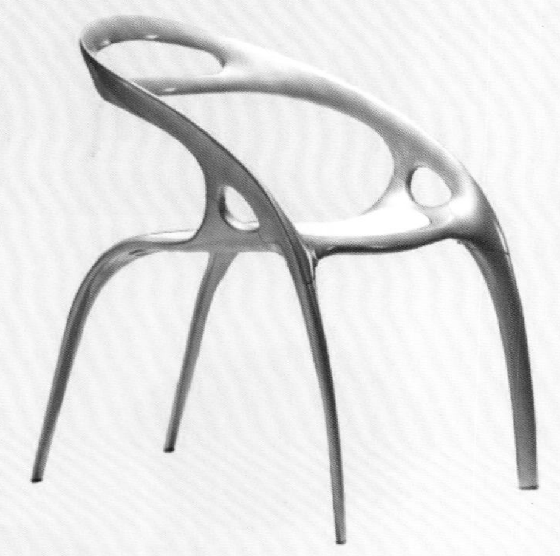

上图：镁框架椅，由威尔士设计师洛斯·拉古路夫2001年为伯恩哈特家具公司设计，整体一气呵成，镁材经过了亚光处理。这是当时第一批用于批量生产的椅子之一。

右图：法国设计师帕特里克·乔安于2004年设计的C2椅，利用快速成型和光固化成型技术制成，其复杂的结构采用了多层数字切割的3D绘图技术。

上图：桥桌，通过汽车制造业常用的软件绘图，仿照骨头的形态，由铝材制成，由里斯·拉曼于2010年设计。

右图：环氧基树脂速写椅，造型由瑞典设计团队在计算机上徒手绘制，利用快速成型技术制成于2005年。

概念性家具

人们只有在充分理解概念性家具的基础上，才能学会欣赏这种家具。它们主要用于艺术家的政治、社会、文化诉求，因此美观并不是最重要的。它们也可能是迷人的或实用的，但这对设计师而言都不重要。

望加锡黑檀长凳，兼具概念性和艺术性，源于乔布工作室的“灭亡系列作品”，带激光切割成的化石图案镶嵌细工。该作品用来纪念那些如今已经灭绝的物种。

左图：二手书柜，由几把二手椅子摞在一起后经胶粘固定、手绘装饰，由荷兰设计师马丁·巴斯于2006年设计。因为每件书柜用的椅子都不同，所以每一件都是独一无二的。

下图：车床椅，由荷兰设计师塞巴斯蒂安·布拉伊科维奇于2008年设计，青铜色，造型夸张，仿维多利亚时期的设计。

设计/艺术

这一类家具消除了艺术与设计间的界限，既属于艺术品，也是设计作品。有的完全是机器生产，有的完全是手工制作，也有的采用了上述两种工艺。它们要么是系列作品，要么是限量版。因为这些作品在画廊里以艺术品的价格售出，所以它们开创了“家具藏品”这个家具新门类。

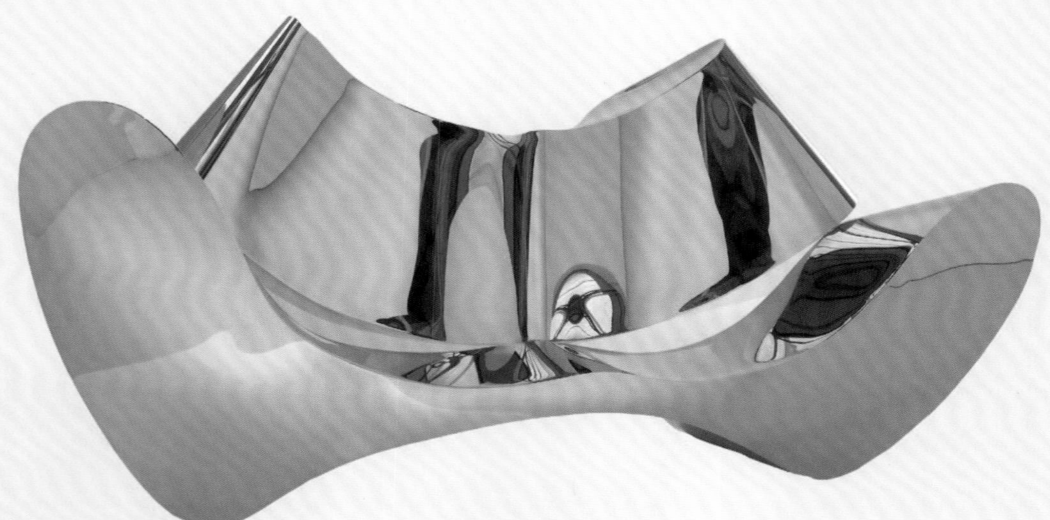

上图： D沙发，由以色列出生的罗恩·阿拉德于1994年设计。阿拉德致力于利用不锈钢制作限量版家具艺术品，他最新的设计作品则是用铝来制成夸张的造型。

下图： 水桌，2005年扎哈·哈迪德用玻璃钢模仿液体流动的状态制成了这张桌子。桌子底部由三个曲线形结构组成，桌面上凹陷的地方营造出融化的动感。

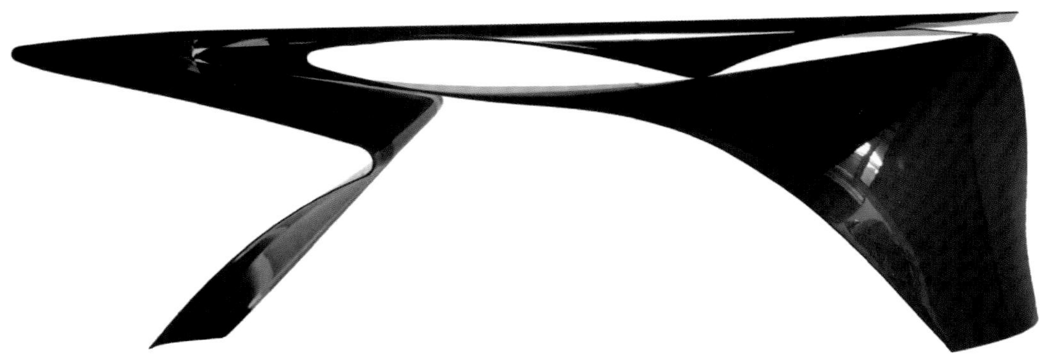

上图：侧线桌，由碳素纤维制成，由总部设在伦敦的美国菲利普·迈克尔·沃弗森设计工作室于2009年设计。

下图：英国设计师阿曼达·莱维特在2006年用水泥和压碎的石灰岩制作了这件线条流畅的家具，名为“漂流的水泥”。

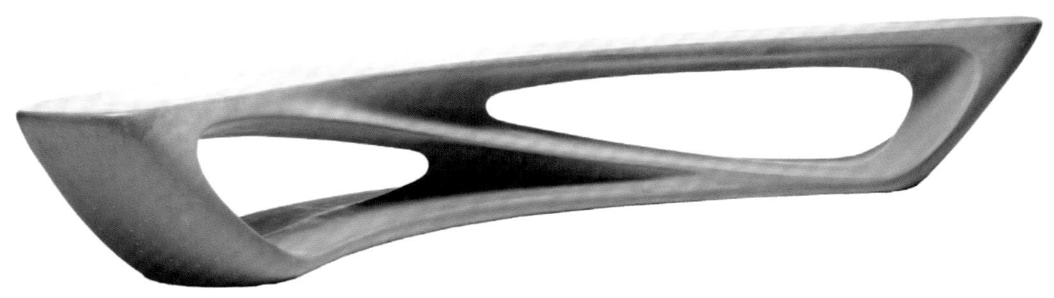

重视手工的家具

这一类型的家具向手工致敬，反对现代机器生产的冷冰冰的家具，效仿的是工艺美术运动时期的风格。不过当代的手工家具兼具工艺与美术的特点，也就是说，传统的分类方式在此不太适用。

大卫·埃布纳于2006年设计了这把蕾丝木写字椅，其手工造型与古希腊的克里斯姆斯椅十分相似。

左图： 这件作品形似花束，是将毛毡折叠成花瓣后，缝到钢结构支撑的聚氨酯泡沫塑料上制成的，由日本设计师吉冈德仁于2008年设计。

下图： 鳄鱼办公桌，由青铜制成，手工技艺精湛，让人不禁想起法国的传统工艺，这款限量版办公桌由克劳德·拉兰内于2007年设计。

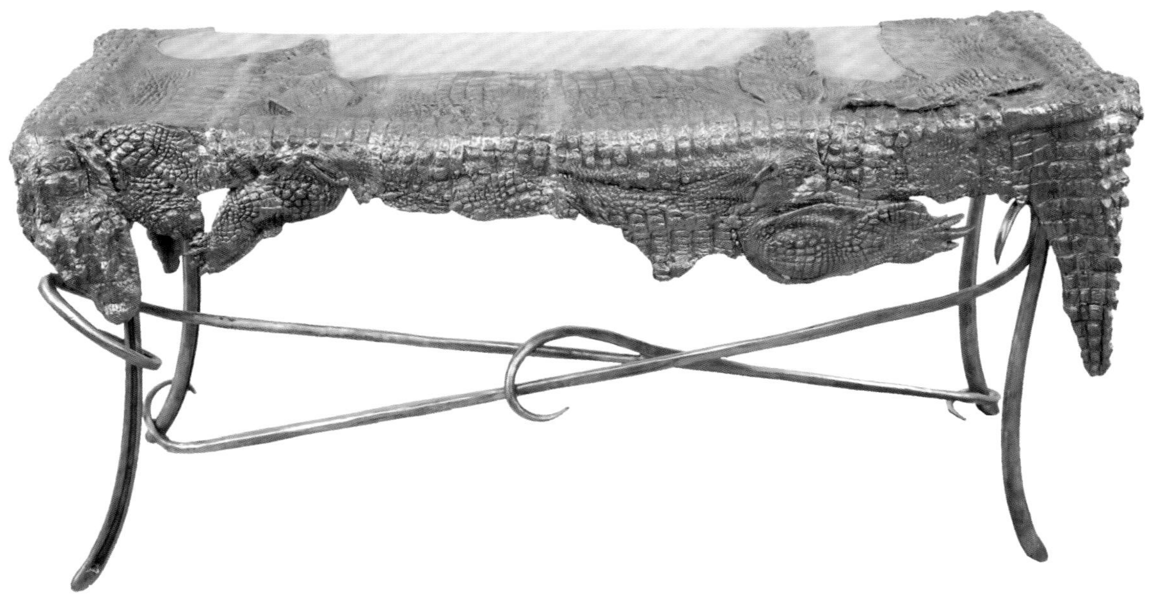

历史主义家具

历史主义家具一方面延续传统历史主义，另一方面反对21世纪的过度创新。这些家具保留了传统的风格，重现了20世纪的经典作品（主要是世纪中期现代主义风格，也有20世纪后期的风格）。在这场复兴的浪潮中，复古设计重现并崭露头角，很多几十年前的家具样式也重新回到人们的视野中，比如北欧设计师在20世纪40年代提出的“扁平家具”。

组合沙发，源于弗拉基米尔·卡根的设计，带有经典的曲线造型，这件沙发设计于2005年。

左图：公牛椅，原型由丹麦设计师汉斯·瓦格纳于1960年设计，这把公牛椅是2012年的款式，证明了优秀的设计作品永远不会过时。

下图：路易斯鬼椅，由法国反对传统的设计师菲利普·斯塔克设计，造型源于法国18世纪流行的扶手椅，由注射成型的聚碳酸酯制成，2002年问世后十分畅销。

右图：洛克希德躺椅，虽然是马克·纽森在1986年设计的，但很好地代表了21世纪的创新作品。这件作品用铆钉相接的铝材覆盖在玻璃钢上制成，一共有三件，2009年以110万美元售出，创下了当代家具的历史最高价。

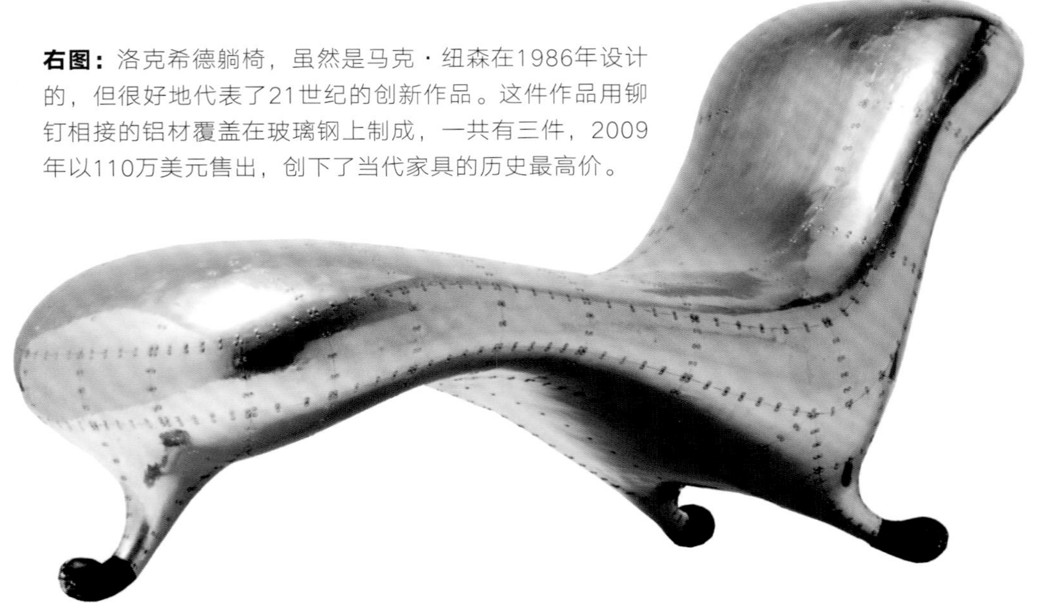

左下图：鹈鹕椅，由丹麦建筑师芬·尤尔于1940年设计。这把椅子产于2008年，看起来仍旧和当年一样前卫，由钢结构、海绵橡胶、皮革制成。

右下图：经典的海军椅，最初由艾美克公司于1944年设计，供海军在潜水艇中使用，图中的这把椅子为21世纪的版本，全部由回收的可口可乐瓶制成。

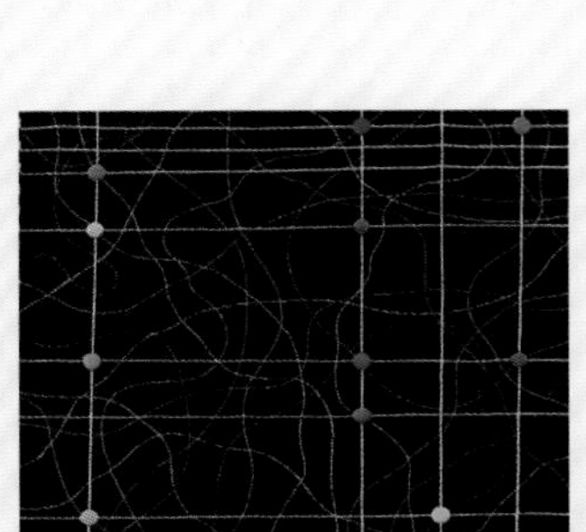

拉巴里地毯，不属于任何一种风格，2014年由多西·莱维恩工作室为纳尼马其拉公司设计。

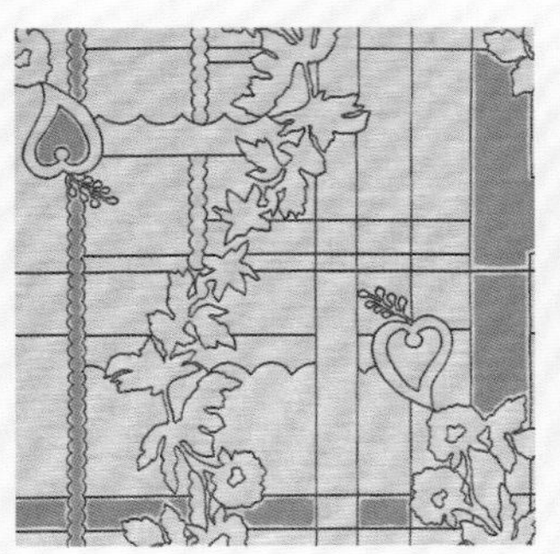

“公园”图案，由海拉·荣格里斯设计，将人们所熟悉的图案用现代的方式呈现出来。

“后果”图案，由乔布工作室设计，展现出城市被毁的样子。

结语

经济动荡、政治纷争、军事冲突等因素日益影响着如今的世界，所以如果我们仅关注风格的变动，未免有些肤浅。不论是令人紧张的设计，还是令人平静的设计，都与人们的日常生活紧密相连，而了解风格的变化，有助于我们梳理历史的脉络。

21世纪的设计风格与此前的风格一样，迷人又有趣。那究竟是什么将二者区分开来呢？现在回答这个问题还为时过早，不过有一点毋庸置疑：风格间的差异不会再像过去一样明显。很有可能出现的是，未来没有哪一种风格会成为一枝独秀。设计将会继续改变这个世界，为关注设计的人提供新鲜 的体验和持续的挑战。

所以21世纪的风格到底是什么呢？不论结果如何，设计风格都是时间的艺术。

设计时期和风格年表

17世纪和18世纪

法国

时期：1643—1715年，路易十四执政时期

风格：巴洛克风格/路易十四式（凡尔赛宫，路易·勒沃、夏尔·勒布伦、安德烈·勒·诺特、安德烈·查尔斯·布尔）

时期：1710—1730年，路易十五摄政时期

风格：摄政式风格，由路易十四式过渡到路易十五式（查尔斯·克雷森）

时期：1730—1750年，路易十五执政时期

风格：洛可可风格/路易十五式，起源于法国，不常见于宫廷（常见于联排别墅[1]）

时期：1774—1792年，路易十六摄政时期（1789年，法国大革命爆发）

风格：新古典主义风格/路易十六式（让·亨利·里茨内尔）

时期：1790—1804年，执政内阁式

风格：执政内阁式（过渡到帝国式）

时期：1804—1814年，拿破仑时代（拿破仑为当时的皇帝）

风格：帝国式，晚期新古典主义（佩西耶和方丹，马尔梅松城堡）

英国

时期：1688—1702年，威廉和玛丽（两人共同执政）

风格：巴洛克风格/威廉-玛丽式（克里斯多佛·雷恩、丹尼尔·马罗特），胡桃木时代

时期：1700—1720年，安妮女王统治时期

风格：安妮女王风格，洛可可风格对英国的影响可见一斑

时期：1720—1810年，乔治时代，乔治一世至乔治三世统治时期，桃花心木时代

①1720—1760年，乔治时代早期：乔治一世和乔治二世统治时期

风格：早期乔治风格，比安妮女巫风格装饰得更为精美

帕拉第奥式（1730—1760年，威廉·肯特）

②1760—1810年，乔治时代晚期：乔治三世统治时期

风格：洛可可风格和新古典主义风格

罗伯特·亚当：1760—1800年，建筑和室内设计，新古典主义风格

托马斯·齐彭代尔：《绅士和家具制作者指南》，1754—1763年间出版，呈法国洛可可风格、哥特式、中国风、新古典主义风格

乔治·赫波怀特：《家具制作和软垫装饰指南》（简称《指南》），1788年出版，新古典主义风格

托马斯·谢拉顿：《家具制作和软垫装饰图集》，1791—1794年间出版，新古典主义风格

时期：1810 —1830年，乔治四世摄政时期

风格：晚期新古典主义风格（约翰·索恩、约翰·纳什、托马斯·霍普），又称摄政式

美国

1600—1790年：殖民地风格（后革命时代，欧洲殖民者来到美洲，建立起新的政府）

时期：1620—1790年，早期殖民地风格

风格：清教徒风格，具有本土特色，“中世纪”风格

雅各宾式：源于英国文艺复兴风格

威廉-玛丽式：源于英国巴洛克风格

[1]原文Hôtels particuliers 指的是法国的联排别墅，相较于英国的联排别墅（townhouse）会更加宏伟大气。传统意义的联排别墅一般建成一排，邻居直接有共用墙但独门独户，直接位于街道上；这里的联排别墅通常独立成一栋，前有主入口庭园，后有花园。

时期：1720—1790年，晚期殖民地风格（1776—1781年，美国独立战争）

风格：安妮女王风格，源于英国安妮女王风格，但更加流畅，更像雕塑

齐彭代尔式：以齐彭代尔的《指南》为基础

时期：1785—1820年，英属北美殖民地通过联邦制成为独立的国家

风格：联邦风格/新古典主义风格（托马斯·杰弗逊在蒙蒂塞洛的宅邸）

时期：1810—1830年，美国帝国式（与联邦风格的流行时间略有重合，也有人认为帝国式是联邦风格的一部分）

风格：晚期新古典主义风格（邓肯·法夫、查尔斯·宏诺尔·兰努瑞尔、希腊复兴风格）

19世纪和20世纪

19世纪的英国

摄政式风格（新古典主义风格），1810—1820年

（比德迈风格流行于德国和奥地利，1820—1840年）

希腊复兴式，1825—1840年

哥特复兴式，1830—1870年

维多利亚女王统治时期，维多利亚时代，1837—1901年

工艺美术运动，1860—1880年

唯美主义运动，19世纪下半叶（约1880年达到顶峰）

充满异国情调的折中主义，受到亚洲的的影响，流行于1870年之后

19世纪的美国

帝国式（晚期联邦风格，新古典主义），1815—1840年

希腊复兴式（立柱涡卷式家具），1830—1855年

哥特复兴式，1840—1870年

洛可可复兴式，1840—1870年

新文艺复兴式（融合了新希腊式和新埃及式），1860 — 1890年

唯美主义运动，1870 — 1890年（镀金时代）

工艺美术运动，1880 — 1915年

前现代和现代早期的运动及团体

新艺术风格，1890—1910年（起源于比利时和法国，后流传至欧洲各国，如意大利的自由风格，德国的青年风格和美国的蒂芙尼风格）

格拉斯哥风格（查尔斯·马金托什），1890—1910年

德意志制造联盟，成立于1907年

维也纳工坊（从属于维也纳分离派），1903—1933年

风格派（荷兰），1917—1928年

俄国构成主义，1917—1922年

未来主义者（意大利），1910—1930年

现代

包豪斯风格，1919—1933年

装饰艺术风格，1920—1940年（又称法国现代风格）

美国的现代主义、流线型、摩天大厦风格

机器时代/工业设计的诞生，始于20世纪20年代，其中最重要的是1930—1940年

现代主义运动（国际风格、世纪中期现代主义风格），1930—1960年

北欧现代主义风格，1950—1960年为关键时期

意大利现代主义风格，1965—1970年为关键时期

后现代主义风格，20世纪80年代

解构主义风格，20世纪80年代

极简主义，20世纪80—90年代为关键时期

21世纪

2000年之后，尚无定论

家具和装饰艺术术语表

3D打印（3D printing）
3D打印指的是任意打印三维物体的过程，其中最常见的是增材的过程（additive proccess），也就是在计算机的控制下，依据3D模型或其他的电子源数据，材料被一层一层地堆叠起来。也叫作增材制造（additive manufacturing, AM）或添加剂层制造（additive layered fabrication）。

桃花心木（acajou）
原文为法语，意为桃花心木，英文为mahogany。

莨菪叶形装饰（acanthus）
指的是莨菪叶形的古典装饰。

苯胺染料（aniline dyes）
由煤焦油衍生物制成的化学染料，与纯天然染料相比，颜色更加丰富。

忍冬叶形装饰（anthemion）
经典的古希腊装饰，可以呈传统的忍冬叶形，也可以是其他由此演变出来的其他叶形装饰。

贴花（appliqué）
将装饰物贴到物品表面。

牙板（apron）
位于椅子座面下方，连接椅子座面与椅子腿的嵌板，或是橱柜、书桌等家具下方的嵌板。

阿拉伯式花纹（Arabesque）
源于植物的装饰性涡卷纹，一般呈对称结构。

拱（arch）
在墙壁或圆柱之间的拱形结构。

框缘（architrave）
柱上楣构（entablature）上最靠下的那部分水平结构。

拱式（arcuated）
建筑学结构，呈拱形，而不是柱状或是横梁式。

大衣橱（armoire）
用来存放衣服的大型橱柜或壁橱，带有一扇门或两扇门，最初是用来放铠甲的。

奥布松（Aubusson）
17—18世纪时，法国的地毯、挂毯生产商。

阿克明斯特地毯（Axminster）
18世纪中叶，受土耳其地毯影响，英国开始兴起平织地毯，常用于皇家宅邸和气势恢宏的乡间别墅。

球爪脚（ball-and-claw foot）
家具脚，模仿的是抓着球的爪子。据说源于中国，灵感来自一条抓着珍珠的龙。

栏杆柱（baluster）
栏杆上竖着的支柱部分，通常为车木结构，呈方形或圆形，杆状或柱状。常见于家具腿或是椅背。英文中的banister也是同一个意思。

长沙发（banquette）
小型长凳，通常包有软垫。

桶形扶手椅（barrel chair）
椅背呈圆形的安乐椅，起源于英国。

底座（base）
柱状物或家具上最靠下的部分，带一种或多种线脚。

曲木（bentwood）
利用蒸汽的热度使木材变弯，并将弯曲后的木材放在模具上定型的技术。

法式高背扶手椅（bergère）
带软包的扶手椅，座椅四周均被软垫包裹，木质结构显露在外。

积木式（blockfront）
积木式箱柜或橱柜正面分为三部分，两侧向上凸起，中间向下凹陷。18世纪时期，美国（尤其是新英格兰[1]）的细木工匠很喜欢这种样式。

细木护壁板（boiserie）
法语，指的是木质内衬，与法国17世纪和18世纪房间内的精美镶板有关。

圆筒形（bombé）
线条夸张地凸起或是弯曲，常见于洛可可风格的五斗柜和箱柜。

小立橱写字台（bonheur de jour）
女式写字台，台面上有带抽屉的橱柜，正面通常可以往下放平。

帽式顶（bonnet top）
箱柜顶部的拱形部分，由断开的山形墙组成，两侧的曲线相互对称，也叫作帽形顶（hooded top）。

博斯球（boss）
凸起的装饰性旋钮、纽结或球体，源于哥特式，位于拱顶或天花板的肋拱交会的地方。也可以指家具或金属制品上的纽结形状的凸起。

托架脚（bracket foot）
样式简单，常见于箱柜，由两块木头拼接形成棱角。

断层式（breakfront）
用于储物的大件家具，由三部分组成，上方有搁架，下方有抽屉，中间部分略微突出。

布鲁斯特椅（brewster chair）
一种精致的木棍家具（stick furniture），整体框架由较粗的旋木构成，装饰着大量竖直的纺锤形圆棒。

锦缎（brocade）
一种奢华的布料，通常为丝质，带有凸起的花纹，通常织有金线或银线。

断开的山形墙（broken pediment）
中间断开，分为左右两侧的一种山形墙装饰。

镀金青铜（法语bronze doré）
英文为gilded bronze。

餐具柜（buffet）
橱柜或边柜，常见于餐厅。

扁圆脚（bun foot）
家具脚样式，源于佛兰德（比利时西部的一个地区），形状为扁圆的球形。

办公桌（bureau）
书桌或写字台，表面最初由布料覆盖，供人们书写时所用。

拉盖写字台（bureau à cylindre）
带有活动盖板的写字台，盖板用于遮住桌面上的结构和桌面。

平面写字桌（bureau plat）
桌面上没有其他结构的写字桌或写字台，桌面通常由皮料覆盖。

树瘤（burl）
长在树干或者树根上，能制成带有丰富图案的薄木贴片。

蝴蝶桌（butterfly table）
面板可折叠的小型桌子，充当桌腿的支架也可折叠收拢。

---

[1]新英格兰（New England）：新英格兰位于美国本土的东北部地区，包括美国的6个州，由北至南分别为缅因州、佛蒙特州、新罕布什尔州、马萨诸塞州、罗得岛州、康涅狄格州。

细木工匠（cabinetmaker）
制作精品家具的技艺精湛的工匠。

抛光而无刻面的宝石（cabochon）
表面经过抛光的、圆形或椭圆形的宝石。

弯腿（cabriole leg）
家具腿或者起支承作用的结构，呈两道弧形，形似大多数动物的腿，包括它们的膝盖、脚踝和足。

计算机辅助设计（CAD）
computer-aided design的缩写。

骆驼背形沙发背（camelback）
沙发背样式的一种，像骆驼背一样有两道弧形（也叫作蛇形沙发背）。

浮雕玻璃（cameo glass）
玻璃共分两层，每层颜色都各不相同，上层经雕刻后形成浮雕图案。

沙发椅（canapé）
17世纪时的双人沙发，有罩篷罩着。后也指没有罩篷的小型沙发。

罩篷（canopy）
罩床或王座的布料，通常从墙上或者天花板上垂下来。

收纳架（canterbury）
带隔层的小型乐谱架，用于收纳乐谱，也可用于收纳餐盘和餐具。

悬臂（cantilever）
悬臂指的是仅一端有支承的水平结构，悬臂椅没有传统的四条椅腿，仅由c字形悬臂结构支承。

女像柱（caryatid）
古典建筑中采用女像柱这种女性形象的雕塑作为支承，而不是传统的柱子。男像柱叫作atlantes。

柜式家具（case piece）
用于存储物品，柜顶也可以储物。

平开窗（casement window）
铰链装在两侧的窗户，打开方式和门类似。

窗帘布（casement fabric）
特指一种朴素、轻薄的窗帘布。

铸造、铸件（casting）
铸造为金属加工过程，需要熔化原材料并将其倒入模具中，从而形成某种特定的形状。成品叫作铸件。

卡萨盘卡长椅（cassapanca）
意式木质长凳或长靠椅，由箱柜加设扶手和靠背制成。

卡索奈长箱（cassone）
意式箱柜，表面通常有大量绘画、雕刻或嵌刻装饰。

躺椅（chaise longue）
包有软垫的长椅，可供躺卧，有额外的椅腿作为支承。

枝形吊灯（chandelier）
固定在天花板上的灯具，源于法式烛台。

五斗柜（chest of drawers）
全部由抽屉构成的一种柜子。

双层五斗柜（chest on chest）
双层五斗柜共分两部分，一层置于另一层之上。

切斯特菲尔德式沙发（chesterfield）
带有大量软垫的长靠椅沙发，木结构并未显露在外。

中国风（chinoiserie）
欧式的中国装饰图案。

印花棉布（chintz）
一种精美布料，其图案由木板、铜板、丝网或滚筒印制，通常都做过压光或抛光处理。

阴雕（chip carving）
用边凿和圆凿刻出的浅浅的凹痕，进而形成简单的图案，且大多为几何形。常见于早期美国殖民地风格的家具，17世纪的英式家具上也有这样的雕刻。

球棍脚（club foot）
一种家具脚，形似球棍的头。

斗鸡椅（cockfight chair）[1]
斗鸡椅椅背很窄，而且带扶手。18世纪时，在斗鸡现场，绅士们会跨坐在斗鸡椅上，面朝窄窄的椅背，在可调整位置的板架上计分。

饰板（coffer）
内嵌入天花板或拱腹中的装饰性镶板，通常为正方形，也有的呈多边形。

柱廊（colonnade）
一排支承着过梁的柱子。

小柱（colonette）
小型的柱子，通常几个一组充当桌腿。

梳形椅背（comb back）
温莎椅的椅背种类之一，造型模仿传统的高梳子，几个纺锤形圆棒构成高高的椅背。

五斗柜（commode）
带抽屉的箱柜或橱柜，通常比较矮，只有两到三个抽屉。

马蹄形座面（compass seat）
椅子座面呈马蹄一样的圆形。

康涅狄格柜（Connecticut chest）
新英格兰[2]箱柜，装饰有三块带有雕饰的镶板和几组纺锤形圆棒。在殖民地的北部地区被广泛用作陪嫁箱和储物箱。

桌案（console table）
固定在墙上的边桌，桌脚为涡卷形，底部通过拉脚档连接在一起。

檐口、线脚、帘头（cornice）
檐口指的是柱上楣构上突出的部分，线脚指的是天花板和墙面衔接处的装饰物。涉及窗户时，指的是遮盖住窗帘或帷幔上方的装饰物，可以是木制，也可以是织物，类似窗幔（lambrequin）、门帘盒（pelmet）或帘头（valance）。

科林斯柱式（Corinthian）
希腊经典柱式中最纤细、精美的柱式（orders），由柱基（plinth）、底座（base）、带凹槽的柱身（shaft）和柱头（capital）组成。与其他柱式不同的是，科林斯柱式的柱头由两排莨苕叶和四个小涡卷装饰。立柱的高度是柱身直径的十倍。

碗柜（court cupboard）
这种陈列柜因为比较矮而得名，原文中的court为法语，意思是矮的。矮陈列柜流行于16世纪和17世纪，常见于北欧，是餐具柜（sideboard, buffet）的改良版。
矮柜或双柜，通常有柜腿，用于陈列和就餐。

凹圆形线脚（cove molding）
天花板和墙壁处的线脚，呈凹圆形。

克里登则送餐桌（credenza）
带有碗柜的送餐桌，最初是克里登斯（credence）这种哥特式餐具柜或边桌的意大利语说法。

椅脑（crest rail）
家具最顶部的横杆，这里的家具通常指的是椅子。

[1]斗鸡椅是一种为了方便阅读和书写的椅子，也供当时的人们在观看斗鸡时坐靠和计分。

[2]新英格兰地区包括康涅狄格州。

双线刺绣（crewel）
一种钩针绣，通常是在亚麻或棉布上使用毛线和多种不同的针法做出图案。

古典官椅腿（curule leg）
X形椅腿，源于古罗马的椅腿样式。

墙裙（dado）[1]
墙壁的下半部分，通常由一道线脚隔出。

锦缎（damask）
由丝绸、羊毛、亚麻、棉织成的带有图案的布料，结实而有光泽。也指由合成纤维织成的带提花[提花（jacquard weave）：纺织时用经线、纬线错综织出浮起的图案或花样。]的布料。

代尔夫特陶瓷（Delft）
锡釉陶瓷，最初产于荷兰代尔夫特，仿造的是中国瓷器。通常为蓝色和白色，也有其他颜色。类似彩陶和珐琅器。

新月形（demilune）
桌面或箱柜表面呈新月形。

多立克柱式（Doric）
最古老也是最简单的古希腊柱式（order），其特点是没有底座（base），柱身（shaft）较宽而且凹槽较少，柱头（capital）也鲜有装饰。立柱的高度是柱身直径的十倍。

矮五斗柜（dresser）
壁橱式带抽屉的矮五斗柜，上面装有镜子，用于存放衣物。也可以当作餐具柜，用于存放和展示餐具。

折叠撑板（drop-leaf）
桌面上带铰链、可折叠的撑板，展开时能增大桌面面积。

[1]也叫作护墙板或护壁板。

安乐躺椅（法语duchesse brisé）
带软垫的椅子，另配有搭脚的部分。

木器工匠（法语ébeniste）
原指法国文艺复兴时期的橱柜工匠，他们专攻黑檀和黑梨木黏合制成的家具。后指专攻薄木镶片的工匠。

卵锚式（egg-and-dart）
装饰性线脚，由卵圆和箭头朝下的锚两种图案交替构成。

压花（embossing）
处理金属的方式，击打金属的背面，从而在正面制造出浮雕图案。

珐琅（enamel）
釉通过加热黏合到金属或陶瓷表面。烧制之后，釉会形成不透明或半透明的物质，并固定在表面。也指具有类似光泽的涂料。

纵射（enfilade）
一系列门廊相对的房间，从而形成纵贯式的景观。

柱上楣构（entablature）
柱子上方的整个水平结构，包括楣梁（architrave）、饰带（frieze）和檐口（cornice）。

盾形饰牌（escutcheon）
带有纹章的盾牌。涉及家具时，指的是钥匙孔、拉手或门把手周围的装饰性金属牌。

搁架（étagére）
开放式搁架，可以挂在墙上，也可以放在地上。

扇背椅（fanback chair）
椅背模仿扇子的造型，纺锤形圆棒呈放射状，椅脑呈弧形。

鲸骨圆环椅（farthingale）
无扶手的椅子，座位特别大，伊丽莎白时期穿着带裙撑的女士也能将裙子完全摆开。

安乐椅（fauteuil）
法式带软垫的扶手椅，两侧较开放。

花綵（festoon）
仿环形的帷幔，通常呈水果和花卉的样子。参见环形花饰（garland）和垂幔（swag）。

小提琴背椅（fiddle-back chair）
这种椅子的椅背形似小提琴。

金银丝工艺品（filigree）
蕾丝般的精美装饰，通常由金属制成。

尖顶饰（finial）
山形墙或立柱上最顶处的装饰品，也可以是箱柜牙板上下垂的装饰品，通常呈瓮形、螺旋形、火焰形或球形。

桌面可折叠桌（flap table）
同drop-leaf table，指的是桌面可以折叠的桌子。

瓦楞（fluting）
彼此平行的浅层垂直凹槽，尤指立柱的柱身和家具支承结构上的凹槽。

回纹（fret）
纵横交错的线条组成的几何图案或镶边的装饰性图案。

饰带（frieze）
柱上楣构中心部位的水平装饰结构。也可指室内墙壁上的线脚下方的装饰带或装饰条。可雕刻，可漆绘，可由织物制成，也可由墙纸制成。

卵形凹凸刻纹（gadrooning）
装饰性纹饰图案，由一系列凸起构成，常见于银餐具和家具的边缘。

带活动桌腿的桌子（gate-leg table）
这种桌子桌面可折叠，其折叠撑板由活动桌腿支承。

石膏底料（gesso）
用于模压浮雕装饰的石膏混合物，通常用在木材或其他材料表面，然后做漆绘或镀金（gilding）处理。

镀金（gilding）
把金箔或金色颜料涂到某件非黄金制成的物品上的过程。

多枝烛台（girandôle）
具有多个分支的壁式烛台，其背板固定在墙上。

哥白林织毯厂（Gobelins）
法国工厂，为路易十四的王宫生产挂毯、家具和装饰品。

西洋怪异图像（grotesque）
古典装饰风格，融合了动物、人、水果和植物。以文艺复兴时期发现的古罗马装饰命名。

小圆桌（guéridon）
小型装饰性圆桌或基座（pedestal）。

连环节（guilloche）
由交织的圆圈组成的连绵不绝的装饰。

哈德利柜，又名康涅狄格柜（Hadley chest，also called Connecticut chest）
长方形箱柜，顶部带铰链，底部柜腿很短，与柜身一脉相承。正面有三块向下凹陷的镶板，镶板下有一个或多个抽屉。

美式高脚抽屉柜（highboy）
美式高脚抽屉柜为英式高脚抽屉柜（tallboy）的变体。上面为五斗柜，下面为带抽屉的立柜或桌子。

复古主义（historicism）
在设计中使用古典样式的做法。

箍背椅（hoopback chair）
椅背竖直的结构和椅脑共同构成了一个连贯的箍形。

储藏柜（hutch）
用于储藏食物或存放衣物的箱柜，源于法式储藏柜。

深雕（incised）
雕得很深或者刻得很深的装饰，不同于浮雕。

炉边（inglenook）
火堆或壁炉边上向内凹陷以供人就坐的区域，两侧都有长凳，室内设计为工艺美术风格。

注塑成型（injection molding）
通过将材料注入模具中来生产零件的制造过程。可以用到多种材料，包括金属、玻璃和热塑性聚合物。

细木镶嵌（intarsia）
将不同类型的木材镶嵌到一起而制成精美的木质装饰品，这种工艺是在文艺复兴时期发展起来的。

爱奥尼克柱式（ionic）
经典的古希腊柱式（order），其特点为柱身逐渐纤细且带凹槽（fluted），柱头上有华丽的涡卷纹饰（volutes）。立柱的高度是柱身直径的九倍。

提花（jacquard weave）
由约瑟夫·玛丽·提花（Joseph Marie Jacquard）在19世纪初发明的一种织机织成的纺织品，通常带有复杂的彩色图案。锦缎、挂毯和织锦都属于提花。

日式涂漆（Japanning）
18世纪流行的仿照日本漆器的表面处理工艺。家具和金属制品上涂有彩色虫胶，上面装饰有浮雕，并经过涂漆和镀金。

细木工人（joiner）
细木工人仅仅通过连接几块木头的方式来造家具，不如木匠或细木工匠技艺精湛。

克里斯姆斯椅（klismos）
古希腊风格的椅子，椅脑呈弧形，从椅背向后弯曲，椅腿也呈弧形，向四周张开。19世纪的复兴风格，尤其是帝国风格、摄政式风格和美国帝国风格，常常会模仿克里斯姆斯椅。

椅腿的膝部（knee）
弯腿上半部凸起或凸出的部分。

容膝桌（kneehole desk）
桌面下方和两侧抽屉之间的空间足以容纳双腿的桌子。

亮面漆（lacquer）
源于亚洲的清漆，从中国或日本的某种植物汁液中提取制成。

梯背椅（ladder-back）
高背椅，椅背上两根竖直的杆中间有好几道水平的板条。

窗幔（lambrequin）
硬而平的帘头（valances），下方有装饰，且两侧装饰会往下垂得较低。也叫作装饰窗帘（pelmet）。

层压（lamination）
一种通过加热、加压、焊接或黏合剂来将多层材料压到一起的技术。由于使用了不同的材料，所以最终制成的复合材料会有更高的强度和稳定性。

发光二极管（led）
light-emitting diode的缩写，当电流通过时会发光的电子设备。

双人沙发（loveseat）
双人椅或小沙发。

矮脚抽屉柜（lowboy）
双柜或是带抽屉的桌子，与高脚抽屉柜相对。

壁炉架（mantelpiece）
围绕在壁炉四周的结构，通常由木材或石头制成，在室内设计中作为装饰品，体现设计风格。

商人兼设计总监（marchand-mercier）
既是商人，又是设计总监，他们通过巴黎行会[1]委托家具的设计和制造，并出售家具。

马尔伯勒腿（Marlborough leg）
表面有直线型沟槽的家具腿，末端的家具脚是一个小木块。这种设计在英式和美式家具上都会见到，尤见于齐彭代尔风格。

镶嵌细工（marquetry）
装饰图案，由不同的薄木镶片制成，偶尔也会用到其他材料。这种装饰会制成薄薄的一张，固定在家具表面。镶嵌细工在18世纪时取代了嵌花（intarsia）。

侯爵夫人椅（marquise）
法语，指小型长沙发（canapé ）或者大型双人椅，为一种长靠椅（settee）。

家具木工（法语menusier）
指的是做家具的工匠，尤其是将整块木材制成椅子、沙发、长凳、桌子等的人。家具木工主要做细木工和雕刻，不同于做薄木镶片的木器工人（法语ébeniste）。

波纹纺织品（法语moiré）
带波纹或者波光效果的布料，通过将布料放在带有雕饰的圆柱中间进行挤压，从而使之带有波纹。

动作捕捉（motion capture）
记录人或物的运动，使计算机能够呈现出现实世界中人和物的运动情况。

竖框（mullion）
窗户或其他开口处竖向排列的长条。

葱形拱（ogee arch）
带尖顶的拱形，由两道相对的弧形组成。

柱式（order）
古典建筑的基础，柱式由立柱构成，有无底座（base）或柱头（capital）皆可，用于支承柱上楣构（entablature）。古希腊柱式包括多立克柱式、爱奥尼克柱式和科林斯柱式。古罗马人新增了托斯卡纳柱式（Tuscan）和混合柱式。

镀金青铜（法语ormolu）
英语为gilt bronze。

长软椅（ottoman）
带软垫的长凳或椅子，无扶手或椅背。

垫脚（pad foot）
底部为小圆盘的球棍脚。

帕拉第奥式窗户（Palladian window）
帕拉第奥式窗户分三部分，由壁柱隔开，中间部分的檐口呈向上拱起的半圆形，两侧的檐口则是平直的。

内表面镀金（parcel gilt）
表面上只有一部分被镀金，通常由模版印刷完成。

镶木地板（parquetry）
一小块一小块的彩色硬木镶嵌在一起组成带有几何图案的地板。

山形墙（pediment）[2]
与屋顶坡度相符的三角形装饰。也可以指窗户、门和家具上类似的装饰性图案。除了标准的山形墙之外，还有断开的山形墙和带涡卷的山形墙这两种略有不同的形式。

装饰窗帘（pelmet）
参见窗幔（lambrequin）。

彭布鲁克桌面可折叠桌（Pembroke）
小型的长方形桌面可折叠桌，带抽屉。

---

[1]行会（guild）：专指11—19世纪的商人团体，由手工业者和商人组成，他们在商品经济相当发展的条件下，为限制竞争、规定生产或业务范围、解决业主困难和保护同行利益而形成的组织。

[2]也叫三角楣饰。

饼形桌（piecrust table）
圆形的带基座的（pedestal）桌子，桌面的边缘略微卷成涡卷形。常见于英式和美式家具。

窗间壁镜（pier glass）
最初指挂在窗间壁（两扇窗户之间的墙壁）上的长镜。现泛指挂在任何桌案上方的墙镜。

窗间壁桌（pier table）
最初指靠在窗间壁（立柱一般的石壁，位于两扇窗户之间）上的边几。现指窗间壁镜下方的桌案。

硬石镶嵌（pietra dura）
意大利文艺复兴时期的马赛克镶嵌，由大理石和各种宝石镶嵌而成。

壁柱（pilaster）
立柱的垂直截面，突出于墙面上并形成一个平面，或刻在家具上作为装饰，通常会呈现出古典立柱的特征和元素。

塑料（plastic）
由任何可塑的合成或半合成有机固体材料制成，通常是人造的，由石油化工产品衍生而来的最为常见，但也有很多由天然聚合物衍生而来。

柱基（plinth）
立柱底座上的方形部分。也指箱柜腿上牢固的基底，像平台一样。

彩饰（polychromy）
表面设计（surface design）中有多种色彩的装饰。

聚酯纤维（polyester）
一种合成树脂，主要用于制造合成纺织纤维。

瓷器（porcelain）
用高岭土制成的玻璃化白色半透明陶瓷（ceramic），在极高的温度下烧成，因其釉面光泽不透水而受人喜爱。中国自9世纪起开始制造瓷器；欧洲第一只瓷器于18世纪初诞生于德国。

门帘（portieres）
门口或拱形结构处挂着的窗帘或帷幔，起着门的作用。

陶器（pottery）
在窑中用黏土烧成的物体。请参见陶瓷（cermics）。

衣柜（press）
用来存放亚麻制品或衣物的橱柜或衣橱（法语armoire）。

横杆（rail）
家具上的水平结构，如椅脑。

凸嵌线（reeding）
平行线条中的窄而凸的线脚，彼此之间由凹槽分开。

浮雕（relief）
雕刻或粘贴上的装饰品，突出于物体的高度。

树枝形装饰（rinceau）
带涡卷和树叶的装饰，通常呈水平和对称的形式，常见于墙壁或镶板。类似于阿拉伯式花纹。

圆形大厅（rotunda）
呈圆形的大厅，通常带有穹顶，常见于建筑的中央。

金属脚（法语sabot）
指用于木制家具脚的装饰性金属。

萨伏纳里地毯（Savonnerie）
著名的法国羊毛和真丝结绒地毯制造厂，成立于17世纪，位于巴黎一家肥皂工厂的旧址。

仿云石（scagliola）
由灰泥和大理石碎片组成的材料，自古以来就用于仿造大理石。

壁式烛台（sconce）
墙上的支架，放光源的地方。

丝网印刷（screen printing）
一种印刷文本、图像或图案的技术。这种技术将不透油墨的模板放在丝网上，再将墨水挤压到纺织品这样的承印物上。

涡卷脚（scroll foot）
位于弯腿的底部，一面是平的。

带涡卷的山形墙（scroll pediment）
一种断开的山形墙（broken pediment），两侧呈相对立的弧形，末尾带有涡卷形装饰。

海藻形镶嵌细工（seaweed marquetry）
带树叶和其他植物图案的薄木镶片，流行于英国威廉-玛丽式家具。

翻盖写字台（法语sécretaire à abattant）
指翻盖竖直放置时会遮住抽屉和文件格（pigeonholes）的书桌。通常情况下，翻盖打开后桌面上会形成一道门，桌面下有抽屉。

秘书桌（secretary）
桌面上下都有置物架的书桌。

选择性激光烧结（selective laser sintering (SLS)）
一种增材制造技术，用激光作为能源，再根据3D模型，烧结（sinter）粉末状材料（通常是金属），使其聚结成固体。

七屉柜（semainier）
卧室用衣柜，较高，带七个抽屉，最初每个抽屉对应每周的一天。

蛇形（serpentine）
凹形和凸形的排列形成一条曲线。

长靠椅（settee）
源于有背长椅（settle），由两个或多个附墙的[1]扶手椅组成。

有背长椅（settle）
带扶手和扁平椅背[2]的长椅，可容纳两人或多人。

柱身（shaft）
立柱的主体或主干，范围包括底座（base）的顶部到柱头（capital）的底部。

鲨皮（shagreen）
鲨鱼皮，未经鞣制，表面呈颗粒状，颜色偏绿。

盾背椅（shield back chair）
开放式椅背，形似盾牌。

餐具柜（sideboard）
中间的抽屉较大，两侧为抽屉或橱柜，用于储存餐具。

纺锤形圆棒（spindle）
细长的木材，为车木（turned）结构，也有的某些部位会比较突出或者带车木形线脚。

椅背板（splat）
椅背中心竖直的那块嵌板，从座面一直延伸到椅脑。

不锈钢（stainless steel）
按质量计算，铬的含量最低为10.5%的钢合金，可以防止不锈钢里的钢材遭锈蚀、沾污或腐蚀。

后腿（stile）
家具的框架结构上竖直的部分[3]。

拉脚挡（stretcher）
水平的横木，连接家具腿，使家具更稳固。

垂幔（swag）
两件支撑物中间垂下的织物。

矮凳（tabouret）
带软垫的比较矮的凳子，以供人坐。

---

[1]附墙的（engaged）指的是家具一部分靠着墙，一部分突出在外。
[2]椅背一般会比较高。
[3]比如椅背两侧竖直的部分。

英式高脚抽屉柜（tallboy）
较高的箱柜，通常有七个抽屉或者更多。一道线脚将其分为两部分，下半部分由带浮雕的柜腿支承，整体为带柜脚的大型箱柜加上顶部的小型箱柜。请参见美式高脚抽屉柜（highboy）。

落地钟（tall case clock）
17世纪中叶，在英国兴起的带有高高的柜子的钟摆式落地钟。也叫老爷钟（grandfather clock），流行于殖民时期的美国。

唐布尔（法语tambour）
可以指卷帘、带卷帘的书桌或唐布尔桌[1]。也指将薄木条粘在帆布上，形成的一块能够掩盖存储区域的软布。

锥形腿（taper leg）
笔直且呈矩形的家具腿，由上而下逐渐变细。

挂毯（tapestry）
厚织物，表面带罗纹，图片或图案在织造过程中便被编织进来，用作软垫装饰或壁挂。

折叠桌（tilt-top）
通过铰链，桌面被固定在底座上，从而可以翻转到垂直位置。

棉质印花布（toile）
亚麻或有帆布质感的棉布，通常为白色或灰白色，印有风景优美的单色图案。toile de jouy是其中最著名的一种，产于法国jouy-en-josas。

高脚蜡烛台（torchère）
比较高的烛台或灯台，烛光或灯光向上投射。

有横梁的（trabeated）
建筑的主要支撑为竖杆和横梁，而不是拱形结构。

[1]桌上有由遮板遮盖的抽屉和分类架。

三脚桌（tripod）
三条腿的带基座的桌子。

车木（turning）
装饰性或结构性部件，制作方式为将木材放在车床上旋转并用刀具将其切削成形。

帘头（valance）
由织物或其他材料制成，呈水平结构，通常悬挂在窗户、门或床的顶部，以掩盖窗帘或帷幔的顶部。参见窗幔（lambrequin）或门帘盒（pelmet）。

拱顶（vault）
以拱门为基础建造的屋顶，可演变为筒形拱顶（barrel vault）、穹棱拱顶（groin vault）、肋架拱顶（ribbed vault）。

天鹅绒（velour）
类似丝绒，一种柔软舒适、紧密编织而成的织物，通常由棉制成，也可能由聚酯纤维这样的合成材料制成。

薄木镶片（veneer）
薄薄的一层木材，偶尔也会是其他材料，用于贴在某种不太重要的材料表面，起装饰作用。通过将原木的垂直部分切成薄片的方式进行生产，产出的薄木镶片具有相同的花纹和纹理，进而用于装饰箱柜或桌子的表面。

玻璃橱窗（vitrine）
正面为玻璃或是柜门的展示柜。

涡卷纹饰（volute）
卷轴或螺旋形，形状像公羊的角，常见于爱奥尼克柱式的立柱上，也可用作家具上的装饰图案。

腰壁板（wainscot）
木质镶板，覆盖的是墙裙的范围。

壁板靠椅（wainscot chair）
因类似于腰壁板而得名，其壁板椅背通常带有雕饰或镶饰。这种靠椅由于椅背特别高，所以通常会配有脚凳。

经线（warp）
织布机上的纵线或是布料上的纵线。

纬线（weft）
与布边（selvage）十字交叉的线，通过梭子或梭芯织入和织出经线（warp），又称filler threads。

枝条（wicker）
藤、竹或其他用于编织家具的织物。

车轮背椅（wheel-back chair）
椅背由车辆的辐条构成，这些辐条从椅背中心向外呈放射状，仿照车轮的样子。

温莎椅（Windsor chair）
18世纪时源起于英国，椅背带有纺锤形圆棒，座面形状别致，椅腿为车木腿，向外倾斜。18世纪和19世纪时流行于美国，演变出的椅背呈扇形、弓形、梳形和箍形。

翼椅（wing chair）
带软垫的、椅背很高的安乐椅，椅背上端两侧有羽翼形状的结构。

木版印刷（woodblock/woodcut printing）
一种印刷文本、图像或图案的技术，使用的是木质雕版。

熟铁（wrought iron）
一种坚韧、延展性强的铁合金（几乎不含碳），适合锻造或轧制而不是铸造。

带牛轭形椅脑的椅背（yoke back）
椅背顶部的横杆两端呈S形，形似牛轭，用作椅脑。

参考文献

General and Reference

Aaronson, Joseph. Encyclopedia of Furniture, 3rd ed. New York: Potter Style, 1961.

Abercrombie, Stanley, et al. Interior Design and Decoration, 6th ed. Upper Saddle River, NJ: Prentice Hall, 2008.

Banham, Joanna, ed. Encyclopedia of Interior Design, 2 vols. Chicago and London: Fitzroy Dearborn, 1997.

Blakemore, Robbie. A History of Interior Design and Furniture from Ancient Egypt to Nineteenth-Century Europe. New York: Wiley, 1997.

Boger, Louise Ade. The Complete Guide to Furniture Styles, revised ed. Prospect Heights, IL: Waveland Press, 1997.

Boyce, Charles. Dictionary of Furniture, 3rd ed. New York: Skyhorse Publishing, 2014.

Byers, Mel. The Design Encyclopedia. London: Laurence King, 2004.

Calloway, Stephen, et al. Elements of Style: An Encyclopedia of Domestic Architectural Detail. Richmond Hill, Ontario: Firefly Books, 2012.

Campbell, Gordon. The Grove Encyclopedia of Decorative Arts. New York: Oxford University Press, 2006.

Crochet, Treena. Designer's Guide to Furniture Styles, 2nd ed. Upper Saddle River, NJ: Prentice Hall, 2003.

Fazio, Michael, et al. World History of Architecture. London: Laurence King, 2008.

Ferebee, Ann, et al. A History of Design from the Victorian Era to the Present: A Survey of the Modern Style in Architecture, Interior Design, Industrial Design, Graphic Design, and Photography, 2nd ed. New York: W. W. Norton, 2011.

Gottfried, Herbert, et al. American Vernacular Buildings and Interiors, 1870–1960. New York: W.W. Norton, 2009.

Gympel, Jan. The Story of Architecture: From Antiquity to the Present. Berlin: H. F. Ullmann, 2013.

Harwood, Buie, et al. Architecture and Interior Design: An Integrated History to the Present. Upper Saddle River, NJ: Prentice Hall, 2012.

Hinchman, Mark. The Fairchild Books Dictionary of Interior Design, 3rd ed. New York: Fairchild Books, 2014.

Hinchman, Mark. History of Furniture: A Global View. New York: Fairchild Books, 2009.

Jones, Owen. The Grammar of Ornament: Illustrated by Examples from Various Styles of Ornament. New York: DK Publishing, 2001.

Ireland, Jeannie. History of Interior Design. New York: Fairchild Books, 2009.

Kirkham, Pat, and Susan Weber. History of Design: Decorative Arts & Material Culture, 1400–2000. New York: Bard Graduate Center for Studies in the Decorative Arts, Design & Culture.

Morley, John. The History of Furniture: Twenty-Five Centuries of Style and Design in the

Western Tradition. Boston: Little, Brown and Co., 1999.

Peck, Amelia, ed. Period Rooms in The Metropolitan Museum of Art. New York: The Metropolitan Museum of Art, 1996.

Pile, John F., and Judith Gura. A History of Interior Design, 4th ed. Hoboken, NJ: Wiley, 2014.

Praz, Mario. An Illustrated History of Interior Decoration from Pompeii to Art Nouveau. London: Thames and Hudson, 1987.

Raizman, David. History of Modern Design, 2nd ed. Upper Saddle River, NJ: Prentice Hall, 2011.

Riley, Noel, and Patricia Bayer. The Elements of Design: A Practical Encyclopedia of the Decorative Arts from the Renaissance to the Present. New York: Free Press, 2003.

Sossons, Adrianna Boidi. Furniture: From Rococo to Art Deco. Köln, Germany: Evergreen, 2000.

Thornton, Peter. Authentic Decor: The Domestic Interior 1620–1920, revised ed. London: Seven Dials, 2001.

Wilk, Christopher, ed. Western Furniture: 1350 to the Present Day, in the Victoria and Albert Museum London. London: Cross River Press, 1996.

Theory

Frank, Isabelle, ed. The Theory of Decorative Art: An Anthology of European and American Writings. New Haven, CT: Yale University Press, 2000.

Giedeon, Siegfried. Mechanization Takes Command: A Contribution to Anonymous History. Minneapolis: University of Minnesota Press, 2014.

Pevsner, Nikolaus. Pioneers of Modern Design: From William Morris to Walter Gropius. Bath, England: Palazzo, 2011.

French Design, General

Bremer-David, Clarissa, ed. Paris: Life & Luxury in the 18th Century. Los Angeles, CA: Getty Trust Publications, 2011.

Brunhammer, Yvonne. L' Art De Vivre: Decorative Arts and Design in France 1789–1989. New York: Thames and Hudson, 1989.

Friedman, Joe. Inside Paris: Discovering the Period Interiors of Paris. New York: Rizzoli, 1990.

Kisluk-Grosheide, Danielle. The Wrightsman Galleries for French Decorative Arts. New York: The Metropolitan Museum of Art, 2010.

Peck, Amelia. Period Rooms in the Metropolitan Museum of Art. New York: The Metropolitan Museum of Art, 1996.

Pradere, Alexandre. French Furniture Makers: The Art of the Ebeniste from Louis XIV to the Revolution, Perran Wood, trans. Los Angeles: J. Paul Getty Museum, 1991.

Raymond, Pierre. Masterpieces of Marquetry, Brian Considine, trans. Los Angeles: J. Paul Getty Museum, 2001.

Verlet, Pierre. French Furniture of the Eighteenth Century. Charlottesville: University of Virginia Press, 1991.

Whitehead, John. The French Interior in the Eighteenth Century. New York: Dutton Studio Books, 1992.

Wilson, Gillian, et al. French Furniture & Gilt Bronzes: Baroque & Regence. Los Angeles: Getty Trust, 2008.

English Design, General

Beard, Geoffrey. Upholsterers and Interior Furnishings in England, 1530–1840. New Haven, CT: Yale University Press, 1997.

Bowett, Adam. English Furniture 1680–1714: From Charles II to Queen Anne. London: Antique Collectors' Club, 2002.

Gilbert, Christopher. English Vernacular Furniture, 1750–1900. New Haven, CT: Yale University Press, 1991.

Girouard, Mark. The Victorian Country House, revised ed. New Haven, CT: Yale University Press, 1979.

Gore, Allan. The History of English Interiors. London: Phaidon Press, 1995.

Musson, Jeremy. The Drawing Room: English Country House Decoration. New York: Rizzoli, 2014.

American Design, General

Axelrod, Alex, ed. The Colonial Revival in America. New York: W.W. Norton, 1985.

Fairbanks, Jonathan, and Elizabeth Bates. American Furniture, 1620 to the Present. New York: Marek, 1981.

Fitzgerald, Oscar P. Four Centuries of American Furniture, revised ed. Iola, WI: Krause Publications, 1995.

Greene, Jeffrey. American Furniture of the Eighteenth Century: History, Technique, Structure. Newton, CT: Taunton Press, 1996.

Montgomery, Charles F. American Furniture: The Federal Period in the Henry Francis Du Pont Winterthur Museum. Atglen, PA: Schiffer, 2001.

de Noailles Mahey, Edgar. A Documentary History of American Interiors: From the Colonial Era to 1915. New York: Simon & Schuster, 1986.

Peirce, Donald C., and Hope Alswang. American Interiors, New England & the South: Period Rooms at the Brooklyn Museum. Brooklyn, NY: Brooklyn Museum, 1983.

Sack, Albert. The New Fine Points of Furniture: Early American. New York: Crown, 1993.

Baroque Styles

Augard, Jean-Dominique, et al. Andre-Charles Boulle: A New Style for Europe. Paris: Somogy, 2013.

Baarsen, Reiner, et al. Courts and Colonies: The William and Mary Style in Holland, England, and America. Seattle: University of Washington Press, 1989.

Cooper, Nicholas. Houses of the Gentry, 1480–1680. New Haven, CT: Yale University Press, 2000.

Garrett, Wendell. American Colonial: Puritan Simplicity to Georgian Grace. New York: Monacelli Press, 1998.

Gruber, Alan, ed. The History of Decorative Arts: Classicism and the Baroque in Europe, John Goodman, trans. New York: Abbeville Press, 1996.

Mowl, Timothy. Elizabethan and Jacobean Style. London: Phaidon Press, 1993.

Rococo Styles

Boyer, Marie-France. Really Rural: Authentic French Country Interiors, Veronique Wood and John Wood, trans. London: Thames & Hudson, 1997.

Chippendale, Thomas. The Gentleman and Cabinet-Maker's Director. New York: Dover Publications, 1966.

Coleridge, Anthony. Chippendale Furniture: The Work of Thomas Chippendale and His Contemporaries in the Rococo Taste: Vile, Cobb, Langlois, Channon, Hallett, Ince and Mayhew, Lock, Johnson and Others, circa 1745–1765. London: Faber and Faber, 1968.

Downs, Joseph. American Furniture: Queen Anne and Chippendale Periods in the Henry Francis Du Pont Winterthur Museum. Atglen, PA: Schiffer, 2001.

Girouard, Mark. Life in the French Country House. London: Cassell & Co., 2000.

Heckscher, Morrison H. American Furniture in the Metropolitan Museum of Art, Late Colonial Period: The Queen Anne and Chippendale Styles. New York: The Metropolitan Museum of Art, 1986.

Parissien, Steven. Palladian Style. London: Phaidon Press, 1999.

Scott, Katie. The Rococo Interior: Decoration and Social Spaces in Early Eighteenth-Century Paris. New Haven, CT: Yale University Press, 1995.

Vandal, Norman L. Queen Anne Furniture: History, Design, and Construction. Newton, CT: Taunton Press, 1990.

Neoclassical Styles

Chase, Linda, and Karl Kemp. The World of Biedermeier. London: Thames and Hudson, 2001.

Deschamps, Madeleine. Empire. New York: Abbeville Press, 1994.

Fontaine, Pierre-Françoise-Léonard, and Charles Percier. Receuil de décorations interieurs. Paris, 1801. Reprinted, New York: Dover Publications, 1981.

Garrett, Wendell. Classic America: The Federal Style and Beyond. New York: Rizzoli, 1992.

Geck, Francis. French Interiors and Furniture, Vol. 9: The Period of Louis XVI. Roseville, MI: Stureck Educational Services, 1996.

Gere, Charlotte. Nineteenth-Century Decoration: The Art of the Interior. New York: Harry N. Abrams, 1989.

Harris, Eileen. The Genius of Robert Adam: His Interiors. New Haven, CT: Yale University Press, 2001.

Heckscher, Morrison H. American Furniture in the Metropolitan Museum of Art, Late Colonial Period. New York: The Metropolitan Museum of Art, 1986.

Hepplewhite, George. The Cabinet-Maker and Upholsterer's Guide. London, 1786. Reprinted, New York: Dover Publications, 1969.

Kenny, Peter. Duncan Phyfe: Master Cabinetmaker in New York. New York: The Metropolitan Museum of Art, 2011.

Montgomery, Charles F., and Gilbert Ask. American Furniture, the Federal Period in the Henry

Francis Du Pont Winterthur Museum. Atglen, PA: Schiffer, 2001.

Morley, John. Regency Design, 1790–1840. New York: Harry N. Abrams, 1993.

Parissien, Steven. Regency Style. London: Phaidon Press, 1992.

Roberts, Hugh. For the King's Pleasure: The Furnishings and Decoration of George IV's Apartments at Windsor Castle. London: Thames and Hudson, 2002.

Sheraton, Thomas. The Cabinet-Maker and Upholsterer's Drawing Book. London, 1783. Reprinted, New York: Dover Publications, 1972.

Vincent, Nancy. Duncan Phyfe and the English Regency, 1795–1830. New York: Dover Publications, 1980.

Voorsanger, Catherine Hoover, ed. Art and the Empire City: New York, 1825–1861. New Haven, CT: Yale University Press, 2000.

Watkin, David, and Philip Hewat-Jaboor. Thomas Hope: Regency Designer. New Haven, CT: Yale University Press, 2008.

Wilkie, Angus. Biedermeier. New York: Abbeville Press, 1987.

19th-Century Revivals, the Aesthetic Movement

Aldrich, Megan. Gothic Revival. London: Phaidon, 1997.

Banham, Joanna, et al. Victorian Interior Design. London: Cassell, 1991.

Burke, Doreen Bolger, et al., eds. In Pursuit of Beauty: Americans and the Aesthetic Movement. New York: Rizzoli, 1986.

Cook, Clarence. The House Beautiful: An Unabridged Reprint of the Classic Victorian Stylebook. New York: Dover Publications, 1995.

Cooper, Jeremy. Victorian and Edwardian Décor: From Gothic Revival to Art Nouveau. New York: Abbeville Press, 1987.

Cooper, Wendy A. Classical Taste in America, 1800–1840. New York: Abbeville Press, 1993.

Eastlake, Charles L. Hints on Household Taste: The Classic Handbook of Victorian Interior Decoration. New York: Dover Publications, 1986.

Edwards, Clive D. Victorian Furniture: Technology and Design. New York: St. Martin's Press, 1993.

Frankel, Lory. Herter Brothers: Furniture and Interiors for a Gilded Age. New York: Harry N. Abrams, 1994.

Gere, Charlotte, et al. Nineteenth-Century Design: From Pugin to Mackintosh. New York: Harry N. Abrams, 2000.

Heckscher, Morrison H. American Rococo, 1750–1775: Elegance in Ornament. New York: Harry N. Abrams, 1992.

Kirk, John T. The Shaker World: Art, Life, Belief. New York: Harry N. Abrams, 1997.

Lambourne, Lionel. The Aesthetic Movement. London: Phaidon Press, 1996.

Mahoney, Kathleen. Gothic Style: Architecture and Interiors from the Eighteenth Century to the Present. New York: Harry N. Abrams, 1995.

Pugin, Augustus Welby Northmore, et al., eds. A.W.N. Pugin: Master of Gothic Revival. New Haven, CT: Yale University Press, 1996.

Rieman, Timothy D., and Jean M. Burks. The Complete Book of Shaker Furniture. New York: Harry N. Abrams, 1993.

Smith, Alison, et al., ed. Pre-Raphaelites: Victorian Art and Design. New Haven, CT: Yale University Press, 2013.

Wilson, Richard Guy, et al. The American Renaissance, 1876–1917. Brooklyn, NY: Brooklyn Museum, 1979.

The Mysterious East

Handler, Sarah. Austere Luminosity of Chinese Classical Furniture. Berkeley: University of California Press, 2001.

Hattstein, Markus, and Peter Delius. Islam: Art & Architecture. Berlin: H.F. Ullmann, 2012.

Nishikawa, Takeshi. Katsura: A Princely Retreat. Tokyo: Kodansha International, 1977.

Arts & Crafts, Art Nouveau, Glasgow Style

Anscombe, Isabelle. Arts and Crafts Style. London: Phaidon Press, 1996.

Arwas, Victor. Art Nouveau: The French Aesthetic. London: Andreas Papadakis, 2002.

Cathers, David. Gustav Stickley. London: Phaidon Press, 2003.

Duncan, Alastair. Art Nouveau. London: Thames and Hudson, 1994.

Duncan, Alastair, Martin Eidelberg, and Neil Harris. Masterworks of Louis Comfort Tiffany. New York: Harry N. Abrams, 1998.

Greenhalgh, Paul, ed. Art Nouveau, 1890–1914. New York: Harry N. Abrams, 2000.

Heinz, Thomas A. Frank Lloyd Wright Interiors and Furniture. London: Academy Editions, 1994.

Kaplan, Wendy, ed. Charles Rennie Mackintosh. New York: Abbeville Press, 1996.

Kaplan, Wendy, et al. The Art That is Life: The Arts and Crafts Movement in America, 1875–1920. Boston: Bulfinch Press, 1987.

Komanecky, Michael, ed. The Shakers: From Mount Lebanon to the World. New York: Skira Rizzoli, 2014.

Macaulay, James. Charles Rennie Mackintosh: Life and Work. New York: W. W. Norton, 2010.

Makinson, Randell L. Greene and Greene: Architecture as a Fine Art, Furniture, and Related Designs. Layton, UT: Gibbs Smith, 2001.

McCarthy, Fiona. Anarchy and Beauty: William Morris and His Legacy. New Haven, CT: Yale University Press, 2014.

McKean, John. Charles Rennie Mackintosh: Architect, Artist, Icon. Stillwater, MN: Voyageur Press, 2000.

Parray, Linda. William Morris. New York: Harry N. Abrams, 1996.

Sembach, Klaus-Jürgen. Art Nouveau. Köln, Germany: Taschen, 2007.

Volpe, Tod M., et al. Treasures of the American Arts and Crafts Movement, 1890–1920. New York: Harry N. Abrams, 1991.

20th-Century Design, General

Curtis, William J. R. Modern Architecture Since 1990, 3rd ed. London: Phaidon, 1996.

Duncan, Alastair. Modernism: Modernist Design 1880–1940: The Norwest Collection, Norwest Corporation, Minneapolis. Woodbridge, Suffolk, England: Antique Collectors' Club, 1998.

Eidelberg, Martin, ed. Design 1935–1965: What Modern Was: Selections from the Lilian and David M. Stewart Collection. New York: Harry N. Abrams, 2001.

Glancey, Jonathan. Modern: Masters of the Twentieth-Century Interior. New York: Rizzoli, 1999.

Fiell, Charlotte, and Peter Fiell. Design of the Twentieth Century. New York: Taschen, 1999.

Heisinger, Kathryn, and George Marcus. Landmarks of Twentieth-Century Design: An Illustrated Handbook. New York: Abbeville Press, 1993.

Massey, Anne. Interior Design Since 1900, 3rd ed. London: Thames and Hudson, 2008.

Sparke, Penny. A Century of Design: Design Pioneers of the 20th Century. Woodbury, NY: Barrons, 1998.

Woodham, Jonathan M. Twentieth-Century Design. Oxford, England: Oxford University Press, 1997.

Early Modernism, the International Style, the Bauhaus

Bergdoll, Barry, and Leah Dickerman. Bauhaus 1919–1933. New York: The Museum of Modern Art, 2009.

Brandstätte, Christian. Wiener Werkstätte: Design in Vienna 1903–1932. New York: Harry N. Abrams, 2000.

Cohen, Jean-Louis. Ludwig Mies Van Der Rohe. Basel, Switzerland: Birkhäuser, 2011.

Droste, Magdalena. Bauhaus, 1919–1933. Köln, Germany: Taschen, 2006.

Le Corbusier. The Decorative Art of Today, James I. Dunnell, trans. Cambridge, MA: MIT Press, 1987. First published as L'Art décoratif d'aujourd'hui. Paris: Editions G. Crčs, 1925.

Macel, Otakar, Alexander Von Vegesack, and Marhias Remmele. Marcel Breuer: Design and Architecture. Weil am Rhein, Germany: Vitra Design Museum, 2013.

Marcus, George H. Le Corbusier: Inside the Machine for Living. New York: The Monacelli Press, 2000.

McLeod, Mary, ed. Charlotte Perriand: An Art of Living. New York: Harry N. Abrams, 2003.

Art Deco, Modernistic, Streamline Style, French Modernists

Arwas, Victor. Art Deco, revised ed. New York: Abradale Books, 2000.

Bayer, Patricia. Art Deco Interiors: Decoration and Design Classics of the 1920s and 1930s. London: Thames and Hudson, 1998.

Benton, Charlotte, and Tim Benton, eds. Art Deco 1910–1939. London: Victoria and Albert Publications, 2003.

Bony, Anne. Furniture and Interiors of the 1940s. Paris: Flammarion, 2003.

Bréon, Emmanuel, and Rosalind Pepall, eds. Ruhlmann: Genius of Art Deco. New York: The Metropolitan Museum of Art, 2004.

Brunhammer, Yvonne, and Suzanne Tise. The Decorative Arts in France: Le Societé des Artistes Décorateurs, 1900–1942. New York: Rizzoli, 1990.

Camard, Florence. Ruhlmann. New York: Rizzoli, 2011.

Clark, Robert J. Design in America: The Cranbrook Vision, 1925–1950. New York: Harry N. Abrams, 1984.

Cohen, Jean-Louis, ed. Le Corbusier: An Atlas of Modern Landscapes. New York: The Museum of Modern Art, 2013.

Constant, Caroline. Eileen Gray. London: Phaidon Press, 2000.

Duncan, Alastair. Art Deco Complete: The Definitive Guide to the Decorative Arts of the 1920s and 1930s. New York: Harry N. Abrams, 2009.

Goss, Jared. French Art Deco. New York: The Metropolitan Museum of Art, 2014.

Hillier, Bevis, and Stephen Escritt. Art Deco Style. London: Phaidon Press, 1997.

Pinchon, Jean-François. Robert Mallet-Stevens: Architecture, Furniture, Interior Design. Cambridge, MA: MIT Press, 1990.

Taylor, Brian B. Pierre Chareau: Designer and Architect. Köln, Germany: Taschen, 1998.

Troy, Nancy J. Modernism and the Decorative Arts in France: Art Nouveau to Le Corbusier. New Haven, CT: Yale University Press, 1991.

Wilk, Christopher, ed. Modernism: Designing a New World. London: V&A Publications, 2006.

Wilson, Richard Guy, et al. The Machine Age in America, 1918–1941. New York: Harry N. Abrams, 1987.

Wood, Ghislaine, ed. Essential Art Deco. Boston: Bulfinch Press, 2003.

Midcentury, Scandinavian, Italian Modern

Aav, Marianne, and Nina Stritzler-Levine. Finnish Modern Design. New Haven, CT: Yale University Press, 1998.

Albrecht, Donald, et al. The Work of Charles and Ray Eames: A Legacy of Invention. New York: Harry N. Abrams, 1997.

Bony, Anne. Furniture and Interiors of the 1960s. Paris: Flammarion, 2004.

Bosoni, Giampiero, and Paola Antonelli. Italian Design. New York: The Museum of Modern Art, 2008.

Bradbury, Dominic. Midcentury Modern Complete. London: Thames & Hudson, 2014.

Fiell, Charlotte, and Peter Fiell. Scandinavian Design. Köln, Germany: Taschen, 2003.

Fiell, Charlotte, and Peter Fiell. Design of the 20th Century. Köln, Germany: Taschen, 2012.

Fremdkörper Studio and Andrea Mehlhose. Modern Furniture: 150 Years of Design. Berlin: H. F. Ullmann, 2013.

Gura, Judith. Sourcebook of Scandinavian Furniture. New York: W. W. Norton, 2007.

Habegger, Jerryll, and Joseph H. Osman. Sourcebook of Modern Furniture, 3rd ed. New York: W. W. Norton, 2005.

Hanks, David, Anne Hoy, and Martin Eidelberg. Design for Living: Furniture and Lighting, 1950–2000. Paris/New York: Flammarion, 2000.

Heisinger, Kathryn B., and George H. Marcus. Design Since 1945. Philadelphia, PA: Philadelphia Museum of Art, 1983.

Jackson, Lesley. Contemporary: Architecture and Interiors of the 1950s. London: Phaidon Press, 1994.

Jackson, Lesley. The Sixties. London: Phaidon Press, 2000.

Labaco, Ronald T. Sottsass: Architect and Designer. New York: Merrill, 2006.

Lees-Maffei, Grace, and Kjetil Fallan, eds. Made in Italy: Rethinking a Century of Italian Design. London: Bloomsbury Academic, 2014.

Lutz, Brian. Knoll, A Modernist Universe. New York: Rizzoli, 2010.

Merkel, Jane. Eero Saarinen. New York: Phaidon, 2014.

Polano, Sergio. Achille Castiglioni: Complete Works, 1938–2000. Milan, Italy: Electa, 2001.

Smith, Elizabeth. Case Study Houses. Köln, Germany: Taschen, 2009.

Sparke, Penny. Design in Italy: 1870 to the Present. New York: Abbeville Press, 1990.

Postmodernism, Minimalism

Bangert, Albrecht, et al. 80s Style: Design of the Decade. New York: Abbeville Press, 1990.

Collins, Michael, and Andreas Papadakis. Post-modern Design. London: Academy Editions, 1989.

Jencks, Charles. The New Paradigm in Architecture: The Language of Postmodernism, 7th ed. New Haven, CT: Yale University Press, 2002.

Miller, R. Craig, et al. US Design: 1975–2000. New York: Prestel, 2002.

Pawson, John. Minimum. London: Phaidon Press, 1998.

Radice, Barbara. Memphis: Research, Experience, Results, Failure, and Successes of New Design. New York: Rizzoli, 1985.

Sudjic, Dejan. Shiro Kuramata. New York: Phaidon, 2013.

Tasma-Anargyros, Sophie. Andrée Putman. Woodstock, NY: The Overlook Press, 1997.

Venturi, Robert. Complexity and Contradiction in Architecture. New York: The Museum of Modern Art, 2011.

Modern Made by Hand

Adamson, Jeremy. The Furniture of Sam Maloof. New York: W. W. Norton, 2001.

Nakashima, Mira. Nature, Form, and Spirit: The Life and Legacy of George Nakashima. New York: Harry N. Abrams, 2003.

Smith, Paul. Objects for Use: Handmade by Design. New York: Harry N. Abrams, 2001.

Williams, Gareth. The Furniture Machine, Furniture Since 1990. London: V&A Publications, 2006.

Contemporary Design

Antonelli, Paola, and Judith Benhamou-Huet. Ron Arad. New York: The Museum of Modern Art, 2009.

Bell, Jonathan. 21st Century House. London: Laurence King Publishing, 2006.

Celant, Germano. Zaha Hadid. New York: Guggenheim Museum Publications, 2006.

Fiell, Charlotte, and Peter Fiell. Designing the 21st Century. Köln, Germany: Taschen, 2005.

Gura, Judith. Design After Modernism: Furniture and Interiors 1970–2010, New York: W. W. Norton, 2012.

Klanten, Robert, Sophie Lovell, and Birga Meyer, eds. Furnish: Furniture and Interior Design for the 21st Century. Berlin, Germany: Gestalten, 2007.

Koolhaas, Rem, and Veronique Patteeuw. Considering Rem Koolhaas and the Office for Metropolitan Architecture. Rotterdam, The Netherlands: NA Publishers, 2003.

Miller, R. Craig, et al. European Design Since 1985: Shaping the New Century. New York: Merrell, 2009.

Moxon, Siân. Sustainability in Interior Design. London: Laurence King Publishers, 2012.

Ragheb, J. Fiona, ed. Frank Gehry, Architect. New York: Guggenheim Museum Publications, 2001.

Rawsthorn, Alice. Marc Newson. London: Booth-Clibborn Editions, 2000.

Ross, Philip, and Jeremy Myerson. 21st Century Office. New York: Rizzoli, 2003.

Shibata, Naomi. Herzog & de Meuron, 2002–2006. Tokyo: A+U Publishing, 2006.

图片提供单位

7 ©Andreas von Einsiedel /Alamy
8 Courtesy of Sotheby's, Inc. ©
9 Courtesy of Sotheby's, Inc. ©
9 Courtesy of Sotheby's, Inc. ©
10 Courtesy of Sotheby's, Inc. ©
10 Courtesy of Sotheby's, Inc. ©
11 © RMN-Grand Palais / Art Resource, NY
12 Courtesy of Prelle Et Cie S.A.
12 Courtesy of Prelle Et Cie S.A.
17 © The National Trust Photolibrary / Alamy
18 Courtesy of Hyde Park Antiques
18 Courtesy of Hyde Park Antiques
19 Courtesy of Hyde Park Antiques
19 Courtesy of Sotheby's, Inc. ©
19 Courtesy of Sotheby's, Inc. ©
20 Courtesy of Ronald Phillips Antiques
20 Courtesy of RubelliSpA
26 © Brenda Kean / Alamy
27 Courtesy of Sotheby's, Inc. ©
27 Courtesy of Bernard & S. Dean Levy, Inc./Ed Freeman
28 Courtesy of Pook and Pook Antiques
28 Courtesy of Sotheby's, Inc. ©
29 Courtesy of Box House Antiques
29 Courtesy of Bernard & S. Dean Levy, Inc./Ed Freeman
29 Courtesy of Sotheby's, Inc. ©
30 Courtesy of Prelle Et Cie S.A.
30 Courtesy of Brunschwig & Fils ®
37 Gianni DagliOrti / The Art Archive at Art Resource, NY
38 Gianni DagliOrti / The Art Archive at Art Resource, NY
39 Courtesy of Sotheby's, Inc. ©
39 Courtesy of Sotheby's, Inc. ©
40 Courtesy of Sotheby's, Inc. ©
40 Courtesy of Sotheby's, Inc. ©
41 Courtesy of Partridge Fine Arts
41 Courtesy of Partridge Fine Arts
41 Courtesy of Sotheby's, Inc. ©
42 Courtesy of Prelle Et Cie S.A.
42 Courtesy of Prelle Et Cie S.A.
42 Courtesy of Kravet ®
47 National Trust Photo Library / Art Resource, NY
48 Courtesy of Hyde Park Antiques
49 Courtesy of Sotheby's, Inc. ©
49 Courtesy of Sotheby's, Inc. ©
50 Photo by DeAgostini/Getty Images
50 Courtesy of Sotheby's, Inc. ©
51 Art Resource, NY
52 Courtesy of Scalamandré
52 Courtesy of Courtesy of Rubelli Spa Spa Fabrics
57 Erich Lessing / Art Resource, NY
58 Courtesy of Hyde Park Antiques
58 Courtesy of Sotheby's, Inc. ©
59 Courtesy of Partridge Fine Arts
60 Courtesy of Hyde Park Antiques
60 Courtesy of Sotheby's, Inc. ©
61 Courtesy of Hyde Park Antiques
61 Courtesy of Partridge Fine Arts
62 © Arcaid Images / Alamy
65 © Arcaid Images / Alamy
66 Photo by: Universal History Archive / UIG via Getty Images
68 Courtesy of Scalamandré
68 Courtesy of Brunschwig & Fils ®
76 © Nathan Benn / Alamy
76 © Mira / Alamy
77 Courtesy of Bernard & S. Dean Levy, Inc./Ed Freeman
78 Art Resource, NY
79 Courtesy of Sotheby's, Inc. ©
79 Courtesy of Bernard & S. Dean Levy, Inc./Ed Freeman
80 Courtesy of Bernard & S. Dean Levy, Inc./Ed Freeman
80 Courtesy of Sotheby's, Inc. ©
81 Art Resource, NY
82 Courtesy of Pook and Pook Antiques
82 Courtesy of Sotheby's, Inc. ©
83 Courtesy of Bernard & S. Dean Levy, Inc./Ed Freeman
83 Courtesy of Bernard & S. Dean Levy, Inc./Ed Freeman
84 Courtesy of Prelle Et Cie S.A.
84 Courtesy of Scalamandré
89 © The Metropolitan Museum of Art. Image source: Art Resource, NY
90 Courtesy of Sotheby's, Inc. ©
90 Courtesy of Sotheby's, Inc. ©
91 Courtesy of Partridge Fine Arts
91 Courtesy of Partridge Fine Arts
92 Courtesy of Sotheby's, Inc. ©
93 Courtesy of Sotheby's, Inc. ©
94 Courtesy of Sotheby's, Inc. ©
95 Courtesy of Partridge Fine Arts
96 Courtesy of Prelle Et Cie S.A.
96 Courtesy of Prelle Et Cie S.A.
101 © BildarchivMonheim GmbH / Alamy
102 © Andreas von Einsiedel/ Corbis
115 Courtesy of Dover Publications
115 Courtesy of Dover Publications
105 © The National Trust Photolibrary / Alamy
106 Courtesy of Hyde Park Antiques
106 Courtesy of Hyde Park Antiques
107 Courtesy of Sotheby's, Inc. ©
108 Courtesy of Sotheby's, Inc. ©
109 Courtesy of Sotheby's, Inc. ©
109 Courtesy of Ronald Phillips Antiques
110 Courtesy of Ronald Phillips Antiques
110 Courtesy of Hyde Park Antiques
111 Courtesy of Sotheby's, Inc. ©

112 Courtesy of Hyde Park Antiques
113 Courtesy of Ronald Phillips Antiques
116 Courtesy of Rubelli Spa Spa Fabrics
116 Courtesy of Rubelli Spa Spa Fabrics
121 ridgeman-Giraudon / Art Resource, NY
122 Courtesy of Mallet
122 Courtesy of Sotheby's, Inc. ©
123 Courtesy of Sotheby's, Inc. ©
123 Courtesy of Sotheby's, Inc. ©
123 Courtesy of Sotheby's, Inc. ©
124 Courtesy of Sotheby's, Inc. ©
124 Erich Lessing / Art Resource, NY
125 Courtesy of Sotheby's, Inc. ©
126 Courtesy of Prelle Et Cie S.A.
126 Courtesy of Brunschwig & Fils ®
131 © Arcaid Images / Alamy
132 Courtesy of Sotheby's, Inc. ©
133 Courtesy of Bernard & S. Dean Levy, Inc./Ed Freeman
133 Courtesy of Bernard & S. Dean Levy, Inc./Ed Freeman
134 Courtesy of Bernard & S. Dean Levy, Inc./Ed Freeman
134 Courtesy of Bernard & S. Dean Levy, Inc./Ed Freeman
135 Courtesy of Bernard & S. Dean Levy, Inc./Ed Freeman
135 Courtesy of Bernard & S. Dean Levy, Inc./Ed Freeman
136 Courtesy of Prelle Et Cie S.A.
141 © Heritage Image Partnership Ltd / Alamy
142 Courtesy of Hyde Park Antiques
142 Courtesy of Hyde Park Antiques
143 Courtesy of Sotheby's, Inc. ©
144 Courtesy of Ronald Phillips Antiques
145 Courtesy of Hyde Park Antiques
145 Courtesy of Box House Antiques
147 Erich Lessing / Art Resource, NY
148 Courtesy of Prelle Et Cie S.A.
153 Photo by Frank Moscati; Courtesy of Boscobel House and Gardens, Garrison, NY
154 Courtesy of Hirschl And Adler Antiques
154 Courtesy of Hirschl And Adler Antiques
155 Courtesy of Hirschl And Adler Antiques
155 Courtesy of Hirschl And Adler Antiques
155 Courtesy of Hirschl And Adler Antiques
156 Courtesy of Bernard & S. Dean Levy, Inc./Ed Freeman
156 Courtesy of Sotheby's, Inc. ©
157 Courtesy of Prelle Et Cie S.A.
164 © Andrew Holt / Alamy
167 © Blaine Harrington III / Alamy
168 Courtesy of Hirschl And Adler Antiques
169 Courtesy of Hirschl And Adler Antiques
169 Courtesy of Sotheby's, Inc. ©
172 © BildarchivMonheim GmbH / Alamy
173 Courtesy of Associated Artists, LLC
174 Courtesy of Associated Artists, LLC
175 Courtesy of H. Blairman And Sons Ltd
176 Courtesy of H. Blairman And Sons Ltd
179 Art Resource
180 Courtesy of Sotheby's, Inc. ©
180 Courtesy of Associated Artists, LLC
181 Courtesy of Butchoff Antiques
181 Courtesy of Pook and Pook Antiques
184 © Arcaid Images / Alamy
185 Courtesy of Pook and Pook Antiques
186 Courtesy of Associated Artists, LLC
187 Courtesy of Sotheby's, Inc. ©
187 Courtesy of Sotheby's, Inc. ©
188 Courtesy of Prelle Et Cie S.A.
188 Courtesy of Flavor Paper
190 © Robert Harding Picture Library Ltd / Alamy
195 © Arcaid Images / Alamy
196 © PrismaBildagentur AG / Alamy
197 Courtesy of H. Blairman And Sons Ltd
197 Courtesy of Phillips Auctioneers Llc
198 Courtesy of Phillips Auctioneers Llc
199 Courtesy of Sotheby's, Inc. ©
200 Courtesy of Associated Artists, LLC
201 Courtesy of Associated Artists, LLC
202 Courtesy of Associated Artists, LLC
204 Courtesy of Associated Artists, LLC
204 Courtesy of Associated Artists, LLC
207 © Dennis Cox / Alamy
208 © TiborBognar / Alamy
209 © Michel Setboun / Corbis
210 Courtesy of Prelle Et Cie S.A.
210 Courtesy of Brunschwig & Fils ®
215 © Arcaid Images / Alamy
216 Courtesy of Paul Reeves Antiques
216 Courtesy of H. Blairman And Sons Ltd
217 Courtesy of Phillips Auctioneers Llc
217 Courtesy of Paul Reeves Antiques
219 Courtesy of Paul Reeves Antiques
219 Courtesy of Paul Reeves Antiques
220 Courtesy of Wright
220 Courtesy of Sanderson
220 Courtesy of Wright
225 © Arcaid Images / Alamy
226 Courtesy of Rago Arts and Auctions

227 Courtesy of Rago Arts and Auctions
227 Courtesy of Sotheby's, Inc. ©
228 Courtesy of Rago Arts and Auctions
229 Courtesy of Rago Arts and Auctions
229 Courtesy of Rago Arts and Auctions
232 © Arcaid Images / Alamy
233 Courtesy of Wright
234 Courtesy of Wright
235 Courtesy of Wright
236 Courtesy of Bradbury & Bradbury Art Wallpapers
236 Courtesy of Bradbury & Bradbury Art Wallpapers
241 © Arcaid Images / Alamy
242 Courtesy of Wright
243 Courtesy of Macklowe Gallery
244 Courtesy of Macklowe Gallery
245 Courtesy of Sotheby's, Inc. ©
246 Courtesy of Macklowe Gallery
246 Courtesy of Macklowe Gallery
247 Courtesy of Macklowe Gallery
247 Courtesy of Macklowe Gallery
248 Courtesy of Phillips Auctioneers LLC
248 Courtesy of Wright
249 Courtesy of Bradbury & Bradbury Art Wallpapers
249 Courtesy of Kravet®
253 © Arcaid Images / Alamy
254 Courtesy of Cassinaf
254 Courtesy of H. Blairman And Sons Ltd
255 Courtesy of Paul Reeves Antiques
255 Courtesy of Sotheby's, Inc. ©
256 © The Hunterian, University of Glasgow 2014.
263 © CTK / Alamy
264 Courtesy of Phillips Auctioneers LLC
264 Courtesy of Wright
265 Courtesy of Wright
266 Courtesy of Wright
266 Courtesy of Phillips Auctioneers Llc
267 Courtesy of Phillips Auctioneers Llc
267 Courtesy of Wright
268 Courtesy of ICF
268 Courtesy of Maharam
271 Courtesy of Rago Arts and Auctions
275 © Bill Maris/Arcaid/Corbis
276 Courtesy of Wright
276 Courtesy of Wright
277 Courtesy of Mallet
277 Courtesy of Wright
278 Courtesy of Wright
279 Courtesy of Phillips Auctioneers Llc
280 Courtesy of Wright
280 Courtesy of Kravet®
284 © STOCKFOLIO® / Alamy
284 Courtesy of Wright
285 Courtesy of Sotheby's, Inc. © S
286 Courtesy of Wright
286 Courtesy of Herman Miller
291 © RMN-Grand Palais / Art Resource, NY
292 Courtesy of Sotheby's, Inc. ©
293 Courtesy of GalerieVallois / Arnaud Carpentier
293 Courtesy of GalerieVallois / Arnaud Carpentier
294 Courtesy of Sotheby's, Inc. ©
294 Courtesy of Phillips Auctioneers Llc
295 Courtesy of GalerieVallois / Arnaud Carpentier
296 Courtesy of Sotheby's, Inc. ©
296 Courtesy of Maison Gerard
297 Courtesy of Aram
297 Courtesy of Aram
298 Courtesy of Phillips Auctioneers Llc
298 Courtesy of Phillips Auctioneers LLC
299 Courtesy of Phillips Auctioneers LLC
300 Courtesy of Prelle Et Cie S.A.
300 Courtesy of Prelle Et Cie S.A.
300 Courtesy of Prelle Et Cie S.A.
305 © Paul Briden / Alamy
306 Courtesy of Sotheby's, Inc. ©
307 Courtesy of Wright
308 Courtesy of Wright
308 Courtesy of Wright
309 Courtesy of Wright
309 Courtesy of Wright
310 Courtesy of Kravet®
310 Courtesy of Kravet®
323 Courtesy of Wright
323 Courtesy of Wright
324 Courtesy of Wright
324 Courtesy of Wright
325 Courtesy of Wright
325 Courtesy of Wright
326 Courtesy of Rago Arts and Auctions
327 Courtesy of Moderne Gallery
328 Courtesy of Phillips Auctioneers Llc
328 Courtesy of Moderne Gallery
329 Courtesy of Moderne Gallery
329 Courtesy of Moderne Gallery
316 © Nik Wheeler/Corbis
317 Courtesy of Wright
317 Courtesy of Wright
318 Courtesy of Sotheby's, Inc. ©
318 Courtesy of Wright
319 Courtesy of Wright
319 Courtesy of Wright
320 Courtesy of Rago Arts and Auctions
320 Courtesy of Wright
321 Courtesy of Wright
321 Courtesy of Phillips Auctioneers Llc
321 Courtesy of Wright
322 Courtesy of Wright
322 Courtesy of Rago Arts and Auctions
330 Courtesy of Maharam
330 Courtesy of Maharam
330 Courtesy of ICF
335 © Anna Watson / Alamy
336 Courtesy of Rago Arts and Auctions
336 Courtesy of Phillips Auctioneers Llc

337 Courtesy of Phillips Auctioneers Llc
337 Courtesy of Rago Arts and Auctions
338 Courtesy of Phillips Auctioneers Llc
338 Courtesy of Sotheby's, Inc. ©
339 Courtesy of Rago Arts and Auctions
340 Courtesy of Wright
341 Courtesy of Wright
341 Courtesy of Rago Arts and Auctions
342 Courtesy of Maharam
342 Courtesy of Wright
347 © imageBROKER / Alamy
348 Courtesy of Wright
348 Maison Gerard
349 Courtesy of Wright
350 Courtesy of Wright
350 Courtesy of Wright
351 Courtesy of Phillips Auctioneers Llc
351 Courtesy of Artifort
352 Courtesy of Wright
353 Courtesy of Wright
354 Courtesy of Bradbury & Bradbury Art Wallpapers
354 Courtesy of Maharam
359 © Andreas von Einsiedel / Alamy
360 Courtesy of Phillips Auctioneers Llc
361 Courtesy of Wright
361 Courtesy of Wright
362 Courtesy of Wright
362 Courtesy of Wright
363 Courtesy of Wright
363 Courtesy of Wright
364 Courtesy of Wright
365 Courtesy of Wright
366 Courtesy of Wright
366 Courtesy of Wright
367 Courtesy of Wright
367 Courtesy of Wright
368 Courtesy of Flavor Paper
368 Courtesy of Maharam
373 © Arcaid Images / Alamy
374 Courtesy of Phillips Auctioneers Llc
374 Courtesy of Wright
375 Courtesy of Phillips Auctioneers Llc
376 Courtesy of Wright
377 Courtesy of Rago Arts and Auctions
377 Courtesy of Wright
378 Courtesy of ICF
378 Courtesy of Kravet
382© Andreas von Einsiedel / Alamy
383© Elizabeth Whiting & Associates / Alamy
384 Courtesy of Wright
385 Courtesy of Wright
386 Courtesy of Phillips Auctioneers Llc
386 Courtesy of Wright
387 Courtesy of Phillips Auctioneers Llc
387 Courtesy of Phillips Auctioneers Llc
388 Courtesy of ICF
388 Courtesy of ICF
394 © Andreas von Einsiedel / Alamy
395 Courtesy of Phillips Auctioneers Llc
395 Courtesy of Wright
396 Courtesy of Phillips Auctioneers Llc
396 Courtesy of Wright
397 Courtesy of Wright
398 Courtesy of Capellini
398 Courtesy of Wright
399 Courtesy of Wright
400 Courtesy of ICF
400 Courtesy of ICF
408 © Paul Raftery / Alamy
411 © Arcaid Images / Alamy
412 Courtesy of GalerieKreo
412 Courtesy of Nilufar
413 Courtesy of Claesson Kolivisto Rune
413 Courtesy of Cassina
415 Courtesy of Juan Montoya Design
416 Courtesy of Phillips Auctioneers Llc
416 Courtesy of Droog
416 Courtesy of Vitra
417 Courtesy of Umbra
417 Courtesy of ligneroset
419 Courtesy of Bromley-Calbari
420 Courtesy of Friedman Benda
420 Courtesy of B & B Italia
421 Courtesy of Established & Sons
421 Courtesy of Nilufar
423 © Arcaid Images / Alamy
424 Courtesy of Wright
424 Courtesy of Phillips Auctioneers LLC
424 Courtesy of Carpenters Workshop Gallery
425 Courtesy of Rosan Busch
426 © photoWORKS / Alamy
426 Courtesy of Herman Miller
426 Courtesy of HAG
427 Courtesy of Bernhardt Design
427 Courtesy of MGX by Materialise
428 Courtesy of Vitra
428 Courtesy of Phillips Auctioneers LLC
429 Courtesy of Moss
430 Courtesy of Phillips Auctioneers LLC
430 Courtesy of Carpenters Workshop Gallery
431 Courtesy of Phillips Auctioneers LLC
431 Courtesy of Phillips Auctioneers LLC
432 Courtesy of Wolfson Designs
432 Courtesy of Established & Sons
433 Courtesy of Moderne Gallery
434 Courtesy of Moroso
434 Courtesy of Paul Kasmin Gallery
435 Courtesy of Rago Arts and Auctions
436 Courtesy of Eric Jřrgensen
436 Courtesy of Kartell

437 Courtesy of Phillips Auction-
eers LLC
437 Courtesy of Wright
437 Courtesy of Emeco
438 Courtesy of Nanimarquina
438 Courtesy of Maharam
438 Courtesy of Maharam